■ 高职高专教育教材

U0830430

测色配色应用技术

杨晓红　主编

中国纺织出版社

内 容 提 要

纺织品颜色的测量以及颜色配方的确定是纺织品染整生产和贸易过程中的重要环节。测色配色应用技术是高职院校染整技术专业的主干课程。本书以纺织品染整测色配色工作过程为依托，以典型工作任务为主线，以提高学生职业综合能力为目的，系统地介绍了纺织品测色配色过程的基本知识和方法步骤，还给出综合训练，为读者进行测色与配色相关技能训练提供了参考。

本书可作为纺织类高职院校染整技术专业测配色技术课程的教材，也可作为印染企业一线员工的培训教材。

图书在版编目（CIP）数据

测色配色应用技术/杨晓红主编. —北京：中国纺织出版社，2010. 9（2024.12重印）

高职高专教育教材

ISBN 978 - 7 - 5064 - 6607 - 3

Ⅰ. ①测… Ⅱ. ①杨… Ⅲ. ①测色 - 高等学校：技术学校 - 教材②配色 - 高等学校：技术学校 - 教材

Ⅳ. ①TS193. 1

中国版本图书馆 CIP 数据核字（2010）第 121615 号

策划编辑：冯 静　　责任编辑：安茂华　　责任校对：余静雯

责任设计：何 建　　责任印制：何 建

中国纺织出版社出版发行

地址：北京市朝阳区百子湾东里 A407 号楼　邮政编码：100124

销售电话：010—67004422　传真：010—87155801

http://www.c-textilep.com

中国纺织出版社天猫旗舰店

官方微博 http://weibo.com/2119887771

北京虎彩文化传播有限公司印刷　各地新华书店经销

2024 年12月第10次印刷

开本：787 × 1092　1/16　印张：12

字数：186 千字　定价：34.00 元

前言

在纺织品染整加工过程中，对纺织品颜色的准确测量和评价是染整产品生产和贸易过程中非常重要的环节。随着科学技术的不断发展，对颜色的测量和评价由传统的人工测色逐渐转向计算机测色，并且得到越来越广泛的应用。测色配色技术课程是纺织类高职院校染整技术专业的主干课程，该课程系统地介绍染整加工过程中颜色的测量和评价方法以及颜色配方的确定方法，与“染整前处理工艺实施与管理”“染色工艺实施与管理”“印花工艺实施与管理”“整理工艺实施与管理”课程共同构成专业核心课程。

南通纺织职业技术学院染化系于2006年开始探索各专业基础课程的教学改革。2007年学院成为江苏省首批示范性高职院校建设单位和2008年成为国家示范性高职院校建设单位以后，为适应示范性高职院校重点专业建设的需要，染整教研室加快了专业教学改革和课程开发速度，组织人员重新编写染整技术专业相关教材。本书就是在这样的背景下产生的。在编写过程中尝试着按照“项目课程”的基本要求，试图通过“项目引领和任务驱动”来突显测色配色技术在纺织品染整加工过程中的重要作用。

在项目设置上主要包括染料助剂的选用和分析、染液的配制、染色工艺的制定和实施、人工测色、人工配色、计算机测色、计算机配色和测色配色综合训练八个部分。在编写过程中，项目一和项目三由南通纺织职业技术学院季莉老师和邵改芹老师编写，项目二由南通纺织职业技术学院李淑华老师编写，项目四和项目五由南通纺织职业技术学院贺良震老师编写，项目六和项目七由南通纺织职业技术学院杨晓红老师编写，项目八由南通纺织职业技术学院龚蕴玉老师和杨晓红老师共同编写（其中任务7、8由沙州职业工学院张峰老师编写），全书由杨晓红老师统稿。

本书在编写过程中得到了多方的关心和指导，并参阅和引用了国内许多知名专家和学者的专著。南通纺织职业技术学院的沈志平老师也为本书的编写提供了许多建设性的意见，DTC科技（香港）有限公司为本书的编写提供了大量素材，在此一并向他们致意并表示衷心的感谢。

由于编者水平有限，书中的缺点和不足难免，欢迎批评指正。

编者

2010年2月

课程设置指导

课程名称：测色配色应用技术

适用专业：纺织类高职院校染整技术专业

总 学 时：56~64

课程性质：专业必修课或专业拓展课

课程目的：

1. 让学生能正确选用和分析染料和助剂
2. 能正确计算染色配方和配制染液
3. 能熟练制定和实施染色工艺
4. 能熟练进行人工测色
5. 能熟练进行人工配色
6. 能熟练运用测色仪器和软件进行计算机测色并分析
7. 能正确建立颜色数据库
8. 能利用配色软件进行计算机配色

课程教学基本要求：

为使学生掌握染料助剂的选用和分析，染液的配制，染色工艺的制定和实施，人工测色配色方法，计算机测色配色方法等专业能力所需的知识与技能，本课程以七个项目为载体来组织教学，将职业行动领域的工作过程融合在项目训练中。在讲授各项目基本知识的过程中，采用启发、引导式教学，举例说明颜色测量和配方确定在生产实际中的应用。通过阅读资料补充和拓展最新的相关知识。本课程的实践教学以实训为主，以典型工作任务为载体，训练学生测色配色的能力。教学实施时，测色配色综合训练内容可以穿插到前面七个相关项目中进行，每个项目的实训在指导教师的带领下完成后，由学生独立完成，通过分组互评、实际操作、现场指导和现场提问等方式加强过程考核。每个项目完成之后都给出若干思考题目，每次训练任务都给出讨论题，以便尽量系统反映各项目的重点，通过不断的强化训练促进学生职业技能的养成。为全面考核学生的学习情况，本课程主要以过程考核为主，考核涵盖项目任务全过程。通过实训报告撰写、实训现象分析、实训结果讨论和实训现场操作，判定学生综合能力。

教学学时分配

项目编号	项 目 名 称	项 目 内 容	学时
项目一	染料助剂的选用和分析	根据项目任务书要求和实训室提供的染料助剂选用合适的染料助剂	6
项目二	染液的配制	根据项目任务书要求进行正确的染液配方计算和配制	8
项目三	染色工艺的制定和实施	根据项目任务书要求制定和实施合适的染色工艺	6
项目四	人工测色	根据项目任务书要求和实训室提供的条件进行正确的测色操作	8
项目五	人工配色	根据项目任务书要求和实训室提供的条件进行配色	18
项目六	计算机测色	根据项目任务书要求和实训室提供的条件进行计算机测色并合理分析	12
项目七	计算机配色	根据项目任务书要求和实训室提供的条件进行计算机配色	6
合 计			64

目录

项目一　染料助剂的选用和分析

任务 1　常用染料的使用

染料是纺织品加工行业中重要的化工原料，它的存在使世界变得丰富多彩。染料可用于各种纺织品的染色及皮革的染色，有的也可用于油漆、造纸、食品、塑料工业等方面。染料最大的应用领域是纺织印染行业，其用量约占染料总产量的 90%。了解染料的相关知识，可以帮助我们根据染色产品的要求合理地选择、使用染料，正确制定和进行染色加工，从而获得高品质的染色产品。

一、染料的概念

染料是指在一定介质中，能使纤维或其他物质牢固着色的化合物。作为染料，必须具备以下四个基本条件。

（1）染料能溶于水，或经化学品作用后，呈可溶性或能分散在染色介质中。

（2）染料必须对纤维有亲和力。

（3）染料必须有颜色。

（4）染料必须有一定的染色稳定性，即在被染物上应具有一定的牢度。

颜料，又称涂料，不同于染料，它是一类不能溶于水，对纤维没有亲和力的有色物质。颜料有有机物，也有无机物。由于颜料不能自动染着在纤维上，因此在印染加工中，通常依靠黏合剂的黏着力将颜料染着在织物上形成色泽或图案。涂料可用于染色，但更多的用于印花加工。

二、染料的分类

染料的分类一般有两种，一种是根据染料的应用特征分类，称为应用分类。这一分类方法有助于了解染料的性质和应用类别，常被印染工作者使用。另一种是根据染料分子的结构特征分类，称为结构分类。这一分类方法有助于掌握染料的结构特点及合成途径，适用于对染料的研究和制造，因此常被染料工作者应用。

（一）染料应用分类

1. 直接染料　直接染料应用历史较长，使用方法简便，因不需要依赖其他药剂而可以直接染着于棉、麻、丝、毛等各种纤维上而得名。染料与纤维分子之间以范德华力和氢键相结合，因分子中含有磺酸基、羧基等水溶性基团而溶于水，在水中以阴离子形式存在。

2. 活性染料 活性染料又称反应性染料。染料分子结构中含有一个或一个以上的反应性基团，在适当条件下，能够与纤维素纤维分子中的羟基、蛋白质纤维及聚酰胺纤维中的氨基发生化学反应，形成共价键结合。

3. 还原染料 还原染料不溶于水，在强碱溶液中经还原剂还原成可溶性的隐色体进行染色，染色后需再经氧化重新转变成不溶性的染料而牢固地固着在纤维上。因这类染料在应用过程中需先经过还原处理，所以称为还原染料。

4. 可溶性还原染料 可溶性还原染料是在还原染料的基础上，将其还原并酯化生成硫酸酯盐而形成的。和还原染料相比，该类染料能溶于水，染色比还原染料简便。

5. 不溶性偶氮染料 不溶性偶氮染料，因为染色时需在冷冻条件下进行，所以又称冰染染料。染色时由重氮组分和偶合组分直接在纤维上反应形成有色沉淀而染着于纤维。

6. 硫化染料 硫化染料大部分不溶于水和有机溶剂，在染色时需要硫化钠还原溶解，溶解后可以直接染着纤维。一般以黑色和蓝色等深浓色应用较多。

7. 分散染料 分散染料在水中溶解度很低，颗粒很细，属于非离子型染料。染色时需借助分散剂的作用将染料均匀分散在染浴中。

8. 酸性染料 酸性染料具有水溶性，大都含有磺酸基、羧基等水溶性基团。可在酸性、弱酸性或中性条件下直接上染蛋白质纤维。

9. 酸性媒染染料 酸性媒染染料本身不含有用于媒染的金属离子，染色前或染色后在纤维和金属媒染剂作用下生成络合物。

10. 酸性含媒染料 在染料制造时，预先将染料与金属离子络合，所形成的就是酸性含媒染料。这种染料在染色前或染色后不需再进行媒染处理。

11. 阳离子染料 阳离子染料因在水溶液中电离呈阳离子状态而得名，是在碱性染料的基础上发展起来的。常用于腈纶及改性涤纶的染色。

各类染料主要性能、适用对象、染色牢度等见下表。

表 染料类别及其主要性能、适用对象、染色牢度

染料类别	主要性能	适用对象					染色牢度			
		棉、麻、黏胶纤维	丝、毛	锦纶	涤纶	腈纶	耐晒	耐洗	耐摩擦	耐汗渍
直接染料	溶于水，使用方便，色泽浓暗，色谱齐全，价格便宜	●	○	○			较差	较差	较好	较差
活性染料	溶于水，使用方便，色泽鲜艳，色谱齐全，价格适中	●	○	○			尚好	好	好	好
不溶性偶氮染料	不能直接溶于水，使用较繁，色泽浓艳，色谱不全（缺绿），价格低廉	●					浓色好，淡色稍差	好	尚好	好

续表

<table>
<tr><th colspan="2" rowspan="2">染料类别</th><th rowspan="2">主要性能</th><th colspan="5">适用对象</th><th colspan="4">染色牢度</th></tr>
<tr><th>棉、麻、黏胶纤维</th><th>丝、毛</th><th>锦纶</th><th>涤纶</th><th>腈纶</th><th>耐晒</th><th>耐洗</th><th>耐摩擦</th><th>耐汗渍</th></tr>
<tr><td colspan="2">还原染料</td><td>不能直接溶于水，使用繁难，色谱不全，色泽鲜艳，价格昂贵</td><td>●</td><td></td><td></td><td>○</td><td></td><td>好</td><td>好</td><td>好</td><td>好</td></tr>
<tr><td colspan="2">可溶性还原染料</td><td>能溶于水，使用方便，色谱不全，色泽淡艳，价格昂贵</td><td>●</td><td></td><td></td><td></td><td></td><td>好</td><td>好</td><td>好</td><td>好</td></tr>
<tr><td colspan="2">硫化染料</td><td>不能直接溶于水，使用较繁，色谱不全，色泽浓暗，价格低廉</td><td>●</td><td></td><td></td><td></td><td></td><td>较好</td><td>较好</td><td>较好</td><td>较好</td></tr>
<tr><td rowspan="2">酸性染料</td><td>强酸性染料</td><td rowspan="2">溶于水，使用方便，色谱齐全，色泽较艳，价格适中</td><td rowspan="2"></td><td>●</td><td>●</td><td rowspan="2"></td><td rowspan="2"></td><td>尚好</td><td>较差</td><td>较好</td><td>较差</td></tr>
<tr><td>弱酸性染料</td><td>●</td><td>●</td><td>较好</td><td>较好</td><td>较好</td><td>较好</td></tr>
<tr><td colspan="2">酸性媒染染料</td><td>能直接溶于水，色谱较全，色泽较暗，价格适中</td><td></td><td>●</td><td>●</td><td></td><td></td><td>较好</td><td>好</td><td>好</td><td>较好</td></tr>
<tr><td rowspan="2">酸性含媒染料</td><td>酸性络合染料</td><td rowspan="2">溶于水，使用较方便，色谱不全，色泽不艳，价格适中</td><td rowspan="2"></td><td>●</td><td>●</td><td rowspan="2"></td><td rowspan="2"></td><td>较好</td><td>较好</td><td>好</td><td>较好</td></tr>
<tr><td>中性染料</td><td>●</td><td>●</td><td>好</td><td>好</td><td>好</td><td>好</td></tr>
<tr><td colspan="2">分散染料</td><td>微溶于水，色谱齐全，色泽较艳，价格较高</td><td></td><td></td><td>○</td><td>●</td><td></td><td>好</td><td>好</td><td>好</td><td>好</td></tr>
<tr><td colspan="2">阳离子染料</td><td>溶于水，使用方便，色谱齐全，色泽浓艳，价格适中</td><td></td><td></td><td></td><td></td><td>●</td><td>好</td><td>好</td><td>好</td><td>好</td></tr>
</table>

注　●—适用　○—可染。

（二）染料结构分类

1. 偶氮染料　每个偶氮染料分子中都含有—N═N—连接芳环而成的共轭体系。按所含偶氮基的数目，可分为单、双、多（三个以上）偶氮染料，其中单、双偶氮类染料居多。偶氮染料品种最多，产量最大，色谱最全，占染料总数的60%以上，包括直接染料、活性染料、分散染料、酸性染料、阳离子染料等。

2. 蒽醌染料　染料分子中含蒽醌基本结构：

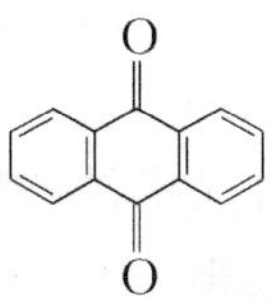

结构类型较多，分子结构较复杂，数量上仅次于偶氮染料。

3. 靛类染料

（1）靛蓝结构。结构如下：

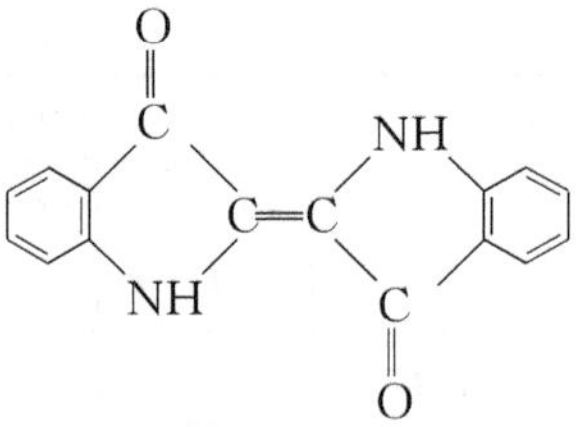

分子中不含磺酸钠等水溶性基团，但含羰基，属还原染料。

（2）硫靛结构。靛蓝中—NH—被—S—取代，如还原桃红 BG，色光和牢度比靛蓝类染料要好，但染料为黄、橙、红等浅色品种，易使纤维脆化。

4. 硫化染料 硫化染料的分子具有较复杂的含硫结构，因其是由芳胺或酚类加硫黄或多硫化钠经熔融硫化而成。该类染料目前无确切结构。

硫化染料的品种不多，主要是蓝、黑、棕色，成本较低，但染料用量很大。

5. 甲川染料（多次甲基染料） 染料的发色体系依靠碳原子的单双键结构形成共轭体系。染料的主要品种是阳离子染料和分散染料。

6. 三芳甲烷染料 染料分子中三个芳基连接在同一个碳原子上，包括碱性染料和阳离子染料的红、紫、蓝等。这类染料色泽鲜艳，但在棉上日晒牢度较差，耐酸碱性能差。在分子上引入磺酸钠基，也可成为酸性染料，如酸性湖蓝 V。

7. 酞菁染料 酞菁染料品种不多，多为色泽鲜艳的翠蓝和绿色等，日晒牢度特别优良，可达 8 级。酞菁染料的结构是由四个 1，3 -二亚氨基二氢异吲哚单体缩合而成的环状化合物，简写 PC。PC 可以和 Cu，Fe，Cr，Co 等络合形成 CuPC，FePC 等。

三、染料的命名

染料的品种很多，每个染料根据其化学结构都有一个化学名称。但大多数染料都是结构复杂的有机化合物，用常用的有机化合物的命名方法对染料进行命名十分困难，同时也不能反映出染料的颜色、性能及应用特点。所以染料的化学结构名称在实际应用中并不适宜，最好是结合染料的应用性能给予适当的名称。

我国对染料的命名，采用“三段命名法”，即把染料的名称分为“冠称”、“色称”和“尾注”三个部分。第一段为冠称，表示染色方法和性能。第二段为色称，表示染料的基本颜色。第三段为尾注，以拉丁字母或符号表示染料的色光、形态及特殊性能和用途。

1. 冠称 染料的冠称是指染料的应用类别名称，故又称属称（或属名）。

（1）普通属名。各国各厂都可采用，如直接、活性、还原、分散、酸性、阳离子、可溶性还原等。

（2）专用属名。是各厂商向本国政府提出注册专用的命名，是染料制造厂的专用名称，其他各厂不能任意采用。如活性染料 Cibacron（Ciba）、Drimarene（Clariant）、Remazol（Dystar）、Sumifix（日本住友）；如分散染料 Samaron（Dystar）、Foron（Clariant）、Sumikaron（日本住友）等。

同一化学结构的染料，往往有各种不同的属名。一般我国染料制造商采用普通属名。

2. 色称　染料的色称是指染料染色后所得到的颜色的名称。如，红、黄、蓝、绿、青、紫等。有时为了区别色彩上的差异，可在颜色名称前加上一些修饰词。主要表示如下。

（1）物理上通用的红、橙、黄、绿、青、蓝、紫、黑等。

（2）自然界的现象，天蓝、海蓝、湖蓝、金黄等。

（3）动物的名称，鼠灰、驼色等。

（4）植物的名称，橘红、桃红、玫红、草绿、枣红、橄榄绿等。

（5）大家所熟悉的名称，并加上适当的形容词，如嫩黄、大红、艳蓝、翠蓝等。

3. 尾注　染料的尾注即染料的说明，通常用英文字母或符号等表示。表示染料的色光、牢度、浓度、染色性能、状态、用途、力份及其他性质。为了表示程度，各字母前还加上数字 2、3、4 或写成 RR、FF、LL 等形式。

（1）表示染料的色光。

B 表示带蓝光或青光

R 表示带红光

V 表示紫光

Y 表示带黄光

O 表示橙光

G 表示黄光或绿光

J 表示黄光

（2）表示染料的性质、用途等。

E 表示匀染性好，适用于浸染

C 耐氯，棉用

I 相当于还原染料的坚牢度

F 表示染色坚牢度好或鲜艳

H 表示适用于棉/毛交织物的染色

K 表示适用于冷染（指还原染料），或表示热固型活性染料

L 表示耐光或耐晒，或可溶性好，或匀染性好

N 表示正常和标准的意思，或系新染料

D 表示适用于染色，表示深色或稍暗

P 表示适用于印花或染纸

S 表示水溶性好或适用于染丝或标准强度

W 表示适用于染毛

T 表示深

U 混纺织物用

（3）表示染料的状态。

pdr 表示粉状

pf 表示细粉状

s. f. 表示超细粉状

gr 表示颗粒状

paste 表示浆状

liq. 表示液状

p. f. f. d 表示染色用细粉状

p. f. f. p 表示印花用细粉状

(4) 表示染料的浓度和力份等。

X 表示高浓

Ex 表示特浓

H. C. 表示高浓度

conc 表示浓

Double 表示双倍浓

此外，在尾注中还常有百分数表示染料的力份。如 100%、200%等。

染料名称举例如下：

①还原紫 2R。

还原	紫	2R
(应用类型)	(颜色)	(色光偏红)

②Sumfix Supra Red BSF 150%。

Sumfix Supra	Red	BSF	150%
(专用属名)	(颜色)	(色光偏蓝艳)	(力份)

四、染料的主要性能指标

在染整加工过程中，染料的性能至关重要。染料的染色性能包含的内容很多，不同类别的染料，其染色性能有差异，同一类别的各染料之间性能也有所不同。因此，了解和熟悉各种染料的性能，能够使我们更好地选用染料和制定染色工艺，从而加工出高品质的染色产品。

(一) 溶解度

染料的溶解度是反映染料性能的一项重要指标，指在一定温度下某染料在一升水中所能溶解的克数。溶解度的优劣影响到染色溶液及印花色浆是否容易配制，尤其是印花浆料，溶解度低的染料在染色和印花时容易产生色点和色斑。染料色卡上一般均列有溶解度数据，帮助染料使用者选择和使用染料。染料的溶解度与染料的结构、相对分子质量大小及外界因素如 pH 值、温度、加入的助剂等有关。一般离子型染料因含有水溶性的基团，溶解度较高，如直接染料、活性染料、酸性染料、阳离子染料等；非离子型染料溶解度较低，如分散染料等。溶解染料的温度根据染料的种类约可分为四档，分别为：25℃、50℃、80℃和 90℃。

(二) 颗粒细度

颗粒细度主要用于评价分散染料和还原染料等不溶性染料性能。将染料按检测标准搅拌打浆稀释后，用显微镜观察染料最大颗粒直径和颗粒直径大于 2μm 的颗粒个数来表示。染料颗粒细小而均匀，有利于染料分散稳定性的提高。

（三）亲和力

亲和力表示染料从染液（或其他介质）中被纤维吸附的能力。亲和力是热力学参数。它取决于染料和纤维的性质，与染液浓度、浴比等因素无关。在指定纤维上，亲和力是染料的属性，不受其他染色条件的影响。亲和力越大，染料从溶液向纤维转移的趋势越大，可从亲和力的大小判断染料的上染能力。

（四）扩散性

表示不溶性染料以极细微的粒子状态分散于水中的程度。染料的扩散性与染料结构、染液中助剂等有关，分子结构小的染料，扩散性能好。将染料加少量水打浆，加水搅拌，取染液滴在定性快速滤纸上，待干后评级，分 5 级，5 级最好，1 级最差。

（五）染料力份

染料的力份并不是染料的百分比浓度，染料力份是一个相对值，不是染料含量的绝对值。它表示染色能力的大小。通常以%表示。染料的用量常取决于其力份的大小。染料力份越大，染色力高，得色越浓；相反，染色力低，得色越浅。要得到同一色泽，力份大的染料用量相对要少。

染料生产厂家以某一浓度作为力份标准，如将标准染料的力份定为 100%，与标准染料在相同条件下染色，若染得色泽深浅相同时所需要的染料量为标准染料量的 1/2，则力份为 200%，若是 2 倍，则力份是 50%。由于不同染料生产厂家的力份标准不一样，所以不同厂家生产的染料的力份无可比性；同一生产厂家的产品，往往批次不同，力份也不相同。所以工厂对每批商品染料要加以检验标定力份，以保证生产质量的稳定。

（六）色光

色光是指视觉上区别色泽深浅、明暗（鲜亮、萎暗）和色度上的差别。通常指染料与被染物所显示出的主色中所呈现的副色。如红光蓝，说明这种蓝色带有红光。色光是染料的重要品质，加工时采取拼混法，以消除各批原料色光上的差异，得到稳定色泽的染料。

（七）配伍性

配伍性是指两个或两个以上的染料拼色时，各染料的上染速率相等，上染纤维的各染料量的比例随时间的增加始终不变，染色物的色调在整个染色过程中基本保持不变的性能。染料的配伍性能是染料对纤维的亲和力和扩散性能的综合效果。

配伍性能对于不同染料的拼色非常重要。如果配伍性不一致，则在整个染色过程中，不仅颜色浓度随时间而变化，色调也会随时间而改变，最终难以获得色泽始终一致的产品，从而产生色差，影响产品的质量。只有选择配伍性好的染料拼色，才能使染色均匀一致，染色重现性好，色光容易控制。

（八）匀染性

匀染性是指染料在染色过程中在纤维上均匀分布的能力。一般把染料在纤维表面的均匀分布称为匀染，把染料在纤维里表的均匀分布称为透染。染料在纤维表面分布不匀，会产生色差或色花；染料在纤维里表分布不匀，会产生“环染”或“白芯”，它将影响染品的耐摩擦牢度和耐洗牢度。它除受染料分子、纤维基质的物理性质影响外，也受染色条件如温度、上染速率、所用染色助剂等多种因素的制约。

（九）移染性

移染性是指在染色过程中纤维上染料通过染液从高浓度的地方向低浓度的地方转移的能力。移染可以作为匀染的辅助手段。当染料相对分子质量较大时，染料与纤维间结合力也较大，移染效果将不太理想。

（十）提升力

提升力是指染料在纤维上的颜色深度随所使用的染料量增加而递增的性质。提升力好的染料具有较好的染深性，可以通过增加染料用量获得深色染色效果。提升性不仅取决于染料的结构，也与纤维的结构有关。

（十一）染色牢度

染色牢度是指染色织物在使用过程中或在以后的加工过程中，染料或颜料在各种外界因素影响下，能保持原来颜色状态的能力。染色牢度是衡量染色产品质量的重要指标之一。

由于各类染料的染色性能有所不同，在染色时往往会因某些性能的不同而影响最终的染色效果。所以在进行拼色时，必须选择性能相近的染料，应注意它们的力份、溶解度、色牢度等性能，这样有利于工艺条件的控制，保证产品最终的染色质量。

任务 2　常用染色助剂的使用

染色助剂顾名思义指染色过程中加入的除染料和水以外的其他化学药剂，在染色过程中加入这些化学药剂是提高和改善纤维染色性能的重要手段。染浴中加入染色助剂，可以提高染料的溶解度，促进染料分散更为均匀，有利于染料的上染、移染和匀染，提高染料的上染率和染色产品的色牢度。以前大家普遍认为染色助剂在染色过程中起到的是辅助作用，事实上，有些助剂在染色过程中参与了染料与纤维的结合过程，如果没有这些助剂，染料将无法上染或上染效率很低。因此，染色助剂和染料、纤维一样，是染色过程中不可或缺的一员。为了达到理想的染色效果，缩短染色时间，提高染色效率，染色时要选择合适的染色助剂。

染色助剂主要有两大类，即无机助剂和有机助剂。无机助剂主要是常见的酸、碱、盐和还原剂等，而有机助剂则主要是表面活性剂。

一、无机助剂

染色时常用的无机助剂有酸、碱、盐和还原剂等。为确保印染加工的质量，印染企业购进每批助剂后一般先要对助剂进行测试，对于无机助剂往往测试其含量或有效成分，而对有机助剂则主要测试其应用性能和稳定性。无机助剂中醋酸、硫酸和烧碱是最常用的液体染化药剂，可以通过检验密度的方法来判断其有效成分。测量液体密度时采用的单位通常是波美度（Beamué）和吐氏度（Twaddle）。

（一）酸

染色加工中常用的酸有醋酸和硫酸。

1. 醋酸　醋酸，学名乙酸，常简写成 HAc，是印染加工中常用的有机酸（虽为有机酸，但其结构简单，性质与无机酸接近，故此处归类为无机助剂），广泛用作酸性染料、分散染料和阳离子染料染色时的 pH 值调节剂。有的染厂为了降低醋酸贮存时的占地面积，习惯使用高浓度的醋酸，即冰醋酸。而有的染厂则因高浓度的醋酸在冬季容易结晶而影响使用，就直接使用浓度为 50%的稀醋酸。

2. 硫酸　硫酸在酸性染料染色时作为强酸性染料染色用酸剂，用密度计测量硫酸的波美度，可以迅速地知道硫酸的浓度。硫酸的密度比水重，在测量时需选用比水重的比重计测量其有效成分或百分含量。

（二）碱

染色用的碱剂（呈碱性的物质，而非完全意义上的“碱”）主要有氢氧化钠、碳酸钠和碳酸氢钠。

1. 氢氧化钠　氢氧化钠俗称烧碱或苛性钠，是印染加工中最常用的碱剂之一，市售的烧碱有固体和液体两种形态。纯净的固体烧碱呈白色，有块状、片状、棒状和粒状。纯净的液碱是无色透明的液体。烧碱可用作反应性低的活性染料的固色剂，也可用于还原染料染色时染料的还原溶解，分散染料的还原清洗以及其他染料的剥色。

烧碱在染厂中使用较为广泛，因液碱储存不变质，运输方便，故染厂常以液状购进，而较少使用片碱。液碱的浓度一般在 30%（36°Bé）左右。如果染厂与供应商签订协议，浓度低于 30%的液碱染厂有权拒收，那么每次检验液碱浓度的主要指标就是大于 30%。由于烧碱的密度比水重，所以在用密度计测量其密度时需选用比水重的密度计。

2. 碳酸钠　碳酸钠俗称纯碱或苏打，市售碳酸钠是白色粉末或细粒结晶，是活性染料常用的固色剂，也可作为某些染料如直接染料的助溶剂，在分散染料还原清洗等加工工序中有时也可用到碳酸钠。

市售的纯碱多为固体，染厂在使用纯碱时大多把纯碱配成溶液。由于纯碱的密度比水重，所以检测纯碱溶液的密度时需选用比水重的密度计。

3. 碳酸氢钠　碳酸氢钠，俗称小苏打，酸式碳酸盐，外观是白色粉末或结晶性粉末。常用作反应性强的活性染料的固色剂及多数活性染料直接印花时的固色剂。

（三）盐

染色中常用的盐主要是元明粉和食盐。

1. 元明粉　元明粉学名硫酸钠，也称芒硝，常有粉状和晶体两种状态。粉状元明粉为无水硫酸钠，相对分子质量为 142，俗称元明粉，通常的有效成分为 92%～98%。晶体硫酸钠中含有十个分子的结晶水，相对分子质量为 322，俗称芒硝，其有效成分含量通常为 44%。

元明粉既可以作为直接染料染棉的促染剂，也可作为直接染料染丝织物的缓染剂，还可作为酸性染料染色的缓染剂。有时元明粉也可作为印花丝织物洗涤时的地色保护剂，以防止残色溶于洗涤液后再次沾污地色。实践证明，直接染料染色时用元明粉作促染剂，染色织物的色光比用食盐作促染剂更加鲜艳。但由于食盐价格偏低，所以在深浓色泽染色时食盐仍然使用较为广泛。

2. 食盐 食盐的学名为氯化钠，分子式为 NaCl，相对分子质量 58.45，主要有海盐和岩盐（或称井盐）两种。由于海盐产量巨大，价格偏低，所以大多数工业用盐多为海盐。食盐为立方体结晶，不含结晶水。食盐表面产生潮解现象，主要是因为食盐中含有少量的氯化钙、氯化镁等容易潮解的杂质。食盐的溶解度随温度的变化不大，0℃时食盐的溶解度为 35.5%，100℃时食盐的溶解度也只有 39.2%。食盐在染色中的作用与硫酸钠十分相似，可以用来做直接染料、硫化染料、还原染料染色时的促染剂，也可用作酸性染料染色时的缓染剂。

（四）还原剂

还原染料染色时要用到还原剂保险粉，保险粉的化学名称为连二亚硫酸钠，商业上也叫养缸粉，化学式为 $Na_2S_2O_4$。保险粉有不含结晶水的和含 2 分子结晶水的，前者为淡黄色粉末，后者为白色细粒结晶。保险粉富于流动性，具有特殊臭味和强还原性，能溶于水，不溶于乙醇。保险粉在水溶液中不稳定，易氧化和分解，受潮会失效，加热到 190℃会发生爆炸，但在 60℃以下较为稳定。遇无机酸会剧烈分解，在 pH 值为 10 时最稳定。

保险粉主要用于与烧碱协同作用下，使还原染料还原溶解；用于染色织物的剥色；在分散染料染涤纶或涤棉混纺织物时，用作还原清洗剂以去除织物表面的浮色，提高染色产品的色牢度。

市售保险粉一般有两种规格，即优级品和一级品。优级品的 $Na_2S_2O_4$ 含量≥90%，一级品 $Na_2S_2O_4$ 含量≥85%。还原染料染色时，由于保险粉稳定性较差，易分解，因此保险粉在储存时间较久时一般要测定其有效含量，以便对染色工艺作相应调整。染色过程中，为了确保染色效果，有时也要对染料还原液中的保险粉含量进行测定。

（五）其他无机助剂

目前，随着科技发展，人们对无机助剂的研究范围也不断拓展。四川大学材料学院以含硅酸盐的天然纳米介孔矿物材料或其矿渣为原料，经过矿物粉碎、除杂纯化、过滤洗涤、干燥和焙烧等工艺制备了新型无机染色助剂，该助剂呈粉末状，粒径为 50～2000nm，比表面积至少为 $160m^2/g$，孔径为 3～60nm，SiO_2 的含量至少为 99%。此种染色助剂兼具增深、固色与匀染的功能，并能很好地吸收油脂，与有机物构成的染色助剂相比，减小了环境污染，降低了废液处理载荷。原料为天然纳米介孔矿物或其矿渣，制备工艺简单，因而成本低，性价比高，有较大的发展潜力。

二、有机染色助剂

在有机染色助剂中，表面活性剂是用得最多的一类，如常用的匀染剂、分散剂等，除此之外还会用到高分子类化合物，如防泳移剂、交联固色剂等。

（一）表面活性剂基本知识

在溶液中，当一些物质加入量很少时，就可使溶剂（通常为水）的表面张力（或液—液界面张力）显著下降，改变体系的界面状态，从而产生润湿、乳化、增溶、起泡、净洗等一系列作用，这种能够显著降低溶剂表面张力（或液—液界面张力）的物质称为表面活性剂。

1. 表面活性剂的结构特点和表示方法 表面活性剂分子由极性的亲水基（疏油基）和非极性的亲油基（疏水基）共同组成，亲水基和亲油基分处在分子两端，形成不对称结构，其表示方法如右图所示。因此表面活性剂的分子是一种两亲结构，既有亲水性又有亲油性。

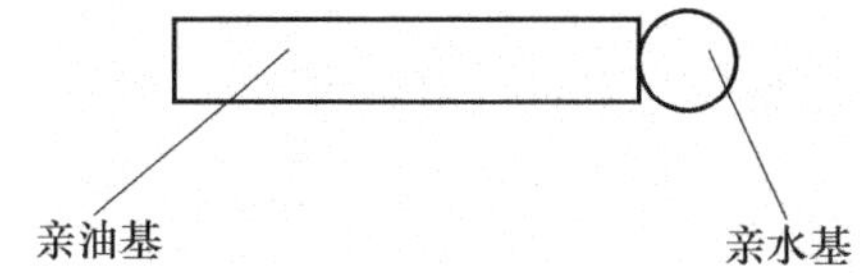

图 表面活性剂分子模型

表面活性剂的亲油基通常由疏水性的长链烷基构成，而亲水基是容易溶于水或容易被水所润湿的极性基团，如羧基、磺酸基、硫酸酯基、磷酸酯基、羟基、氨基、醚键等。

2. 表面活性剂的分类 表面活性剂的种类很多，分类方法也各不相同。实际使用中，以离子类型和工业用途分类最为普遍。

（1）按离子类型分类。即按表面活性剂的亲水基在水中是否电离以及电离后的离子类型来分类。在水中，凡能电离生成离子的称为离子型表面活性剂，不能电离的称为非离子表面活性剂。前者又按其生成的活性离子的类别分为阳离子型表面活性剂、阴离子型表面活性剂和两性表面活性剂。

（2）按用途分类。按表面活性剂在染整加工中的用途可将表面活性剂分为精练剂、渗透剂、乳化剂、分散剂、净洗剂、消泡剂、匀染剂、剥色剂、固色剂、柔软剂、阻燃剂、拒水拒油整理剂、抗静电剂等。

3. 表面活性剂的应用性能 表面活性剂广泛应用于纺织品印染加工工艺，对提高印染加工效率和产品质量有着重要作用。表面活性剂在染色过程中起到匀染、移染、增深、固色等作用，多数时候要借助于表面活性剂在染色过程中的真实效果来评价。

（二）匀染剂

作为匀染剂的条件是能降低染料的上染速率（缓染）或可使染料由浓度高的部分向浓度低的部分扩散（移染），不降低染色坚牢程度。凡是具有缓染和移染作用的助剂均称为匀染剂。

1. 棉用匀染剂 棉织物常用的染料有直接染料、活性染料、还原染料等，这些染料本身在水溶液中呈阴离子状态或还原成隐色体后呈阴离子状态，与纤维的亲和力并不太大，所以用这些染料染棉织物时可以不加入匀染剂。但是对于甲法染色的还原染料，由于被还原后的隐色体钠盐体积较大，聚集倾向大，上染速率快，因此容易染花，故常加入匀染剂来降低隐色体的上染速率。

活性染料在棉织物染色中用得越来越多。虽然活性染料溶解度高，匀染性较好，但是盐、碱的加入方式、织物材料规格、水质等也往往会造成染疵、染斑等色花现象。为了增加匀染的安全系数，特别是一些厚重紧密的被染物，还是应加入匀染剂，提高染料的溶解度，封闭重金属离子，抑制染料的初期上染率，提高染料的扩散性能和渗透性能，使染料离子更容易穿过扩散边界层进入纤维内，避免染料分子过多地聚集在被染物表面形成浮色，提高上染百分率，改善染色重现性，缩短染色工艺。

常用的匀染剂有以下几种。

(1) 平平加O。平平加O为乳白色或米黄色软膏状物，是高级脂肪醇聚氧乙烯醚化合物，属非离子型。它易溶于水，1%水溶液的pH值为6～8，浊点为70～75℃，耐酸、耐碱、耐硬水。平平加O具有良好的匀染性、渗透性、分散性和乳化性，在印染工业中应用极为广泛。

(2) 低泡匀染剂O。低泡匀染剂O为淡黄色或微黄色膏状物，是硅氧烷聚醚、烷基聚氧乙烯醚复合物，属非离子型，它易溶于水，1%水溶液的pH值为6～7，耐酸、耐碱、耐硬水，能与各种表面活性剂混用，具有匀染、分散、渗透和乳化作用，主要用于直接染料、还原染料等的染色。

2. 羊毛和真丝用匀染剂 羊毛和真丝同属蛋白质纤维，染色机理相似，可用酸性染料、活性染料等染色。酸性染料又可根据染色时染浴pH值的不同，分为强酸性浴染色的染料、弱酸性浴染色的染料、中性浴染色的染料。另外也可根据与金属离子的络合情况分为酸性媒介染料和酸性金属络合染料。酸性染料在染羊毛纤维时，由于纤维疏水性外表皮层和致密的鳞片层的存在，以及羊毛本身的差异性导致羊毛纤维对染料的亲和力存在差异，极易造成染色不匀及毛尖毛根的色差问题。因此一般要加入匀染剂。

目前，酸性染料用匀染剂有两大类。一类是亲纤维型阴离子匀染剂，它通过阴离子与染料阴离子的竞染（缓染）作用达到匀染目的。另一类为亲染料型的非离子或两性表面活性剂，这类匀染剂可提高染料的溶解度且与染料离子有一定的结合力，并具有一定缓染性，通过移染和缓染双重作用达到匀染目的，国外许多公司和研究机构都在开发这一类型的匀染剂。

3. 腈纶用匀染剂 腈纶根据其染色性能分为两大类，即酸性腈纶和碱性腈纶，目前以酸性腈纶应用较为广泛，主要选用阳离子染料染色。阳离子染料染腈纶时，纤维和染料间亲和力大，以离子键结合，从而导致上染速率快，极易造成染色不匀。尤其是两种或两种以上染料拼色时会产生竞染现象，很容易染花。因此，阳离子染料染腈纶时染浴中一般加入匀染剂以提高染色的均匀性。

腈纶染色时常用的匀染剂主要有两种类型，一种是亲染料的阴离子型匀染剂，另一种是亲纤维的阳离子型匀染剂，以阳离子型匀染剂应用较多。随着高分子助剂在印染行业的应用日益广泛，高分子匀染剂也受到重视。

阳离子匀染剂多数为季铵盐类，常用的有匀染剂1227和匀染剂DC等。匀染剂1227为无色至淡黄色液体，是十八烷基二甲基苄基氯化铵，易溶于水，1%水溶液pH值为6.5，耐酸耐硬水，用于阳离子染料染色的缓染剂、匀染剂和消毒杀菌剂，有时也可作为柔软剂和抗静电剂。

匀染剂DC为微黄色膏状物，是十二烷基苄基二甲基氯化铵，易溶于水，1%水溶液pH值为6～8，耐酸耐硬水，不耐碱。用于阳离子染料染色的匀染剂并赋予腈纶柔软的手感。

4. 涤纶用匀染剂 涤纶是疏水性纤维，一般用疏水性的分散染料染色。由于分散染料不溶于水，为使染料在染液中分散均匀，常常在染液中加入分散匀染剂，特别是涤纶超细纤维的染色，对分散匀染剂有更高的要求。分散匀染剂是染料加工和染料应用中不可缺少的助剂，它可使染料颗粒分散达到 1μm 左右，并适当增加分散染料的溶解度，保持染料分散稳定性，促进分散染料对纤维表面的吸附，同时可对纤维进行增塑或提高其溶胀程度，加快分散染料在纤维中的扩散速度。分散匀染剂多为各种类型的表面活性剂，包括阴离子型、阳离子型、非离子型、两性型和高分子型等。分散匀染剂应对分散染料具有良好的分散性，特别是在高温状态下不使分散染料发生凝聚，应具有优良的移染作用，不影响织物最终得色量，有适合设备和工艺要求的起泡性，用于涤棉混纺织物染色工艺的还要求有优良的耐电解质性能。

涤纶超细纤维染色时，分散匀染剂的加入，可明显提高分散染料的溶解性和染液的分散稳定性，分散染料上染的同步性、迁移率、染深性和染色牢度也有较大改善。匀染剂的种类及用量的不同，对分散染料的性能及染色效果的影响也不同。

5. 锦纶用匀染剂　锦纶可用分散染料、酸性染料或中性染料染色，染色过程中易产生条花、染斑等，不易匀染。锦纶用匀染剂的选用可参照分散染料染色用匀染剂及酸性染料染色用匀染剂。例如，Lyogen P 是蓖麻油酸丁酯的深度磺化物，用于酸性染料染锦纶时，对条花的盖染性极为优异。

（三）防泳移剂

在连续轧染染色工艺中，由于织物局部烘干效率的不同，染料分子往往随着水分子的移动而移动，造成染料泳移现象的发生，从而导致布面染色不匀或出现色花。为了减少染料泳移现象的发生，在进行染料轧染染色工艺时往往在染浴中加入适量的防泳移剂。

防泳移剂多为高分子物，如天然的海藻酸钠，人工合成的丙烯酸与丙烯酰胺的共聚物等。防泳移剂应有较强的防泳移能力，防止由染料泳移而产生的色花、白芯等色疵，同时要与染料有较好的相容性，不与染料发生物理或化学反应，不沾污轧辊，不影响染料上染纤维，能提高染料的给色量和固色率。

（四）固色剂

固色剂是为提高染料在织物上颜色耐湿处理牢度所用的助剂。固色剂在织物上会使染料结成不溶于水的染料盐，或使染料分子增大而难溶于水，借以提高染色的牢固程度。常用的固色剂有阳离子型季铵盐，如氯化十六烷基吡啶、溴化十六烷基吡啶，胺醛树脂型双氰胺甲醛初缩体（固色剂 Y，固色剂 M），多胺缩合体（丝绸固色剂 LA），酚醛缩合体（交联固色剂 DE），交联固色剂（Indosol CR），活性染料固色剂 KS，以及用于锦纶（聚酰胺）织物上代替丹宁作固色剂的酚磺酸甲醛缩合物等。

早期固色剂如固色剂 Y、固色剂 M 等因在纺织品服用过程中会释放甲醛，其应用受到很大限制，随着人们对环保及健康的日益关注，无醛固色剂得到较快发展。优良的无甲醛固色剂可提高活性染料染色织物湿摩擦牢度 0.5～1 级，使用过程中不色变、不泛黄、不降低日晒牢度，并可使被染物手感滑爽、降低表面摩擦系数，提高被染物的服用性能。

（五）皂洗剂

在染色或印花结束后，纤维上往往残存一些没有与纤维结合的染料或水解的染料（俗称浮色），这些染料的存在会影响纺织品的色牢度和颜色鲜艳度。为充分将浮色去除，染色或印花结束后往往要在水中加入皂洗剂进行皂洗。

皂洗剂能与未固着染料形成胶束，降低未固着染料与被染物的亲和力、增大未固着染料与水的接触机会，形成内核使染料胶束稳稳地分散在皂洗液中。

目前选用的皂洗剂以合成洗涤剂居多，皂洗剂要具有良好的螯合、分散和净洗能力，去除浮色彻底且无泡沫，不沾污白地，能够耐硬水，清洗容易，节约用水。

（六）代碱剂

代碱剂也称代用碱，多为有机碱和表面活性剂等的复配物，相对常用的碱剂如氢氧化钠、碳酸钠等，代碱剂具有溶解度高、用量少，pH 缓冲性能好等优点。例如活性染料染色高浓缩代用碱 XL－E7A，用作活性染料固色用碱时，它的用量只有纯碱使用量的 1/10～1/8，分散性好，可有效防止白粉的产生，并使纤维色光鲜艳。具有螯合功能，可软化水质，悬浮、分散杂质，其扩散性、染料溶解性好，尤其适用于筒子纱等紧密状态和小浴比条件下的染色。碱度缓冲力佳，溶解性极高，是纯碱的二倍，可有效防止色花的发生。染后可节省约 40%液流水洗水量及 30%中和用酸，可有效降低成本。

目前的代碱剂种类较多，有液体代碱剂也有固体代碱剂，代碱剂的碱度及使用效果也因生产厂家不同而不同。

代用碱不仅仅用于活性染料固色，传统染整加工工艺中使用烧碱、纯碱的各个环节也都可使用代用碱，尤其是不耐碱的涤棉混纺织物、化纤、纱线、绢丝、亚麻等织物的退浆、精练、脱脂、去油和漂白处理。代用碱使用简单安全，改善生产环境，废水低碱排放（达国家环保直接排放标准），不含 APEO 等任何有害化学元素，符合环保生产要求。

项目二　染液的配制

任务1　染色打样常用化学仪器的使用

一、天平

实验室常用的称量仪器是台秤、分析天平和电子天平。台秤能迅速称量物质的质量，但精确度不高，一般只能准确到0.1g；分析天平和电子天平则能达到0.0001g。

（一）台秤

台秤又称托盘天平，其构造见图2-1。使用前先调整台秤的零点。将游码D拨到游码标尺左端的“0”位上，观察台秤的指针A是否停在分度盘B的中间位置，否则可旋转平衡调节螺丝C，使指针在刻度盘上左右摆动几乎相等，最后将停留在中间位置，此即零点。

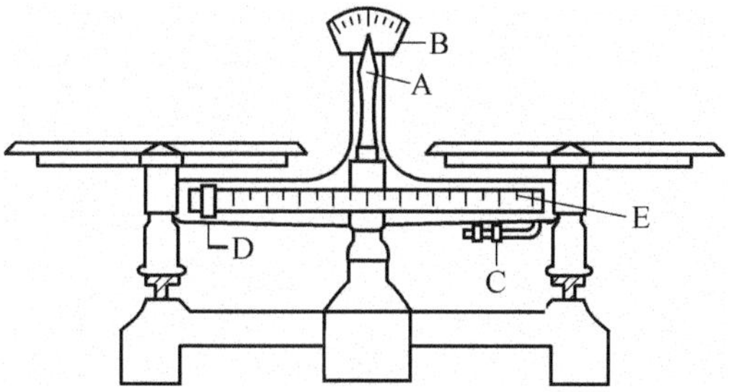

图2-1　台秤

称量时，左盘放称量物，右盘放砝码。添加砝码时应从大到小。在添加刻度标尺E以内的质量时（例如5g或10g），可移动标尺上的游码，直至指针的位置与零点相符（允许偏差在1小格以内）。

称量时需注意以下几点。

（1）不能称量热的物品。

（2）称量物不能直接放在秤盘上，根据情况可放在洁净光滑的纸上、表面皿或烧杯中。称量物及盛器的总质量不能超过台秤的最大载重。

（3）称量完毕，将砝码放回盒内原处，游码退回到“0”位，使台秤各部分恢复原状。

（4）保持清洁，不慎撒落在秤盘上的药品应立即除去并擦净。

（二）分析天平

分析天平是精确测定物体质量的计量仪器，也是化学化工实验中常用的仪器。熟练使用分析天平进行称量是分析工作者应具有的一项基本实验技能。

常用的分析天平有半机械加码电光天平、全机械加码电光天平和单盘电光天平等。各种型号和规格的双盘等臂天平，其构造和使用方法大同小异，现以TG—328B型半机械加码电光天平为例，介绍这类天平的构造和使用方法。

1. 结构　天平的外形和结构如图2-2所示。

（1）天平横梁是天平的主要构件，一般由铝合金制成。三个玛瑙刀等距安装在梁上，梁的两边装有两个平衡螺丝，用来调整横梁的平衡位置（即粗调零点），梁的中间装有垂直的指针，用以指示平衡位置。支点刀的后上方装有重心螺丝，用以调整天平的灵敏度。

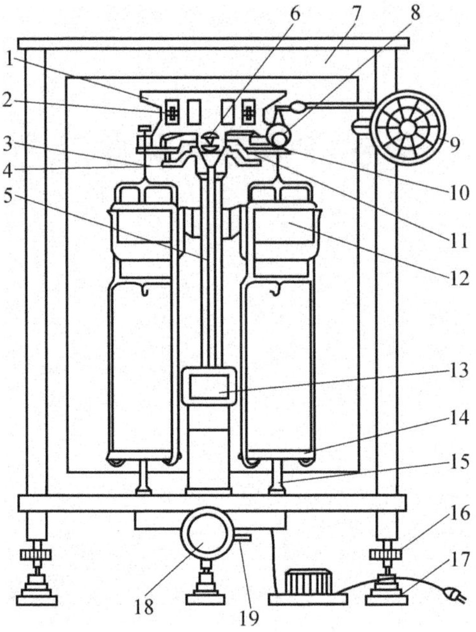

图 2－2　TG—328B 型半机械加码电光天平

1—横梁　2—平衡铊　3—吊耳　4—翼子板　5—指针　6—支点刀　7—框罩
8—圈形砝码　9—指数盘　10—支柱　11—折叶　12—阻尼内筒
13—投影屏　14—秤盘　15—盘托　16—螺旋脚　17—垫脚
18—升降旋钮　19—投影屏调节杆

（2）横梁两端的承重刀上分别悬挂两个吊耳，吊耳的上钩挂有秤盘，下钩挂空气阻尼器。空气阻尼器是由两个特制的铝合金圆筒构成，其外筒固定在立柱上，内筒挂在吊耳上。两筒间隙均匀，没有摩擦，开启天平后，内筒能自由上下运动，由于筒内空气阻力的作用使天平横梁很快停摆而达到平衡。

（3）指针下端装有缩微标尺（图 2－3），光源通过光学系统将缩微标尺上的分度线放大，再反射到投影屏上，从屏上（光幕）可看到标尺的投影，中间为零，左负右正。屏中央有一条垂直刻线，标尺投影与该线重合处即为天平的平衡位置。天平箱下的投影屏调节杆可将光屏在小范围内左右移动，用于细调天平零点。缩微标尺刻有 10 大格，每个大格相当于 1mg，每个大格又分为 10 小格（即 10 分度），每分度相当于 0.1mg。因此在投影屏上可直接读出 10mg 以下至 0.1mg 的质量。

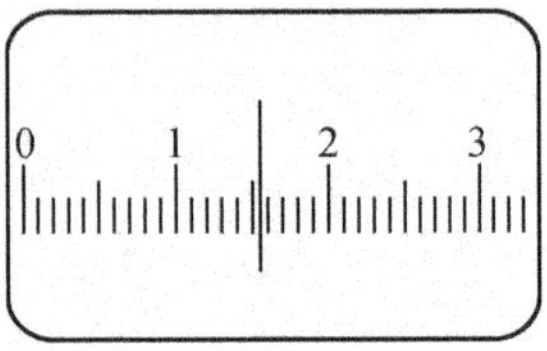

图 2－3　微缩标尺

（4）天平升降旋钮，位于天平底板正中，它连接托梁架、盘托和光源。开启天平时，顺时针旋转升降旋钮，托梁架即下降，梁上的三个刀口与相应的玛瑙平板接触，吊钩及秤盘自由摆动，同时接通了光源，屏幕上显出标尺的投影，天平已进入工作状态。停止称量时，关闭升降旋钮，则横梁、吊耳及秤盘被托住，刀口与玛瑙平板离开，光源切断，屏幕黑暗，天平进入休止状态。

为了保护刀口，旋转旋钮带动升降旋钮可以使天平慢慢托起或放下。当天平不使用时应将横梁托起，使刀口与玛瑙平板分开。切不可接触未将天平梁托起的天平，以免磨损刀口。

（5）天平箱下装有三个脚，前面的两个脚带有旋钮，可使底板升降，用以调节天平的水平位置。天平立柱的后上方装有气泡水平仪，用来指示天平的水平位置。

（6）机械加码器是用来添加 1g 以下、10mg 以上的圈形小砝码。使用时转动圈码指数盘（图 2－4），可使天平梁右端吊耳上加 10～990mg 圈形砝码。指数盘上刻有圈码的质量值，内层为 10～90mg 组，外层为 100～900mg 组。

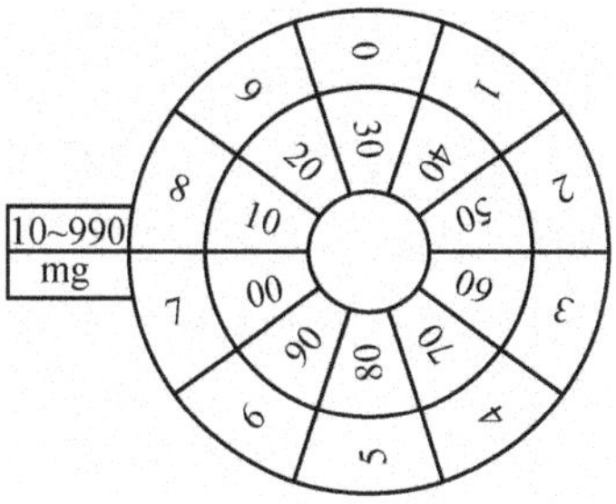

图 2－4　圈码指数盘

2. 使用方法　分析天平是精密仪器，使用时要认真、仔细，要预先熟悉使用方法，否则容易出错，使得称量不准确或损坏天平部件。

（1）检查天平是否正常。如：天平是否水平，秤盘是否洁净，圈码指数盘是否在“000”位，圈码有无脱位，吊耳是否错位等。

（2）调节零点。接通电源，打开升降旋钮，此时在光屏上可以看到标尺的投影在移动，当标尺稳定后，如果屏幕中央的刻线与标尺上的 0.00 位置不重合，可拨动投影屏调节杆，移动屏的位置，直到屏中刻线恰好与标尺中的“0”线重合，即为零点。如果屏的位置已移到尽头仍调不到零点，则需关闭天平，调节横梁上的平衡螺丝，再开启天平继续拨动投影屏调节杆，直至调定零点。然后关闭天平，准备称量。

（3）称量。将欲称物体先在台秤上粗称，然后放到天平左盘中心。根据粗称的数据在天平右盘上加相应的砝码。半开天平，观察标尺移动方向或指针倾斜方向（若砝码加多了，则标尺的投影向右移，指针向左倾斜）以判断所加砝码是否合适及如何调整。砝码调定后，再依次调整百毫克组和十毫克组圈码。调定圈码至 10mg 位后，完全开启天平，准备读数。砝码未完全调定时不可完全开启天平，以免横梁过度倾斜，造成错位或吊耳脱落。

（4）读数。砝码调定，关闭天平门，待标尺停稳后即可读数。被称物的质量等于砝码总量加圈码的读数，再加标尺读数（均以克计）。

（5）实验结束，仪器复原。称量、记录完毕，随即关闭天平，取出被称物，将砝码夹回盒内，圈码指数盘退回到“000”位，关闭两侧门，盖上防尘罩。

3. 使用注意事项

（1）开、关天平升降旋钮，开、关天平侧门，加、减砝码，放、取被称物等操作，其动作都要轻、缓，切不可用力过猛，否则，往往会造成天平部件脱位。

（2）调定零点及记录称量读数后，应随手关闭天平。加、减砝码和被称物必须在天平处于关闭状态下进行。砝码未调定时不可完全开启天平。

（3）称量读数时必须关闭两个侧门，并完全开启天平。双盘天平的前门仅供安装或检修天平时使用。

（4）所称物品质量不得超过天平的最大载量。称量读数必须立即记在实验记录本中，不得记在其他地方。

（5）如果发现天平不正常，应及时报告教师或实验室工作人员，不要自行处理。

（6）称量完毕，应随即将天平复原，并检查天平周围是否清洁。

（7）天平使用一定时间（半年或一年）后，要清洗、擦拭玛瑙刀口和砝码，并检查计量性能和调整灵敏度。这项工作由实验室技术人员进行。

（三）电子天平

1. 称量原理 电子天平是最新一代的天平，目前应用的主要有顶部承载式（吊挂单盘）和底部承重式（上皿式）两种。尽管不同类型的电子天平的控制方式和电路不尽相同，但其称量原理大都依据电磁力平衡理论。

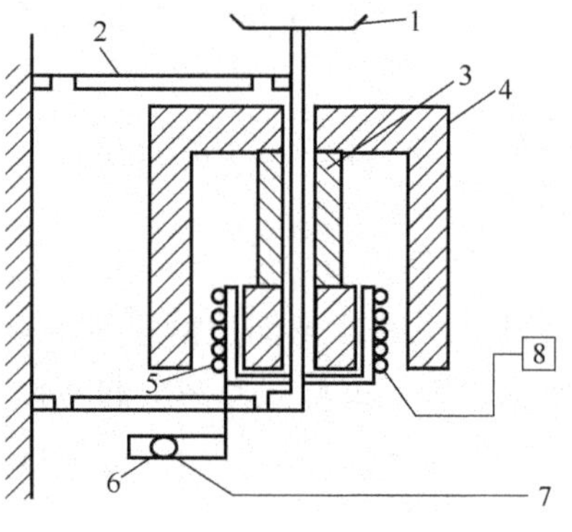

图 2－5 电子天平结构示意图（上皿式）
1—秤盘 2—簧片 3—磁钢 4—磁回路体
5—线圈及线圈架 6—位移传感器
7—放大器 8—电流控制电路

我们知道，把通电导线放在磁场中时，导线将产生电磁力，力的方向可以用左手定则来判定。当磁场强度不变时，力的大小与流过线圈的电流强度成正比。如果使重物的重力方向向下，电磁力的方向向上，并与之相平衡，则通过导线的电流与被称物体的质量成正比。

电子天平的结构如图 2－5 所示。秤盘通过支架连杆与线圈相连，线圈置于磁场中。秤盘及被称物体的重力通过连杆支架作用于线圈上，方向向下。线圈内有电流通过，产生一个向上作用的电磁力，与秤盘重力方向相反，大小相等。位移传感器处于预定的中心位置，当秤盘上的物体质量发生变化时，位移传感器检出信号，经调节器和放大器改变线圈的电流直至线圈回到中心位置为止。通过数字显示物体的质量。

2. 性能特点

（1）电子天平支撑点采用弹性簧片，没有机械天平的宝石或玛瑙刀，取消了升降装置，采用数字显示方式代替指针刻度式显示。使用寿命长，性能稳定，灵敏度高，操作方便。

（2）电子天平采用电磁力平衡原理，称量时全量程不用砝码。放上被称物后，在几秒钟内即达到平衡，显示读数，称量速度快，精度高。

（3）有的电子天平具有称量范围和读数精度可变的功能，如瑞士梅特勒 AE240 天平，在 0～205g 称量范围内，读数精度为 0.1mg。在 0～41g 称量范围内，读数精度 0.01mg。可以一机多用。

（4）分析天平及半微量电子天平一般具有内部校正功能。天平内部装有标准砝码，使用校准功能时，标准砝码被启用，天平的微处理器将标准砝码的质量值作为校准标准，获得正确的称量数据。

（5）电子天平是高智能化的，可在全量程范围内实现去皮重、累加、超载显示、劫报警等。

（6）电子天平具有质量电信号输出，这是机械天平无法做到的。它可以连接打印机、计算机，实现称量、记录和计算的自动化。同时也可以在生产、科研中作为称量、检测的手段，或组成各种新仪器。

3. 使用方法　图 2-6 是电子天平外形及各部件图（ES—J 系列）。清洁天平各部件后，放好天平，调节水平，依次将防尘隔板、防风环、盘托、秤盘放上，连接电源线即可。电子天平的使用要按《使用说明书》进行操作，使用时要注意以下几点。

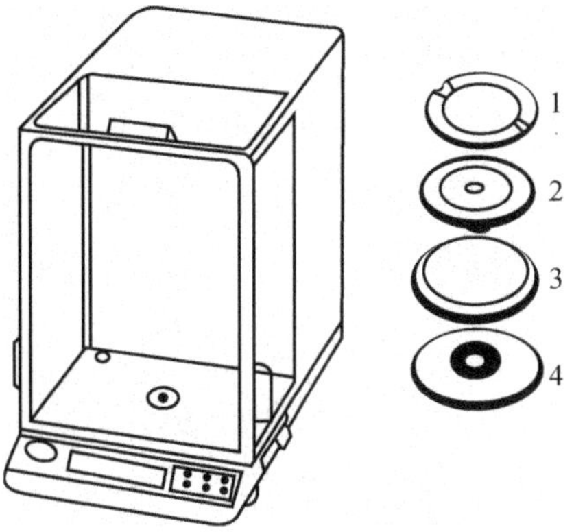

图 2-6　电子天平外形及相关部件

1—秤盘　2—盘托　3—防风环　4—防尘隔板

（1）使用前检查天平是否水平，调整水平。

（2）称量前接通电源预热 30min。

（3）校准。首次使用天平必须先校准。将天平从一地移到另一地使用时或在使用一段时间（30 天左右）后，应对天平重新校准。为使称量更为精确，亦可随时对天平进行校准。校准可按说明书，用内装校准砝码或外部自备有修正值的校准砝码进行。

（4）称量。按下显示屏的开关键，待显示稳定的零点后，将物品放到秤盘上，关上防风门。显示稳定后即可读取称量值。操纵相应的按键可以实现"去皮"、"增重"、"减重"等称量功能。

短时间（例如 2h）内暂不使用天平，可不关闭天平电源开关，以免再使用时重新通电预热。

（四）称量方法

根据不同的称量对象，需采用相应的称量方法。对机械天平而言，大致有如下几种常用的称量方法。

1. 直接法　天平零点调定后，将被称物直接放在秤盘上，所得读数即为被称物的质量。这种称量方法适用于称量洁净干燥的器皿、棒状或块状的金属及其他整块的不易潮解或升华的固体样品。注意，不得用手直接取放被称物，可采用戴汗布手套、垫纸条、用镊子或钳子等适宜的办法。

2. 减量法（差减法）　取适量待称样品置于一干燥洁净的容器（称量瓶、纸簸箕、小滴瓶等）中，在天平上准确称量后，取出欲称取量的样品置于实验器皿中，再次准确称量，两次称量读数之差，即为所称得样品的质量。如此重复操作，可连续称取若干份样品。这种称量方法适用于一般的颗粒状、粉末状试剂或试样及液体试样。

称量瓶的使用方法：称量瓶（图 2-7）是减量法称量粉末状、颗粒状样品最常用的容器。用前要洗净烘干，用时不可直接用手拿，而应用纸条套住瓶身中部，用手指捏紧纸条进行操作，这样可避免手汗和体温的影响。先将称量瓶放在台秤上粗称，然后将瓶盖打开放在同一秤盘上，根据所需样品量（应略多些）向右移动游码或加砝码。用药勺缓缓加入样品至台秤平衡。盖上瓶盖，再拿到天平上准确称量并记录读数。拿出称量瓶，在盛接样品的容器上方打开瓶盖并用瓶盖的下面轻敲称量瓶口的右上部，使样品缓缓倾入容器（图 2-8）。估计倾出的样品已够量时，再边敲瓶口边将瓶身扶正，盖好瓶盖后方可离开容器的上方，再准确称量。如果一次倾出的样品质量不够，可再次倾倒样品，直至倾出样品的量满足要求后，再记录第二次天平称量的读数。

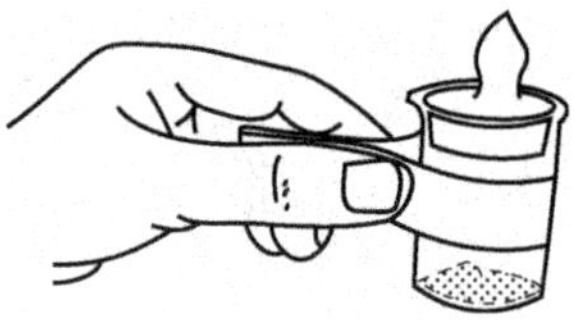

图 2-7　称量瓶

图 2-8　倾出试样的操作

3. 固定量称量法（增量法）　直接用基准物质配制标准溶液时，有时需要配成一定浓度值的溶液，这就要求所称基准物质的质量必须是一定的。例如配制 100mL 含钙 1.000mg/mL 的标准溶液，必须准确称取 0.2497g $CaCO_3$ 基准试剂。称量方法是：准确称量一洁净干燥的小烧杯（50mL 或 100mL），读数后再适当调整砝码，在天平半开状态下，小心缓慢地向烧杯中加 $CaCO_3$ 试剂，直至天平读数正好增加到 0.2497g 为止。这种称量操作的速度很慢，适用于不易吸潮的粉末状或小颗粒（最大颗粒应小于 0.1mg）样品。

二、量器

（一）量筒

量筒是实验室常用的量具。常见量筒的容量有 10mL、20mL、50mL、100mL 等，可根据量取液体的量选用，测量误差通常为量筒最大测量体积的±2%左右。如果量 8mL 液体，应选用 10mL 量筒，如用 100mL 量筒来量取，则误差更大。

量取液体时，液面呈弯月形。要获得正确的读数，应使视线与弯月形的最低点保持水平，如图 2-9 所示。视线偏高或偏低（俯视或仰视）都会造成误差。

（二）移液管和吸量管

移液管和吸量管都是用于准确移取一定体积溶液的玻璃量器。吸量管是带有分刻度的玻璃管，如图 2-10 所示，用于吸取不同体积的液体。移液管的中间有一膨大部分（图 2-11），管颈上部刻有一标线，用来控制所吸取溶液的体积。移液管的容积单位为毫升（mL），其容量为在一定的温度时按规定方式排空后所流出纯水的体积。

移液管或吸量管吸取溶液之前，首先应该用铬酸洗液将其洗净，使其内壁及下端的外壁均不挂水珠。然后经自来水和蒸馏水荡洗三次，用滤纸片将流液口内外残留的水擦掉。移取溶

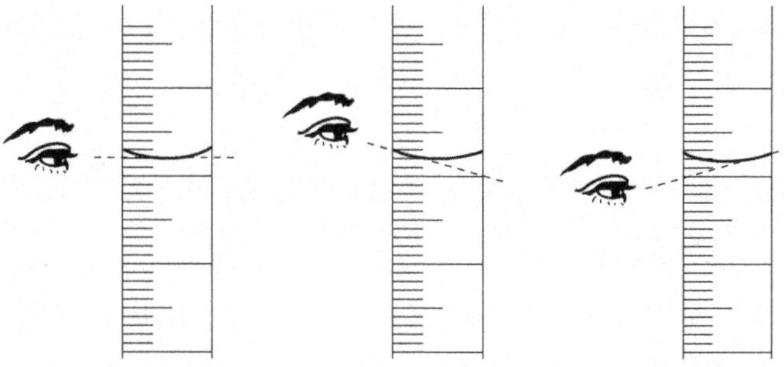

图 2-9　量筒的读数方法

液之前，先用欲移取的溶液荡洗三次。方法是：用洗净并烘干的小烧杯倒出一部分欲移取的溶液，用移液管吸取溶液 5～10mL，立即用右手食指按住管口（尽量勿使溶液回流，以免稀释），将管横过来，用两手的拇指及食指分别拿住移液管的两端，转动移液管并使溶液布满全管内壁，当溶液流至距上口 2～3cm 时，将管直立，使溶液由尖嘴（流液口）放出，弃去。

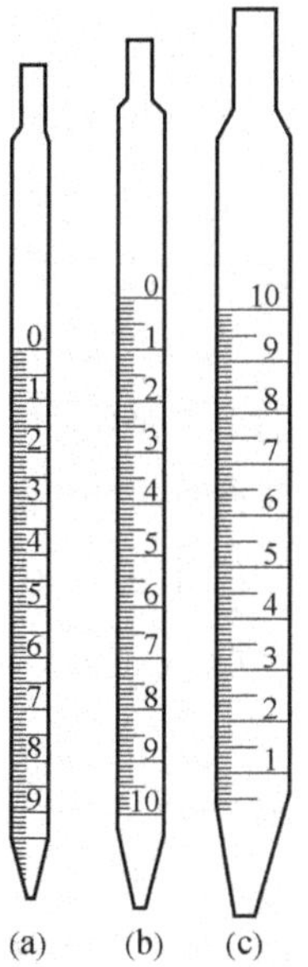

图 2-10　吸量管

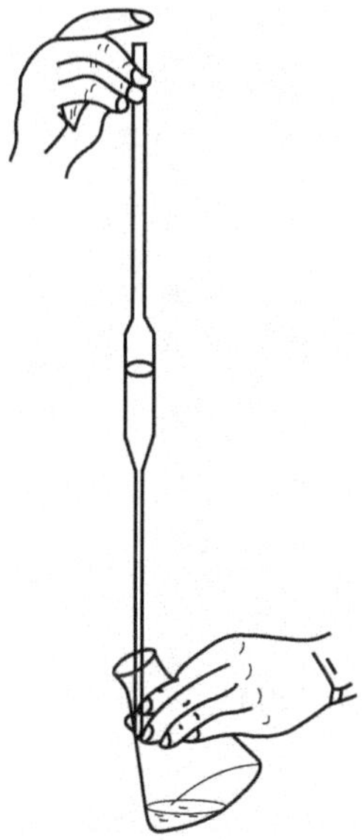

图 2-11　移液管的操作

用移液管自容量瓶中移取溶液时，右手拇指及中指拿住管颈刻线以上的地方，将移液管插入容量瓶内液面以下 1～2cm 深度。不要插入太深，以免外壁沾带溶液过多；也不要插入太浅，以免液面下降时吸空。左手拿洗耳球，排除空气后紧按在移液管口上，借吸力使液面慢慢上升，移液管应随容量瓶中液面的下降而下降。当管中液面上升至刻线以上时，迅速用右手食指堵住管口（食指最好是潮而不湿），用滤纸擦去管尖外部的溶液，将移液管的尖嘴靠着容量瓶颈的内壁，左手拿容量瓶，并使其倾斜约 30°。稍松食指，用拇指及中指轻轻捻转管身，使液面缓慢下降，直到调定零点。按紧食指，使溶液不再流出，将移液管移入准备接受溶液的容器中，仍使其尖嘴接触倾斜的器壁。松开食指，使溶液自由地沿壁流下（图 2-11），待溶液流至尖嘴后，再等待 15s，以促使残留在管尖的液体流出。但不要把 15s 后仍残留在管尖的液体吹出，因为在校准移液管体积时，没有把这部分液体算在内（如果管上有“吹”或“快吹”字样，则要将管尖的液体吹出）。

注意：在调整零点和排放溶液过程中，移液管都要保持垂直，其尖嘴要接触倾斜的器壁（不可接触下面的溶液）并保持不动；移液管用完应放在管架上，不要随便放在实验台上，尤其要防止管颈下端被沾污。

吸量管的使用方法与移液管大致相同。但移取溶液时，由于吸量管的容量精度低于移液管，所以在移取 2mL 以上固定量溶液时，应尽可能使用移液管。使用吸量管时，尽量在最高标线调整零点，避免使用末端，因为末端处的刻度不太准。

三、容量瓶

容量瓶是细颈梨形平底玻璃瓶，由无色或棕色玻璃制成（图 2－12），带有磨口玻璃塞，颈上有一标线。容量瓶主要用于配制准确浓度的溶液或定量地稀释溶液。

容量瓶使用前，必须检查瓶口是否漏水。检漏时，在瓶中加水至刻线附近，盖上瓶塞，用一手食指按住瓶塞，将瓶倒立 2min，观察瓶塞周围是否渗水。然后将瓶直立，将瓶塞旋转 180°再检查一次，若仍不渗水，即可使用。

用固体物质（基准试剂或被测样品）配制溶液时，应先在烧杯中将固体物质完全溶解后再转移至容量瓶中。转移时要使溶液沿玻璃棒流入瓶中，其操作方法如图 2－12（a）所示。当烧杯中的溶液流尽后，在烧杯仍靠着玻璃棒的情况下，让玻璃棒沿烧杯嘴稍向上提起至杯嘴，再慢慢竖起烧杯，使烧杯和玻璃棒之间附着的液滴流回烧杯中，再将玻璃棒末端残留的液滴靠入瓶口内。在瓶口上方将玻璃棒放回烧杯内，但不得将玻璃棒靠在烧杯嘴一边。然后再用少量蒸馏水（或其他溶剂）冲洗烧杯 3～4 次，洗出液按上法全部转移入容量瓶中。当溶液达 2/3 容量时，应将容量瓶沿水平方向轻轻摆动几周以使溶液初步混匀。再加水至刻线以下约 1cm，等待 1～2min，最后用滴管从刻线以上 1cm 以内的一点沿颈壁缓缓加水至弯液面最低点与标线上边缘水平相切，随即盖紧瓶塞，左手捏住瓶颈上端，食指压住瓶塞，右手三指托住瓶底［图 2－12（b）］，将容量瓶颠倒多次，每次颠倒时都应使瓶内气泡升到顶部，倒置时应水平摇动几周［图2－12（c）］，如此重复操作，可使瓶内溶液充分混匀。100mL 以下的容量瓶，可不用右手托瓶，一只手抓住瓶颈及瓶塞进行颠倒和摇动即可。

注意：对玻璃有腐蚀作用的溶液，如强碱溶液，不能在容量瓶中久贮，配好后应立即转移到其他容器（如塑料试剂瓶）中密闭存放。

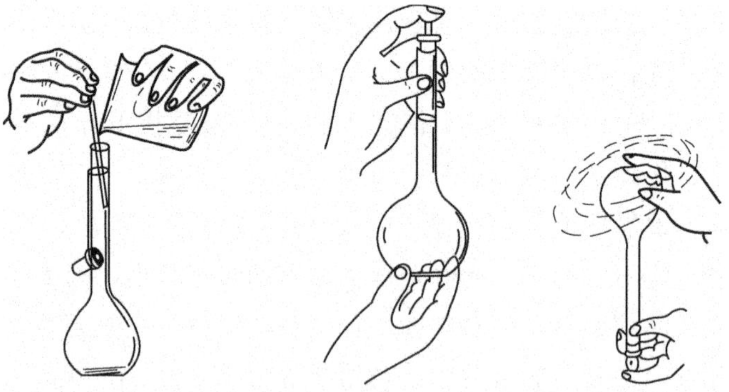

(a) 转移　　(b) 直立　　(c) 旋摇

图 2－12　容量瓶的使用

任务 2　染液浓度表示方法及其配制

一、染液浓度表示方法

溶液就是由两种或两种以上的物质混合形成的均匀而又稳定的体系。溶液可以是气态溶液（如空气）、液态溶液（如白酒）和固态溶液（如合金）。通常溶液是指液态溶液。

在液态溶液中，常把液体当作溶剂，把溶解在液体中的固体或气体叫做溶质。当液体溶于液体时，一般将含量较多的组分称为溶剂，含量较少的组分称为溶质。

溶液的浓度是指一定量的溶液（或溶剂）中所含的溶质 B 的量。在实际生产或科研中，根据使用的方便程度不同，对溶液的浓度规定了不同的标准，因此，同一种溶液，因不同的需要，可选择不同的浓度表达方法。经常使用到的几种浓度表示方法如下。

1. 质量浓度　溶液中溶质 B 质量除以溶液的体积，称为溶质 B 的质量浓度。用符号 ρ_B 表示，常用单位是 g/L，即：

$$\rho_B=\frac{m_B}{V_{溶液}}$$

例如：15g NaCl 溶于水，配制成 1L 溶液，则其质量浓度为 15g/L。

2. 物质的量浓度　用单位体积溶液中所含溶质 B 的物质的量 n_B 来表示溶液的浓度，叫做溶质 B 的物质的量浓度。用符号 c_B 表示，即：

$$c_B=\frac{n_B}{V}$$

式中：n_B——溶质的物质的量；

V——溶液的体积。

c_B常用的单位为 mol/L 或 mol/m^3。

例如：$c_{NaCl}=0.1000$mol/L，表示 1L 溶液中所含 NaCl 的物质的量为 0.1000 mol。

3. 质量摩尔浓度　单位质量溶剂中所含溶质 B 的物质的量，称为溶质 B 的质量摩尔浓度。单位为 mol/kg，常以符号 b_B 表示，即：

$$b_B=\frac{n_B}{m_A}$$

式中：n_B——溶质的物质的量；

m_A——溶剂的质量。

b_B常用的单位为 mol/kg，使用时应注明物质的基本单位。

如：$b_{NaCl}=0.0100$mol/kg，表示 1kg 水中所含 NaCl 的物质的量 0.0100 mol，若配制此溶液，则称取 0.5844 g NaCl 溶于 1 kg 水中即可。

质量摩尔浓度 b_B 的数值不随温度变化，对于溶剂是水的稀溶液（$b_B<0.1$mol/kg），b_B 与

c_B 的数值相差很小。

4. 质量分数 质量分数定义为物质 B 的质量除以混合物的总质量。无量纲，常以符号 w_B 表示。即：

$$w_B=\frac{m_B}{\sum_i m_i}$$

对于溶液来说，溶质 B 和溶剂 A 的质量分数分别为：

$$w_B=\frac{m_B}{m_A+m_B} \qquad w_A=\frac{m_A}{m_A+m_B} \qquad 且\ w_B+w_A=1$$

5. 体积分数 体积分数是指单位体积溶液中所含溶质 B 的体积，或者说混合物中某一组分 B 的体积与混合物总体积的比。常以符号 ϕ_B 表示。即：

$$\phi_B=\frac{V_B}{V}$$

式中：V_B——溶质的体积，m^3 或 L；

V——溶液的体积，m^3 或 L。

例　欲配制 2 mol/L 的硫酸溶液 500 mL，需要密度为 1.84 g/mL 98%的浓硫酸多少 mL？

解：98%的浓硫酸的物质的量浓度：

$$c_1=\frac{1000\times\rho\times98\%}{M_{H_2SO_4}}=\frac{1000\times1.84\times98\%}{98}=18.4\ (\text{mol/L})$$

稀释前后溶液中溶质的含量不变，则：

$$c_1V_1=c_2V_2$$

$$V_1=\frac{c_2V_2}{c_1}=\frac{2\times500}{18.4}=54.3\ \text{mL}$$

二、染液配制

在染色过程中染液浓度表示方法一般采用质量浓度（g/L）和质量分数表示法。大生产时根据染色工艺处方计算各染料助剂的质量，采用适当的化料方法配制满足工艺处方的染色加工液。而在染色打样过程中由于打样染液体积小，染料助剂用量较少，甚至只用几毫克，故通常采用先配制一定浓度染料母液，再根据工艺处方计算吸取一定体积的母液配制成染色加工液的方法。下面重点介绍染色打样过程中染液的配制步骤。

（一）染料母液的配制

染料母液一般配制于容量瓶中，准确称取所需染料固体于烧杯中，用少量蒸馏水溶解。将所得溶液小心移入容量瓶中。再用少量蒸馏水洗涤烧杯 2～3 次，洗涤烧杯所得的溶液也一起移入容量瓶中。最后用蒸馏水稀释溶液至容量瓶的刻度线处，盖上瓶塞，摇匀即可。可以概括为图 2-13 所示的六个基本步骤：计算→称量→溶解→转移→定容→混合。

例　配制 500 mL 质量分数为 2%的某染料溶液，如何配制？

解：（1）计算所需称取的某染料质量为：

图 2 - 13　染液配制的一般步骤

$$M_{染料}=m_{溶液}\times w=\rho_{溶液}\times V\times w\approx 1\text{g/mL}\times 500\text{mL}\times 2\%=10\text{g}$$

（2）计算出结果后，准确称取 10g 某染料后按上述步骤配制即可。

在染色打样时，为了减少量取染料工作母液时的相对误差，一般应将工作母液配制得稀一些，即浓度低一些，如：1‰、2‰、3‰等。且染色工艺处方中染料用量越小，工作母液的浓度也应该相应小一些，一般如下：

浓度＜1%（owf）	浅色	配制的染料工作母液的浓度：1‰
1%（owf）＜浓度＜3%（owf）	中色	配制的染料工作母液的浓度：2‰
浓度＞3%（owf）	深色	配制的染料工作母液的浓度：4‰

（二）染色加工液的配制

以活性染料染色工艺为例来说明染色加工液的配制方法。

染色棉织物 2g，浴比 1∶50，染料母液浓度为 2‰。

染色处方：

活性红 BES	1.63%（owf）
活性黄 BES	1%（owf）
NaCl	20g/L
Na_2CO_3	5g/L

注：处方中染料浓度常常用相对于被染织物质量百分数表示，[owf（on weight of fabric）]。

通过计算处方中各染料助剂用量分别为：

活性红 BES	$2\times1.63\%=0.0326\text{g}$
活性黄 BES	$2\times1\%=0.02\text{g}$
NaCl	$2\times50\times20\div1000=2\text{g}$
Na_2CO_3	$2\times50\times5\div1000=0.5\text{g}$

由于染料用量极少，直接用台秤、分析天平、电子天平称取时比较繁琐耗时，且易因操作问题造成比较大的相对误差，故预先把染料配制成质量分数为 2‰的染料母液。那么需要用吸量管移取的染液体积分别为：

活性红 BES	$2‰\times\rho_{溶液}\times V_1=0.0326$	$V_1=16.3\text{mL}$	（$\rho_{溶液}=1\text{g/mL}$）
活性黄 BES	$2‰\times\rho_{溶液}\times V_2=0.02$	$V_2=10\text{mL}$	

即用吸量管分别移取红黄染料母液体积 16.3mL 和 10mL，再补足 73.7mL 水使染色液体积达到 100mL 后进行染色打样。

（三）减少染液配制过程中误差的方法

为了减少染液配制过程中的误差，必须从配制过程中的六个步骤出发。首先要进行准确的计算，然后选择精密度合适的天平进行准确的称量。配制母液的染料必须是生产所用染料，不能受潮，称量准确。在溶解染料时，注意搅拌力度不要过大，以防止液体溅出。若是经加热溶解的染液，必须冷却后再转移到容量瓶中。将染液转移到容量瓶中时，操作要规范，不能把染液溅到瓶外，并且把烧杯和玻璃棒洗涤 2～3 次后的溶液也要转移到容量瓶中。定容时，要注意视线与刻度线相平。准确定容并摇匀后，若发现液面在刻度线以下，不能再加水使液面与刻度线相平。

打样操作时吸液一定要准确，防止刻度观察不准，染料从移液管中移入不净，并且要注意检查移液管外部壁上吸附的多余染料母液。每次吸液前要坚持使用母液清洗移液管，吸液前充分摇动母液瓶，使母液均匀，没有浓度梯度，尤其是分散染料要注意这一点，用完母液后要及时盖好瓶盖，防止水分蒸发使母液浓度发生变化。

任务 3　母液调制系统与自动滴液系统的使用

大多印染厂一般都以传统方式进行化验室打样，但每个打样操作工都可能产生操作误差，且每个人对染色准确度都有不同的判定标准，因此染色打样的速度和稳定的再现性都很难做到完全一致。在 20 世纪后期，自动配液系统应运而生，代替了人工配制母液和按配方移取母液配制染液的过程。自动配液系统由母液调制系统、自动滴液系统和控制电脑组成。母液调制系统使得配制染料和助剂母液相当方便，仪器会根据所加入染料或助剂的量自动加入所需的水达到设定好的配制浓度。而自动滴液系统是由电脑控制，按配方要求向染杯滴入染液，再以重量或体积法检测，精度高，误差小，不存在不同操作人员间的操作误差。

自动滴液系统根据染液传送方式分为有管路、短管路和无管路的自动滴液系统。现主要介绍几个品牌的无管路自动滴液系统。

自动滴液系统与人工打样效果对比如下表：

表　自动滴液系统与人工打样效果对比

项目	人工打样	自动滴液系统
母液配制	配料麻烦、精度一般、控制难	配料方便，精度高
打样精度	影响因素多误差大，加料率在 15%～30%	误差小，加料率在 15%以内
设备成本	低	较高
人力成本	较高	较低
打样员要求	较高，要求熟练操作	一般
打样速度	单独吸液快，但总体速度不快	总体速度快
一次成功率	较低	较高
综合效果	一般	质量高
综合成本	一般	较低

一、Datacolor 实验室自动配液系统

（一）Datacolor AutoLAB™ SPS 母液配制系统

Datacolor AutoLAB™ SPS 母液配制系统保证化验室滴液系统中使用的染液浓度精确和稳定。如图 2－14 所示。

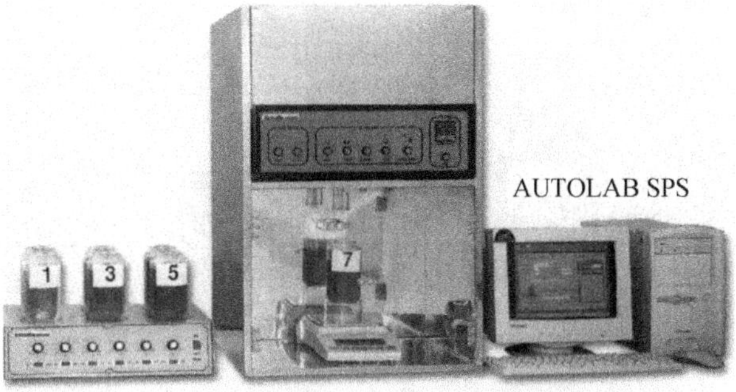

图 2－14 Datacolor AutoLAB™ SPS 母液配制系统

该系统配备了 15L 容量的热水箱，可以自动补充母液配制时的水，水箱可自动加热，可设定程序控制化料所需温度。同时配备 5L 冷水箱，可以自动补充冷水。配备 6 位搅拌器，配制染液时充分混合溶液。配备的电子秤精度达到 0.01g 或 0.001g。

（二）Datacolor AutoLAB™ TF 无管路化验室滴液系统

传统的有管路滴液机的滴液速度可能比无管路滴液机快，然而有管路滴液机需要相当长的时间进行维护和清洁，因此增加了总工时。无管路滴液系统可能需要稍长的时间滴液，但是它节省了维护的时间，而且精确度也比较高。Datacolor AutoLAB™ TF 自动滴液机提供了快速、准确和不需维护的性能。该系统是无管路的，使用独立的注射器直接将染料从母液瓶子输送到染杯，消除了任何交叉污染的可能性。全部染液最终都是使用重量法计量滴液，保证有完全的可控制性和可追溯性，在进行滴液前会自动抽吸和挤出母液瓶中的染液，使瓶中上下部分的染液能进行交换，以保证染液均匀度，确保精密性和重复性。助剂与水的滴液可以同时进行，速度更加快。该系统不需维护和高度自动化，它会自动完成配液的多项工作，打样员可以有更多的时间处理其他化验室工作，提高生产力。

自动滴液系统可根据需要配制 40 杯、80 杯、88 杯、120 杯、128 杯、160 杯、168 杯等不同染液瓶数量，同时会配备相同数量的注射器，某些型号还配备了助剂瓶，内置滴液天平，同时可滴定多个配方，以测定体积的方法把水同时滴到 2～3 个染液杯，能自动装载和卸载染杯托盘。如图 2－15 所示。

该系统主要有两大特点：一是以注射器取代传统的电磁阀；二是以高科技机械手臂取代管路。以注射器取代传统的电磁阀的改进，消除了阀门开闭阀瓣堵塞问题和管路内阻塞不易清理问题，从而带来的性能有：

（1）准确的滴液计量和极佳的染色再现性。

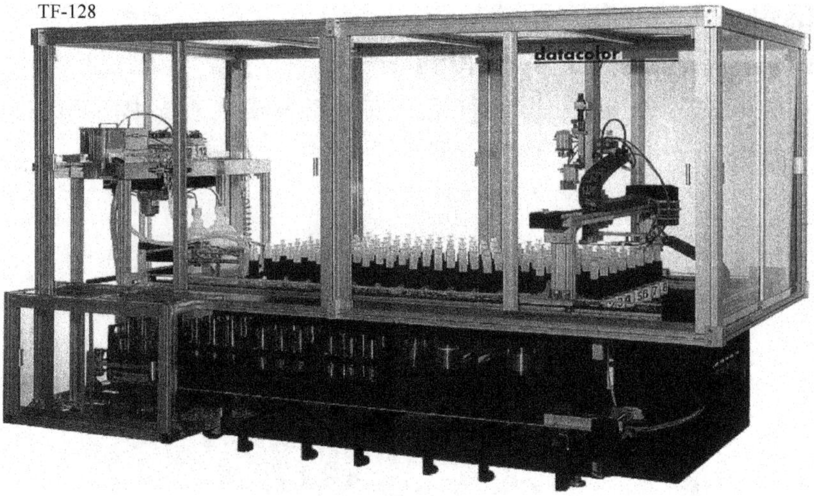

图 2-15 Datacolor AutoLAB™ TF 自动滴液系统

（2）适用于各种高、低黏性及浓度的染料。

（3）保养与成本费用减低到最小。

（4）只需添加一套注射器即可适用其他不同类的染料于相同机台上，相当于增加另一台设备的效用，而不需要增加投资另购一台机器。

以高科技机械手臂取代管路，消除了管路沉淀物问题，不需要清洁与更换管路；由于无管路设计，没有管路污染的问题，所以滴液前不需要先排液，可节省染料超过30%的母液成本，且有染料实际存量统计和余量不足警报，从而使染色精准和具有极佳再现性，同时节省时间和成本。滴液时，目标重量的95%用体积法快速滴液，剩余目标重量的5%采用天平称重计量，所以既有体积法的快速，又有着重量法的高精度。作为染料运输的注射器的准确度达0.005mL，再利用天平上的精确计量确认，所以既能迅速准确地进行滴液计量，又可检查实际计量后的重量，当有超出预设精度偏差的配方时，电脑会自动报警，提示用户选择“采用”或“放弃”此配方。因此，即使速度再快，也不会取得错误的计量值。

二、宏益自动配液系统

（一）宏益染液调制机

图 2-16 为宏益染液调制机，是台湾省台北市宏益科技股份有限公司生产，型号为CAMS90。

它具有以下特点。

（1）母液的调制迅速精确。通过系统中精密天平的称量与水量的精确控制，使母液的配制既快速又精确。

（2）调液方式设定灵活。调液的流程可依染料特性的需求而设定，冷水、热水、加水量、搅拌时间等，建立标准配制程序，降低人为配制错误。

图 2－16　宏益染液调制机

(3) 手动、自动自由切换。配合某些作业需要，设有手动或自动加水切换功能，各种状况考虑周全。

(4) 自己搅拌快速均匀。附有六组独立电动机磁石搅拌器，速度快慢可以调整，能将母液搅拌均匀无沉淀。

(5) 中文视窗作业系统操作简单。使用中文视窗作业系统，界面操作容易，不需长久训练，即可熟练操作。

(二) 无管路染液滴液机

新兴无管路染液滴液机如图 2－17 所示，型号有 CADS MG72/00、CADS MG96/00、CADS108/00。它把染料母液杯放在能旋转的转盘上进行旋转，将相应的染料母液直接放在下放转盘上的染杯中。它有以下的特点：不需清洗管路，无管路阻塞之虑，再现性好，不需管路注液，操作方便，更换母液容易，不污染，扩充性好，助剂可同时计量加入，采用 Windows 操作系统操作简单，功能设计更符合实际需求。

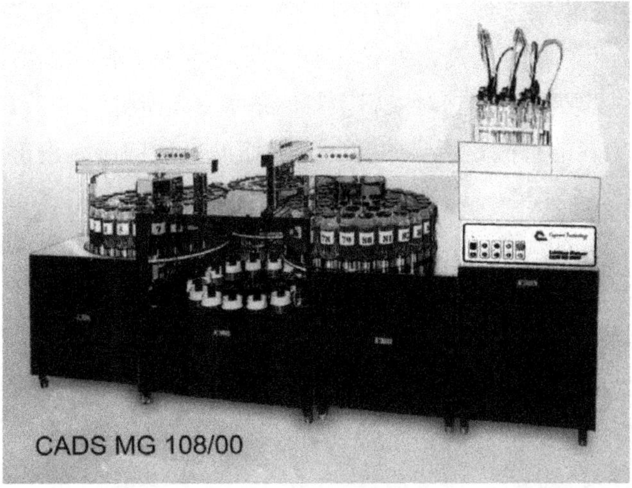

图 2－17　无管路染液滴液机

项目三　染色工艺的制定和实施

任务1　染色工艺基础

一、染色的概念

通常染色是指把经过练漂后的纱线或织物等浸入配制好的染液中，在一定条件下，染料从水相向纤维中移动，此时水中的染料量逐渐减少，经过一段时间以后，就达到平衡状态，是染料与纤维相结合的过程。水中减少的染料，就是向纤维上移动的染料。简言之，染色是指染料从染液中自动地转移到纤维上，并在纤维上形成均匀、坚牢、鲜艳色泽的过程。

二、染色的基本过程和术语

（一）染色的基本过程

染色过程是使纺织品均匀着色的过程。不同的染料和纤维由于各自特性的不同，其染色原理和工艺存在很大的差异，具体染色步骤随染料性质不同和所用染色方法不同而有所不同，但它们的基本染色过程是一致的。一般均可分为三个阶段，即染料从溶液中吸附到纤维的表面、染料从纤维的表面扩散到纤维的内部、染料在纤维上的固着。

1. 染料的吸附　染料的吸附是指染料从染液向纤维表面扩散并上染纤维表面的过程。当纤维投入染液中后，由于染料与纤维间存在着亲和力，所以染料便很快地被吸附到纤维的表面，从而使纤维表面的染料浓度提高，并通过解吸与染液中染料的浓度达到平衡。染料的吸附阶段是染色过程中的重要阶段，它对染料上染率的大小起着十分重要的作用。

2. 染料的扩散　染料的扩散是指吸附在纤维表面的染料向纤维内部扩散，直到纤维各部分的染料浓度趋向一致的过程。

由于染料在纤维表面的吸附，使纤维表面染料浓度提高，从而造成纤维内外形成了染料浓度差。正是在这种浓度差的推动下，促使染料渐渐地由纤维表面向纤维内部扩散，最终使染料在纤维内部均匀分布，达到染匀、染透的目的。染料在纤维内的扩散速率比吸附速率要慢得多，因而这一过程需要较长的时间，染料在纤维内的扩散对染色速率及染色的匀透性起着决定性的作用。染料的扩散性能与染料的结构、纤维的结构、染料对纤维的直接性、染色温度、添加的助剂等有关。

3. 染料的固着　染料的固着是指扩散后均匀分布在纤维上的染料通过染料与纤维间的作

用力而固着在纤维上的过程，是染料与纤维结合的过程。随染料和纤维的不同，其结合方式也各不相同。染料与纤维间主要通过共价键、离子键、范德华力、氢键和配位键等方式结合。染料与纤维间固着力的类型和大小对染色的色牢度起着决定性的作用。

以上三个阶段在染色过程中并没有严格的界线，不能截然分开，只是在染色的某一时段，某一过程占优势。

（二）染色理论基本术语

上染过程可用上染速率曲线来描述。以时间为横坐标，上染百分率为纵坐标作图，所得曲线称为上染速率曲线。它是研究上染过程的重要依据。从上染速率曲线可以看出两方面的内容：一是上染速率的快慢；二是平衡时的上染百分率。

1. 上染百分率　上染过程中上染到纤维上的染料量通常用上染百分率表示。上染百分率是指上染到纤维上的染料量占投入到染液中的染料总量的百分率。从图 3－1 可看出，染色初始阶段，染料的上染百分率增加很快，随着时间的推移，增加的幅度趋缓，最后，上染百分率逐渐趋于平衡，不再增加，这时的上染百分率称为平衡上染百分率，平衡上染百分率是染色限度的指标，此时染料的吸附与解吸处于动态平衡。上染百分率除了取决于染料与纤维的性能外，还与染色的温度、浴比、染料浓度、染液中的助剂种类和用量等因素有关。

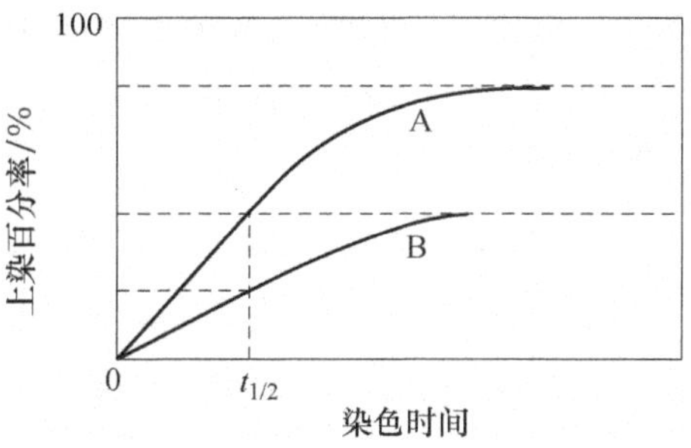

图 3－1　上染速率曲线

2. 上染速率　在染色过程中通常用上染速率或染色速率来表示上染或染色的快慢。染色速率通常用半染时间（$t_{1/2}$）来衡量。半染时间是指染色过程中，上染率达到平衡上染百分率一半时所需的时间。显然，半染时间越短，则染色速率越大，染色越快。生产上，用多种染料拼色时，选用染色速率相近的染料进行拼色，才能染出前后一致的色泽。

三、染色牢度及其测定

（一）染色牢度

染色牢度是指染色织物在使用过程中或在以后的加工过程中，染料（或颜料）在各种外界因素的影响下，能否保持原来色泽状态的能力。它是衡量染品质量的一个重要指标。根据染制品的用途不同，对染色牢度要求也不同。

在染整的后续加工过程中，酸、碱、氧化剂、还原剂等化学药剂以及服用过程中的水洗、日晒、摩擦、汗液、高温等都可能引起染色织物褪色或变色。染色牢度是多方面的，常见的主要有耐洗、耐晒、耐摩擦、耐汗渍、耐氯漂、耐熨烫等牢度。纺织品的用途不同，对染色牢度的要求也不相同。例如，窗帘布由于在日常生活的使用过程中洗涤次数较少，所以对耐洗牢度的要求较低，但因长时间接触阳光，所以对耐晒牢度的要求较高；而夏季的服装面料因经常暴晒和人体出汗等原因则应具有较高的耐晒、耐洗和耐汗渍牢度。

为了对产品进行质量检验，国际标准化组织（I. S. O.）参照纺织物的服用情况，制定了一套染色牢度的测试方法和染色牢度标准。我国的国家标准是GB ××××—××（GB编号—年份）。由于纺织物的实际服用情况比较复杂，所以这些试验方法只能是一种近似的模拟。

（二）常见染色牢度及其测定

1. 耐洗牢度及其测定 耐洗牢度是指染品在皂洗过程中保持不褪色、不变色的能力。耐洗牢度一般需测原样褪色和白布沾色二项指标。原样褪色是指染品在皂洗前后色泽的变化。白布沾色是指与染品同时皂洗的白布因染品的褪色而沾染的情况。耐洗牢度是按《纺织品耐洗牢度试验方法》进行测试的。测试时将准备好的试样（5cm×10cm染品的正面附相同面积的标准白布），放入耐洗牢度试验仪的试验液中，在规定的洗涤温度下洗涤30min，取出挤干、干燥（小于40℃）后用部颁标准灰色样卡（耐洗褪色牢度标准样卡和耐洗沾色牢度标准样卡）进行对比评级。耐洗牢度共分5级9档，其中5级最好，1级最差。

耐洗牢度与所用的染料有密切的关系，如同样的棉纤维，用还原染料染色比活性染料耐洗牢度好；另外与染色工艺及染后处理也有很大关系，染料染着不良、浮色多、染色后水洗及皂煮不充分，均会导致耐洗牢度下降。水溶性染料如直接染料、酸性染料等，若染色后未经固色处理，则耐洗牢度一般较差，经固色后处理的染物，耐洗牢度可以提高。水溶性较差或不溶性的染料，耐洗牢度一般均较高。如染料与纤维发生共价键结合，则耐洗牢度较好。

2. 耐摩擦牢度及其测定 耐摩擦牢度是指染品受到摩擦时保持不褪色、不变色的能力。耐摩擦牢度分为耐干摩擦牢度和耐湿摩擦牢度两种。耐干摩擦牢度是指用标准白布与染品进行摩擦后染品的褪色及沾色情况；耐湿摩擦牢度是指用含湿95%～105%的标准白布与染品进行摩擦后染品的褪色及沾色情况。

耐摩擦牢度与耐洗牢度一样，分为5级9档，其中5级最好，1级最差。耐摩擦牢度是按《纺织品耐摩擦色牢度试验方法》进行测试。测试时将被测染品平放在摩擦牢度测试仪的置样平台上，并用铗持架固定后，用包有标准白布的摩擦头来回摩擦十次，摩擦时，标准白布的经纬纱方向与被测染品的经纬纱方向成45°角。摩擦完毕后，取下被测染品及标准白布分别与部颁标准褪色样卡和沾色样卡进行对比，评定出褪色牢度和沾色牢度。

染色织物的摩擦牢度与染色工艺有密切关系，若染料渗透不均匀，扩散不充分，染料与纤维的结合力弱，表面浮色多，则摩擦牢度就低。另外，染色时染料浓度的过饱和容易造成浮色，也是使摩擦牢度下降的重要因素。

3. 耐日晒牢度及其测定 耐日晒牢度又称耐光牢度，是指染品受光照时保持不褪色、不变色的能力。日晒牢度分为8级，其中8级最好，1级最差。

耐日晒牢度通常采用耐晒牢度测试仪，按《纺织品耐晒牢度测试方法》进行测试。测试时，将被测染品与部颁“日晒牢度蓝色标准样”（简称蓝色标样）放在一起同时进行光照，然后根据试样的褪色情况与哪个标样相当来评定耐日晒牢度等级（表3-1）。

表 3－1　蓝色标样所用染料及其结构类别

标准	染料名称	染料索引号	化学类别
1 级	酸性艳蓝 FFR	C. I. Acid Blue 104	三苯甲烷
2 级	酸性艳蓝 FFB	C. I. Acid Blue 109	三苯甲烷
3 级	酸性纯蓝 6B	C. I. Acid Blue 83	三苯甲烷
4 级	酸性纯蓝 EG	C. I. Acid Blue 21	吖嗪
5 级	酸性蓝 RX	C. I. Acid Blue 47	蒽醌
6 级	酸性淡蓝 4GL	C. I. Acid Blue 23	蒽醌
7 级	可溶性还原蓝 06B	C. I. Solubilized Vat Blue 5	靛蓝
8 级	可溶性还原蓝 AGG	C. I. Solubilized Vat Blue 8	靛蓝

日晒褪色是一个复杂的化学变化过程，耐晒牢度的高低一般与染料母体、纤维种类、染色浓度等因素有关。如蒽醌、酞菁为母体的染料耐晒牢度较好，金属络合染料的耐晒牢度亦较高，各类偶氮染料的耐晒牢度相差较大，许多近期开发的不溶性偶氮染料的耐晒牢度较高，而一般联苯胺型的偶氮染料耐晒牢度较低，三芳甲烷类染料一般都不耐晒。同一染料在不同纤维上的耐晒牢度亦有很大差异。同一染料在同一品种纤维上，耐晒牢度还随染色浓度而变化，浓度低的染料耐晒牢度一般较浓度高的染料耐晒牢度差，这种情况对不溶性偶氮染料和硫化染料更为显著。织物上有尿素、苯酚等化合物存在时，也会降低耐晒牢度。外界条件如空气含湿量的高低、照射光的光波组成、入射角度、温度、染物所处的海拔高度不同等，对耐晒牢度影响亦较大。考虑这些种种因素，将纺织品在气候侵蚀不加任何保护的特定情况下或在模拟外界气候条件下进行耐晒试验，测定织物的色牢度称耐气候牢度。

4. 耐汗渍牢度及其测定　耐汗渍牢度是指染品受汗渍浸渍后保持不褪色、不沾色的能力。汗渍牢度测试所用仪器为汗渍牢度仪。测试时将纺织品试样与规定的贴衬织物缝合在一起，放入人工汗液中浸透，去除多余试液后，在试验装置中按规定压力、温度、时间处理，然后将试样和贴衬样分别干燥，用灰色样卡评定原样变色和贴衬样沾色牢度。

其他染色牢度，如耐熨烫牢度、耐氯漂牢度、耐干热（升华）牢度、耐热压（熨烫）牢度等均分成 5 级 9 档，各种试验方法均可参见国家标准（GB）。

评定染料的染色牢度应将染料在纺织品上染成规定的色泽浓度才能进行比较。这是因为色泽浓度不同，测得的牢度是不一样的。例如浓色试样的耐晒牢度比淡色的高，耐摩擦牢度的情况则与此相反。为了便于比较，应将试样染成一定浓度的色泽，主要颜色各有一个规范的所谓标准浓度参比标样。这个浓度写成“1/1”染色浓度，一般染料染色样卡中所载的染色牢度都注有“1/1”“1/3”等染色浓度。“1/3”的浓度为 1/1 标准浓度的 1/3。

任务2　染色工艺的制定和实施

一、直接染料对纤维素纤维的染色工艺

直接染料的染色方法比较简便，可以采用浸染、卷染、轧染和轧卷等方法染色。直接染料浸染可在普通绳状染色机中进行，染色方法较为简单，其一般工艺流程为：

配制染液→染色→水洗→固色→水洗→柔软处理→脱水→烘干

染液中一般含有染料、纯碱、食盐或元明粉等，参考工艺处方见表3-2。

表3-2　直接染料浸染法染色的参考工艺处方

染料、助剂及工艺	淡　色	中　色	浓　色
染料/%（owf）	0.2以下	0.2～1	1以上
纯碱/(g/L)	0.5～1	1～1.5	1.5～2
食盐/(g/L)	—	0～3	3～12
浴比	1∶(20～30)	1∶(15～20)	1∶(10～15)

染色时染料用量视色泽的浓度要求而定，将处方规定用量的染料用温软水调成浆状，然后用热水溶解，必要时可在染液中加入适量润湿剂如太古油，然后溶入染浴中，加水至规定浴比量。由于直接染料不耐硬水，易造成色斑、色点等疵病，所以染料的溶解及染色用水宜用软水。纯碱可以帮助染料的溶解并兼有软水的作用，用量一般为1～3g/L。染色机水中先加入纯碱、匀染剂O等，将染液稀释至规定体积，升温至50～60℃开始投入染物进行染色，逐步升温至所需染色温度，染色10min后加入食盐，继续染30～60min，染色后再进行固色处理。

直接染料染中、浓色时，由于浴比大，上染百分率低，残液中还有大量的染料，为了提高染料的利用率，染液一般连续使用，称为续染或续缸染色。即在染过的染液中补充加入适量的染料和助剂，再进行下一缸织物的染色，以节省染化料。续缸染色时，染料用量一般为初缸的75%，助剂用量为初缸的30%，以小样试验为参照，使续染得到的染色效果与前一次染色相同。随着续染次数的增加，染液中的杂质含量也逐渐增加，染液的稳定性下降，会影响染色织物的色光及质量，所以续染的次数也不宜过多。

二、活性染料对纤维素纤维染色的方法及其工艺

活性染料的染色方法一般有浸染、卷染、轧染、冷轧堆染等，活性染料的种类很多，各类活性染料的反应性和染色条件各不相同，在设计染色工艺时要尽可能考虑所采用的染色方法要达到固色率高、色光鲜艳、染色时间短、被染织物的匀染性好、染色牢度好的目的。

纤维素纤维的浸染染色采用的方法大致有以下两种。

（一）一浴二步法浸染工艺

大多数纤维素纤维的纺织品（针织物、纱线等）主要采用这一工艺。针织物一般采用绳状染色机，如溢流染色机和喷射染色机进行染色。此法是把染料先配制成染液，让纤维制品浸染吸附染料，并用电解质促染，再加入碱剂，同时升温进行固色，最后再进行皂洗后处理。这种工艺质量较易控制，色差较少，但不能续缸生产。

1. 工艺流程　练漂半制品→(水洗润湿)→染色→固色→水洗→皂煮→热水洗→冷水洗→脱水→烘干

2. 工艺处方及条件　常用活性染料的染色工艺处方及条件见表 3-3。

表 3-3　常用活性染料一浴二步法浸染工艺处方及条件

染化料及工艺条件		用量
染色	活性染料/%（owf）	0.2～8.0
	无水硫酸钠/(g/L)	20～80
固色	纯碱/(g/L)	5～30
皂煮	净洗剂/(mL/L)	0.5～1.5
工艺条件	浴比	1∶(10～12)
	染色温度/℃	视染料类别而定
	染色时间/min	10～25
	固色温度/℃	视染料类别而定
	固色时间/min	10～25
	固色 pH 值	9～11
	皂煮温度/℃	85～95
	皂煮时间/min	10～15

染料先用少量的水（X 型染料可用冷水，其他染料可用 40～50℃热水）调成薄浆，再加适量水（X 型可用冷水或 30～35℃温水，K 型可用 70～80℃热水，KN 型、M 型可用 60～70℃热水；对于溶解度较小的染料，如活性嫩黄 K-6G、活性翠蓝 K-GL、活性艳蓝K-GR 等可用 90℃热水）使染料溶解。然后将染料溶液加入盛有规定水量的染机内搅匀，加热至规定温度开始染色。染色时间取决于染料性能、色泽浓度及染色效果。一般来说，亲和力大而扩散性差的染料，且染料用量大的染色，时间要求长一点。

活性染料用于浸染染色时，浴比不宜过大，否则会造成水解染料增多，降低染料的利用率。

（二）二浴二步法浸染工艺

棉纱线常用二浴二步法染色工艺，染色时先在近中性浴中上染，然后在另一碱性固色浴中固色，上染浴和固色浴都可以续缸使用，固色效率较高。不过用此法染色，由于所加促染剂、碱剂和温度等条件不易控制，易产生色差，质量不够稳定。

1. 工艺流程　练漂半制品→(水洗润湿)→染色(上染)→固色→冷水洗→热水洗→皂煮→

热水洗→冷水洗→脱水→烘干

2. 工艺处方及条件 常用活性染料的染色工艺处方及条件见表 3-4。

表 3-4 常用活性染料二浴二步法浸染工艺处方及条件

染化料及工艺条件		头缸用量	续缸用量
染色	染料/%(owf)	0.2～2.0	0.15～1.5
	无水硫酸钠/(g/L)	20～100	适量
固色	染料/(g/L)	0.2～2.0	适量
	纯碱/(g/L)	5～35	2～8
皂煮	净洗剂/(mL/L)	0.75～1.0	0.15～0.2
工艺条件	浴比	1∶(15～30)	
	染色温度/℃	视染料类别而定	
	染色时间/min	15～30	
	固色 pH 值	9～11	
	固色温度/℃	视染料类别而定	
	固色时间/min	15～20	
	皂洗温度/℃	85～95	
	皂洗时间/min	10～15	

调整好染液的浴比及温度等因素后就投入纱线染色，染色温度与时间要严格控制。染色完毕后，将纱线上残液绞去，使带液率不大于 200%，然后投入固色浴中固色。

固色浴主要由纯碱、染料、元明粉组成。如用上染后的残液来配制，只要加纯碱就可以，这样配制的固色液所含的染料及元明粉基本上等于上染浴的浓度。也可另行配制固色液，为防止纱线上染料在固色浴中的溶落，在固色浴中可加入 1～2L 染液，还可以加少量的元明粉。固色完毕后，将纱线上的残液绞去，使带液率不大于 200%，然后立即进行皂洗后处理。

三、分散染料对涤纶的染色工艺

（一）分散染料高温高压染色法（卷染）工艺

1. 工艺流程及主要条件 冷水进缸→温水（60～65℃，2 道）→60℃起染色 2 道→1 道升温至 100℃→1 道升温至 110℃→1 道升温至 120℃→1 道升温至 130℃→130℃保温染色 6 道→冷水 2 道→还原清洗（37.65% NaOH 3mL/L、85%保险粉 2.5g/L，表面活性剂 3g/L，70～80℃，2 道）→水洗（40～50℃，1 道）→冷水洗→出缸

2. 工艺处方

分散染料	x
分散剂 NNO（或胰加漂 T）	0～0.5g/L
冰醋酸	0.5mL/L
（或磷酸二氢铵）	1～2g/L（调节 pH 值至 5～6）

3. 工艺说明　分散染料选择相对分子质量较小的低温型染料为宜。分散剂起扩散、匀染作用，提高得色量。冰醋酸或磷酸二氢铵调节染浴的 pH 值至 5～6。因为 pH<5，影响色光和上染率；pH>6，染料分解，色光发暗，涤纶受损。染色最适合温度为 130℃，上染率高，色光鲜艳，匀染性好，浮色少，染料上染率差别小，起染温度应低于涤纶玻璃化温度，一般为 60～70℃，升温不宜过快，否则匀染性差。

（二）分散染料热熔染色法工艺

1. 工艺流程及主要条件　浸轧染液（二浸二轧，轧液率 65%，20～40℃）→预烘（80～120℃）→热熔（180～210℃，1～2min）→后处理（或套染棉）

2. 工艺处方

分散染料	x
渗透剂 JFC	1g/L
磷酸二氢铵	2g/L
扩散剂 NNO	1g/L
抗泳移剂（3%海藻酸钠糊）	5g/L

3. 工艺说明

（1）分散染料的用量依色泽的浓淡而定，热熔拼色时所用染料的升华牢度要接近，使色光一致。

（2）染液中加入的抗泳移剂一般要求含固量要低，不妨碍染料向纤维内的扩散，受热不分解，对色光无影响且不粘辊筒，一般为 3%海藻酸钠糊。

（3）染液中加少量渗透剂，可改善色光鲜艳度和得色量；扩散剂可增加染液的稳定性。

（4）用磷酸二氢铵调节 pH 值在 5～6 之间，此时色光鲜艳，上染率高。如 pH 值过高或过低均会影响色泽的鲜艳度和上染率。

（5）轧槽宜小，以便染液更新；温度要低，染液稳定；轧液率宜高，以防烘干时染料泳移。

（6）预烘阶段宜采用红外线—热风—烘筒烘干方式，且温度应由低到高，以防止染料泳移。

（7）热熔染色宜选择耐热性好的染料，一般 S 型、SE 型为好。热熔温度：S 型为 220℃；SE 型为 190～210℃；E 型为 180～190℃。热熔时间一般为 1～2min。热熔时间与温度的关系一般为温度越高，时间越短；温度越低，时间越长。在温度一定的情况下，时间过长，织物手感越硬，强力降低，热能浪费，染料升华影响色光。时间过短，染料扩散不充分，色泽浓度下降。

四、酸性染料对羊毛纤维染色工艺

羊毛的氨基含量为 0.8～0.9mol/kg，羊毛（角质）的等电点 pH 值为 4.2～4.8，同时羊毛表面有鳞片层，耐酸性较好，所以，羊毛纤维可以在强酸性或弱酸性和中性条件下用酸性染料染色。

(一) 强酸性染色工艺

1. 染色处方(对纤维重)

酸性染料	x
98%硫酸	2%~4%(pH 值至 2~4)
结晶元明粉	10%~20%
浴比	1∶(20~30)

硫酸起促染作用,染深色时用量应大些,可分次加入或初染时改用醋酸,以避免染色不匀。元明粉起缓染作用,有利于匀染,染浅色时应多加,也可加入阴离子或非离子表面活性剂起缓染和匀染作用。

2. 染色工艺过程 染色升温曲线如图 3-2 所示。

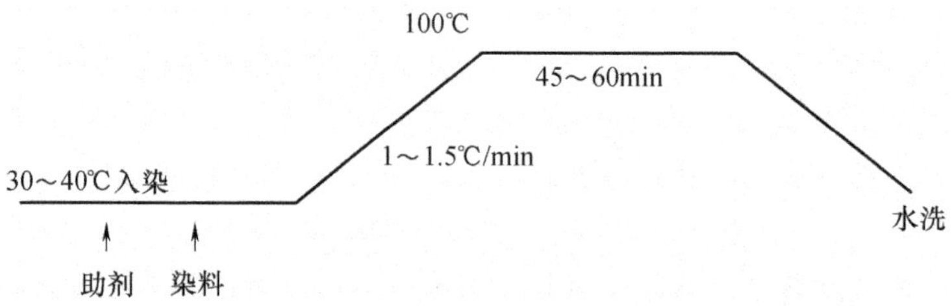

图 3-2 强酸性染料染色升温曲线

染料用冷水、温水或醋酸打浆,再用温水或沸水稀释、过滤。染液升温至 30~40℃入染,采用缓慢升温以控制上染速率。沸染时间应根据染料的扩散性、透染性、上染率、移染及匀染性来确定。沸染时间太短,透染性差,影响染色牢度,而且不利于通过移染来消除染色不匀。沸染时间过长,会使某些染料色光变浅变萎暗,织物易发毛,毛线易毡并。染深色时,可适当延长沸染时间。

(二) 弱酸性染色工艺

1. 染色处方(对纤维重)

弱酸性染料	x
98%醋酸	0.5%~2%(pH 值至 4~6)
结晶元明粉	10%~15%
匀染剂	0~0.5%
浴比	1∶(20~40)

醋酸用来调节 pH 值,染浅色或匀染性差的染料,pH 值应适当高些,并分两次加入醋酸,也可用部分硫酸铵代替醋酸。元明粉起促染作用,应在染色一段时间后加入,染浅色时可不加。可加入阴离子或非离子表面活性剂(如平平加 O 等)起缓染和匀染作用。

2. 染色工艺过程 染色操作过程基本与强酸性染料相同,因染料聚集倾向较大,入染温度比强酸性染料高,对匀染性差的染料应适当减慢升温速率,并保证足够的沸染时间使纤维染匀、染透。

染色升温曲线如图 3－3 所示。

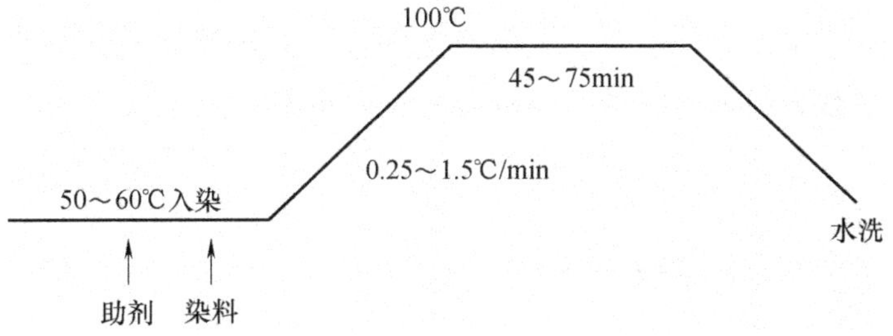

图 3－3 弱酸性染料染色升温曲线

(三) 中性染色工艺

1. 染色处方 (owf)

中性染料	x
硫酸铵	1%～2%
[或醋酸铵	2%～4% (pH 值至 6～7)]
匀染剂	0～0.5%
浴比	1∶(20～40)

硫酸铵在染液中发生水解，使染液带微酸性，当温度较高时，氨挥发逸出，使染液 pH 值逐渐降低，在匀染的同时达到较高的上染率。对深色可加 10%～15%结晶元明粉起促染作用，应在染色一段时间后分次加入。

因羊毛有一定的还原能力，使有些对还原作用较敏感的染料，沸染后会泛红，色光萎暗，可加入少量氧化剂加以克服，如加 0.25%～0.5%重铬酸钠，用量不宜过高，染色温度不宜超过 95℃。

2. 染色工艺过程 中性染色升温曲线如图 3－4 所示。

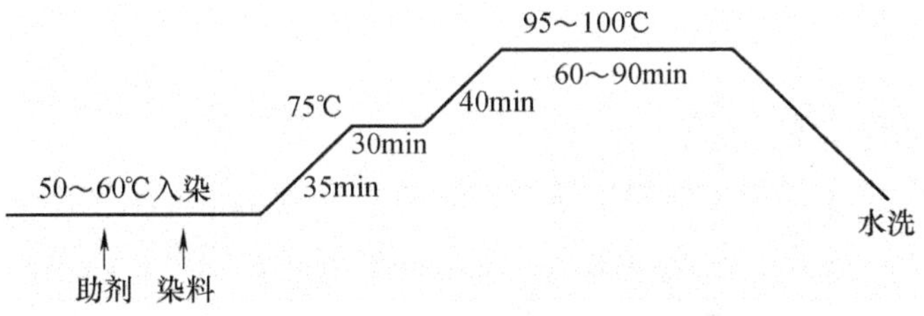

图 3－4 中性染色升温曲线

五、阳离子染料对腈纶染色工艺

在制定染色工艺时，根据染色的最高温度和对工艺过程中温度的控制方式不同，其染色工艺可分为控制升温沸染法、恒温染色法、高温染色法和低温染色法等。

控温法是最常用的染色方法。要求从始染温度到沸点，要严格按工艺要求控制升温速度。适用的设备有常压不连续浸染机，如散纤维、丝束、精梳条、筒子纱、绞纱染色机以及液流染色机、平幅无张力卷染机等。染色时，腈纶散纤维、长丝束、精梳条的染色升温速度可以快些；膨体纱、筒子纱、经轴、织物的染色升温速度要慢些。

染色始染温度接近于纤维的玻璃化温度（60～80℃）。投入各种助剂、染料及织物后，可缓慢升温或在升温过程中选择某一温度保温一定时间再升温，或加入一定的缓染剂控制染色速度，最后升温至沸点，保持足够时间，完成染色。

工艺处方（owf）：

阳离子染料	x
98%醋酸	2.5%
醋酸钠	1.0%
元明粉	8.0%
匀染剂 TAN	0.5%
浴比	1∶40
始染温度	75℃

升温控制曲线如图 3-5 所示。

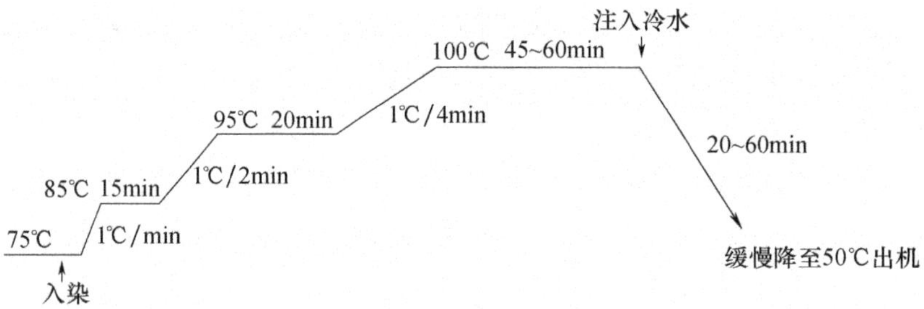

图 3-5　升温控制法染色升温曲线

六、混纺织物的染色工艺

众所周知，纤维分为天然纤维和化学纤维，它们各有自身的结构特点和性能特点，随着科学技术的进步发展，涌现了大量的化学纤维，其种类日益增多，通常具有高新性、功能性、智能性和环保性。为了改善织物的服用性能，将化学纤维与天然纤维混纺或将一种化学纤维与另一种化学纤维混纺，以便在性能方面取长补短，制造出品种繁多的新型面料。混纺织物由于纤维种类很多，组合方式不同，给染整加工带来了新的内容。这里对几种常见混纺织物的染色作一简要介绍。

（一）涤/棉织物的染色

涤/棉织物是各类混纺织物中最重要的一种。纤维素纤维具有良好的透气、透湿以及抗静电性能，使织物具有优良的舒适性；涤纶的加入则可增强织物的强度和耐磨性，提高褶皱回复性和褶裥耐久性，从而使服装的保形性大大提高。而棉纤维的吸湿性和穿着舒适性是涤纶所不可替代的。

涤/棉织物的染色需要兼顾两种纤维。由于涤纶和棉纤维的染色性能相差很大，因此，涤纶和棉往往用不同的染料染色，最常用的是分散染料染涤纶，用牢度好的棉用染料染棉。两种染料的相容性问题是矛盾的统一体。凡是相容性较好的可同浴，甚至同步染色；相容性较差的只能分浴或分步进行染色。选用两种染料染色时，要注意减少相互沾色，加强后处理，有时还需要还原清洗，剥除浮色。分散染料在涤纶上的皂洗牢度、摩擦牢度均较好，故主要考虑棉用染料的染色牢度要好。

如：分散/活性染料一浴法染色工艺

工艺流程：

浸轧染液→预烘→烘干→热熔→汽蒸→水洗→皂洗→水洗→烘干

工艺处方：

分散染料	x
活性染料	y
尿素	10g/L
$NaHCO_3$	30g/L
5%海藻酸钠糊	30～40g/L
渗透剂 JFC	0.5～1mL/L

工艺说明：应选择升华牢度高，对碱不敏感的分散染料。活性染料选择 K 型，能耐较高温度。也可选用在弱酸性条件下固色的含磷酸酯基的活性染料。尿素起吸湿膨化作用。$NaHCO_3$为活性染料固色剂，高温下分解成碱性较强的 Na_2CO_3。海藻酸钠糊为抗泳移剂。

（二）羊毛混纺织物的染色工艺

羊毛等纤维常与黏胶、腈纶、涤纶、锦纶等纤维组成混纺织物或交织物，其中有些织物中的不同纤维具有相似的染色性能（如毛/锦织物），也有些织物中的几种纤维的染色性能相差很大（如毛/黏、毛/腈、毛/涤等织物）。具有相似染色性能的纤维组成的织物可选用一种类型的染料染两种纤维，获得同色。染色性能相差很大的两种纤维组成的织物，可选用两种类型的染料分别上染两种纤维，产生同色或双色。此时的染色方法有一浴法和二浴法两种。也可只用一种类型的染料染其中一种纤维获得淡色或闪白效果。

1. 毛/黏织物的染色 对毛/黏织物可选择某些品种的直接染料染两种纤维，也可以选用适当的直接染料和酸性染料或中性染料同浴染色，分别染黏纤和羊毛。

直接染料与中性染色的酸性染料相似，对羊毛和黏纤两种纤维都具有上染能力，且色调、上染率、饱和值、牢度等均相接近，可像纯纺织物一样进行染色。有些直接染料在两种纤维上的上染情况稍有差异，可调节染液 pH 值，pH 值接近中性时，对黏纤的上染量增加，当 pH 值为 4～6 时，上染羊毛的染料增多。用弱酸性染料和直接染料同浴染毛/黏织物时，在弱酸性染浴中，若将温度降低至 70～80℃，则染料在羊毛组分上的上染量降低，在黏纤上的上染量增加。

以酸性染料、直接染料一浴法绳状染色为例进行介绍。

染色处方（对纤维重）：

酸性染抖	x
直接染料	y
拉开粉	0.3%～0.5%
硫酸铵	1%～3%
结晶元明粉	10%～40%

染色过程：温水处理→40～50℃时加入染料溶液和半量的元明粉溶液以及其他助剂溶液→40～60min 内升温至 85～95℃，续染 40～70min→加入余下的元明粉溶液→在约 30min 内自然降温到 75℃左右，续染 20min→水洗→用环保固色剂 2%～4%，冰醋酸 0.5%～1%的固色液固色。

对于散纤维染色后再进行混纺的产品，由于要经过缩呢、洗练等全部湿整理过程，所以对散纤维染色必须选用染色牢度（尤其是耐水洗及耐缩绒牢度）较好的染料。黏纤组分的染色应选用铜盐直接染料、硫化染料、活性染料或还原染料等，羊毛组分的染色则宜用耐缩绒的弱酸性染料、酸性络合染料、中性染料以及酸性媒染染料。

2. 毛/腈织物的染色 由于羊毛和腈纶染色性能不同，可分别用弱酸性染料、中性染料或酸性媒染染料染羊毛，用阳离子染料染腈纶。这两类染料带电荷性不同，所以防止阴、阳离子相遇产生沉淀和减少两种纤维互相沾色是染色的关键。可采用的染色方法如下。

二浴法染色：先用阳离子染料染腈纶，再用酸性染料等染羊毛。或者先用弱酸性染料、中性染料或酸性媒染染料染羊毛，然后用阳离子染料染腈纶。这种工艺可避免染料之间的相互作用，但时间长，能耗大，目前使用不多。

一浴两步法染色：先用酸性染料染羊毛，再在该浴中加入阳离子染料染腈纶。酸性染料对腈纶基本上不沾色，阳离子染料对羊毛的沾色随品种而异，应选择沾色较轻的染料。染色方法：先用酸性染料染羊毛，在染料基本吸尽后降温至 80℃，再加入缓染剂和阳离子染料染腈纶，在染液中补充适量醋酸，然后逐渐升温至沸，沸染 60min，降温清洗。如果在加入阳离子染料之前染色残液中残留的酸性染料还较多，则需在加入阳离子染料之前先加入少量分散剂，防止形成沉淀。也可先用阳离子染料染色，在染色后降温至 70℃，加入分散剂及弱酸性染料溶液后，再缓慢升温至沸，沸染 60min，降温清洗。

一浴法染色：一般是用阳离子染料和弱酸性染料，要特别注意防止产生染料沉淀。首先要选择合适的染料，最好选择含羟基和氨基的弱酸性染料，这样一旦与阳离子染料结合失去离子性时仍能有一定的亲水性和分散性。其次要采用适当的分散剂和合理的加料次序。一浴法不宜用于染深浓色，否则染料易发生沉淀。

（1）染色处方（对织物重）：

阳离子染料	x
弱酸性染料	y
分散剂 WA	1%～3%

冰醋酸	1%～3%（调 pH 值至 4.5～5）
醋酸钠	0.5%～1%
元明粉	10%～15%

（2）染色过程：初染温度过低，弱酸性染料易产生沉淀，温度过高易造成染色不匀，宜以40～50℃开始染色，在染液中依次加入醋酸、醋酸钠、元明粉、阳离子染料溶液和分散剂，运转 10～15min，混合均匀后再加入酸性染料溶液，分散剂必须在酸性染料加入之前加。以 1℃/2min 的速度升温至沸，沸染 60min，降温清洗。也可采用先加弱酸性染料和助剂，并与分散剂充分混合后再加阳离子染料。

3. 毛/涤织物的染色　羊毛与涤纶的混纺织物最普通的混纺比是 45%羊毛和 55%涤纶。由于涤纶在常温下需用载体染色法，毛/涤产品较少采用织物染色，一般是用散毛或毛条形式分别染色后再混纺，或采用染色的涤纶与本色毛条混纺织造后，再用匹染的方式套染羊毛组分。在进行套染时一般采用弱酸性染料或酸性媒染染料。

毛/涤织物的酸性染料、分散染料一浴法载体染色工艺举例如下。

染液处方（对纤维重）：

酸性染料	x
分散染料	y
水杨酸甲酯（冬青油）	2～8g/L（随染料用量增减）
平平加 O	0.2～0.8g/L（对应于水杨酸酯用量的 1/10）
98%醋酸	0.5%～1%
硫酸铵	1%～2.5%

染色过程：织物先于 50～60℃的醋酸、硫酸铵和水杨酸甲酯乳液中均匀润湿，然后加入分散染料和酸性染料溶液，在 90min 内升温至沸，沸染 90min，再降温清洗。可加入适量净洗剂增强羊毛上分散染料的洗除效果，避免对气候和皂洗等牢度的影响。如采用封闭加压的染色设备，可将染色温度升高到 105～109℃，可减少分散染料和载体的用量而达到同样色深。

任务 3　染色方法和染色设备

一、染色方法

（一）按纺织品形态划分染色方法

根据产品风格、生产成本及市场的需求，纺织品可在其生产的各个环节进行染色，因而按照进行染整加工时纺织品的形态的不同，主要可分为散纤维染色、纱线染色、织物染色和成衣染色。

1. 散纤维的染色　散纤维染色的优点是色差小，在染色过程中即使色泽不匀，也可以在下一步纺纱的拼混中得到弥补，使色泽一致；另外，散纤维染色可以生产各种丰富多彩的混色产品，并可将各种染色性能不同的纤维分别染色后混纺。一般花色纱线织物，都采用散纤维染色，然后再将染色后的纤维拼混，纺成花式纱线后织造。散纤维染色大部分为浸染，因为纤维必须堆置，所以染色时，只能是染液循环。

2. 纱线的染色 纱线染色的特点是单根纱线上的颜色是一致的，常将染色后两种不同颜色的纱线进行织造或进行合股后得到各种不同的花式纱后再织造。纱线染色主要有两种方法，即绞纱染色和筒子纱染色。染色产品主要用于纱线制品和色织物或针织用纱。绞纱染色是较古老的染色方法，它是将短纤纱或长丝在摇纱机上变换成连在一起的绞纱，然后在各种形式的染色机中进行浸染。绞纱染色的设备简单、通用性强，适合所有纱线的染色，绞纱染色时，纱线处于松弛状态，因而染后纱线具有蓬松的手感；但绞纱染色生产效率低，成本高，环境污染严重，且纱线容易相互缠绕，毛羽多，使布面效果较差。目前，筒子纱染色已成为世界各国纱线染色的主要方法，是纱线染色技术发展的方向。筒子纱染色是将短纤纱或长丝卷绕在布满孔眼的筒管上，然后将其套在染色机纱架的染柱上，放入筒子纱染色机内染色的方法。染色时不必成绞，纱线相互间不缠绕，废纱和断头少，布面效果好；生产过程容易实现自动化控制，匀染性和重现性好；生产成本低，效率高，环境污染少。

3. 织物染色 织物染色又称匹染，是将没有经过染色的纤维经纺纱织造后，再进行染色加工，因而对前道纺纱、织造的质量要求较高。在众多不同形态的纺织品染色加工中，织物染色应用最广泛。生产厂家一般可存储白坯布，然后根据订货要求及时染成各种颜色的织物，节约原料，减少原料存储。织物染色一般只限于单一素色品种。被染物可以是机织物或针织物，可以是纯纺织物或混纺织物。

4. 成衣染色 成衣染色是指用坯布或者经过练漂前处理的半制品缝制成服装后再进行染色的加工过程。通过这种方式，由各种纤维制成的成衣能在短期内被染色和交货，从而能很好地适应流行速度快、变化大的服装业。由于只对成衣进行染色，无边角料染色加工的损失，所以节能降耗，且成衣染色可以将染色与水洗过程结合起来，得到不同风格的成品，以满足不同消费者的需求。成衣染色工艺多用于纯棉制品（机织布休闲服，针织汗衫）、毛衫（全毛、毛腈、腈纶）或锦纶针织品。所用染料有直接染料、活性染料、涂料、阳离子染料等。

（二）按染料加工到织物上的方式划分

按染料加工到织物上的方式不同，又可分为浸染和轧染。

1. 浸染 浸染是将纺织品直接浸渍在染液中，通过染液循环及与被染物的相对运动，借助于染料对纤维的直接性而使染料上染，并在纤维上扩散、固着的染色方法。浸染一般用于不能经受张力、轧压的染物。浸染时，染液及染物可以同时循环，也可以单一循环。浸染是一种间歇式的生产方式，劳动生产率较低，适合于小批量、多品种的生产，一般用于散纤维、纱线、针织物及部分机织物（不能经受较大张力）的染色加工。

浸染时一般采用的浴比较大。浴比是指织物浸染时，织物的质量与染液的质量之比，也可以近似地看成是织物的质量与染液的体积之比。浴比的大小对染料的利用率、能量的消耗及印染加工的废水量都有影响。浴比大有利于匀染，但染料的利用率低、印染废水多、且增加能耗；浴比过小易造成染色不匀。浸染时常通过分次加入染料使染色更均匀，并通过加入促染剂来提高染料的利用率，促染剂也可分次加入，从而获得较好的染色效果。采用浸染的方式，染色浓度一般用 owf 来表示，即染料重量对织物重量的百分比。卷染是用卷染机进行的一种小浴比的浸染，在染色过程中，织物依次往返地在染液中浸渍。卷染适合小批量、多品种的生产加工。

2. 轧染 轧染是在轧染机上进行的，通过浸轧槽将织物在染液中经过短暂浸渍后，即用轧辊轧压，将染液挤入织物的组织空隙中，使染料均匀地分布在织物上，并除去多余的染液，然后通过汽蒸或焙烘等方式完成染料的上染。轧染是一种连续式的加工方式，劳动效率较高，染物所受的张力较大，通常用于机织物的大规模染色加工。浸轧次数一般有一浸一轧、一浸二轧、二浸二轧或多浸一轧等几种形式，视织物、设备、染料等情况而定。浸轧时织物的轧液率应控制适当。轧液率（又名轧余率、带液量），是指织物浸轧染液后，织物上所带染液的质量占织物干重的百分率，它是织物轧染时控制织物所带液量的主要技术指标。

和浸染相比，在轧染过程中，织物与染液接触的时间较短，因此要求织物具有良好的润湿性。一般染色前织物要进行充分的前处理，并在染色时加入渗透剂，以促使染料均匀上染，从而获得较好的染色效果。轧染的染色浓度的表示方法与浸染也有所不同，一般用克/升（g/L）来表示，即在 1L 溶液中所含染料的克数。

二、染色打样设备

染色打样是印染加工的重要环节之一，同时也是印染企业生产的核心部分。一般客户来样必须先经化验室进行打小样，经客户确认后，才能进行大货生产。打样不仅提供给客户所需要的色样，更重要的是提供染色配方。染色打样对操作准确性要求很高，直接关系到大货生产。打样的准确性与所用布样、染料、助剂、水质等有关，还与化验室的设备、打样员的操作方法等有着密切关系。印染厂打小样时用到的仪器设备品种较多，工作人员必须正确合理地使用这些设备，从而提高印染厂染色打样的准确性，使打样部门与车间的现场生产间具有良好的再现性。

（一）常温振荡式染色小样机

常温振荡式染色小样机是一种操作极为方便、安全的常温型试样机，它由缸体、运动杆、箱体、试杯、加热管、主电动机和缸盖等组成。振荡式染色小样机通常将装有染液和样布的试杯嵌入染样机的“指座”中，试杯下部浸入水中，靠机械作用作左右摆动，试杯中的染液和样布在振荡中进行染色，摆动频率与水浴温度均可以调节和控制。

常温振荡式染色小样机以机械振荡的方式代替手工搅拌，消除了手工搅拌可能给染色带来的影响，能有效提高染液与样布接触的均匀性。在染色过程中，染杯可以随时加入或取出，且可在染色过程中加入中性盐、碱等助剂，具有较好的可操作性。常温振荡式染色小样机采用水浴作为传热介质，适合各类进行常温染色的织物，是印染企业化验室常用的设备之一（图 3 - 6）。

其操作方法如下。

（1）在槽内注入适量的加热介质（通常用水做介质），介质水平面必须超过发热元件，并与试杯内的染液水平相近。

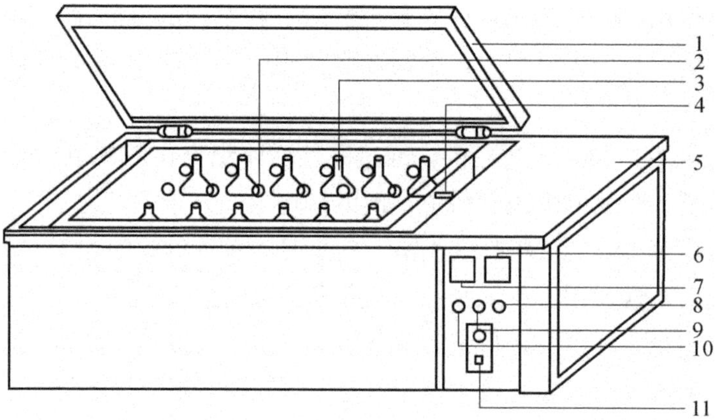

图 3－6　常温振荡式染色小样机

1—盖　2—杯架　3—试杯　4—运动杆　5—缸体　6—时间控制器　7—温度控制器
8—报警信号　9—加热开关　10—电源开关　11—振动速度调节器

（2）检查小样机控制面板上的各按键是否复位。

（3）打开电源开关，小样机通电，温度控制器显示温度。

（4）将已经准备好的试杯放入试盘上的杯架内。

（5）按要求设置温度和时间，打开调速开关，旋转调速按钮，调整到所需的振荡速度。

（6）按下升温按钮，小样机开始正常运行。

（二）甘油打样机

甘油打样机操作较为方便，但由于其有油烟的环境污染，不符合环保要求，近年来使用者已逐渐减少。甘油打样机是通过电加热丝作为热源、甘油作为介质，常压下加热即能产生高温。通过甘油升温，将热量传给内装布样和染液的密封的不锈钢染杯，使染液温度升高。但其染色温度是检测甘油温度，因此，在升降温阶段染杯内染液的温度滞后，从而使染液与甘油浴之间存在温差，且甘油浴使用的时间越长，黏度越高，二者之间的温差越大。甘油打样机有 12 杯和 24 杯两种。不锈钢染杯的杯盖与杯体是配套的，操作时不能盖错杯盖，杯盖与杯体一定要卡紧，否则可能造成因染杯不密封而漏液，一旦染液泄漏就会影响布样颜色的准确性。染杯在机体内绕传动轴作 360°的旋转运动。这样，染液与布样相互搅拌，染液在布样之间的流动、更新快速而均匀，从而获得较好的染色效果。在长期的使用过程中，甘油会逐渐挥发，此时，打样机内的甘油的液面高度会逐渐下降。所以需要定期检查液面高度，随时补充和更换甘油，从而保证甘油打样机的加热效率。其示意图见图 3－7。

其操作方法如下。

（1）注甘油于染样机机体内，液面至滚轴中心。

（2）将配制好的染液和布样装入不锈钢染杯中，拧紧杯盖，确保其完全密封。

（3）将不锈钢染杯卡在转动架上，锁紧；盖好打样机的机盖。

（4）在电脑控制面板上设定工艺的染色温度、升温速度和保温时间等程序。

（5）启动电脑控制，甘油打样机即按照设定的程序自动执行。

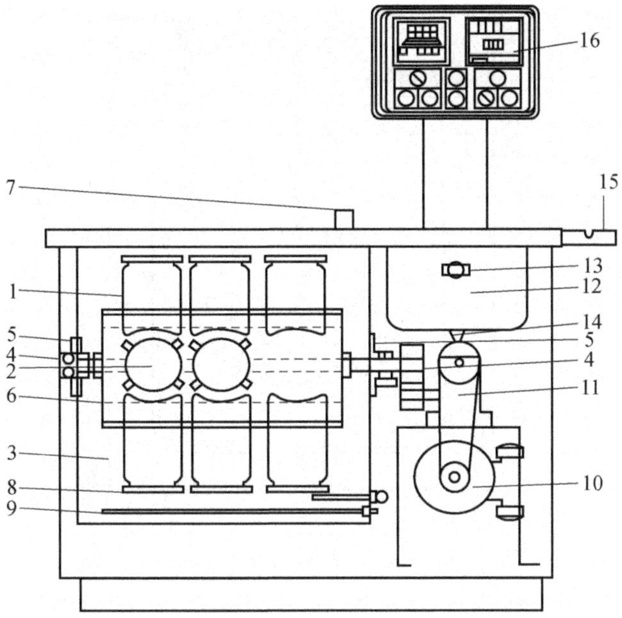

图 3-7　甘油打样机

1—不锈钢染杯　2—染杯夹　3—甘油浴　4—轴承　5—油封座　6—转轮
7—机盖　8—探针　9—加热管　10—电动机　11—减速机箱　12—热交换器
13—温水出水管　14—冷却进水　15—开缸器　16—控制盘

（6）打样结束后，取出布样，清洗染杯。

（三）红外线染色打样机

红外线染色打样机价格较高，适用于各种染料、助剂试验。由于其对染色温度、染色时间、升温速率、旋转速度等的控制相对较准确，自动化程度较高，所以应用范围日益扩大。红外线染色打样机采用的是红外线加热，不使用传统的甘油做传热介质，有利于工作环境的改善。打样工艺的运行通过电脑程序来控制，可根据工艺要求预先编辑运行程序。程序的编辑主要考虑染色温度、升温速度和保温时间等。

均匀分布的红外线辐射，能使每个染杯有相同的再现性，且染液各处均匀升温，从而解决了传统样机因染液温差产生的色花问题。红外线染色打样机采用高精度、高灵敏度的温度探针来控制红外线的照射，其温度探针是直接插入染杯中的，所以其检测温度更贴近实际，可保证升温迅速准确。红外线打样机有 12 杯、24 杯和 36 杯三种型号。染杯斜置在转盘上，不同于传统的垂直上下方式，可防止染色布样产生折痕，并获得均匀的染色效果（图 3-8）。

红外线染样机主要用于高温高压染色，也可用于其他温度的染色。但无论是高温高压染色，还是常温常压染色，染色过程中，染杯在染色时都是密封的，不可随时加入或取出。因而，对于活性染料、直接染料等中途需加入食盐、纯碱等助剂的染料并不适用。

操作方法如下。

（1）将配制好的染液和布样装入不锈钢染杯中，在染杯加盖前，检查杯盖编号与杯体编号是否相同。拧紧杯盖，确保其完全密封。

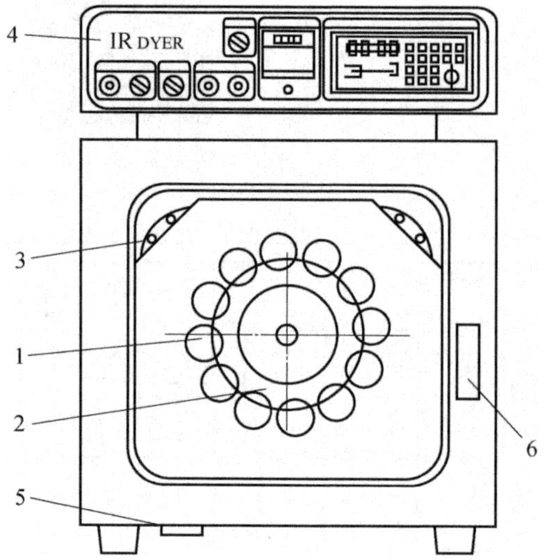

图 3-8　红外线染色打样机

1—不锈钢染杯　2—转轮　3—红外线灯管　4—控制面板

5—限制加热开关缸体　6—门钮

（2）将不锈钢染杯固定在转盘上，盖好染色机的机盖。

（3）通过电脑控制面板输入工艺程序或选择电脑中已有的工艺程序。

（4）启动电脑控制，红外线染色打样机将按照设定的程序自动执行。

（5）程序结束后，自动发出呼叫声，此时，即可开盖取样。

项目四　人工测色

任务 1　颜色基础知识

人眼能看到色彩是由于光的存在，颜色是光作用在物体表面后，发生不同的反射从而刺激我们的眼睛产生的。不同的光产生不同的刺激，人们得到不同的颜色感觉。因此颜色是由光源、物体的光学特性和人的颜色视觉特性这三大因素综合决定的，我们从光源、被观测的物体、观测者（人）三方面说明颜色。

一、光源

光是一种电磁波，有着较广的波长范围，但只有波长在 380～780nm 的电磁波，对人们的视觉神经有刺激作用而称为可见光，只占电磁波的很小部分。

γ射线	X 射线	紫外线	可见光	红外线	无线电波

λ（nm）　10^{-2}　200　380　780　10^{6}

可见光是由波长不同的光混合组成的，如果把一束可见光通过一个三棱镜，可见光便色散为一条彩色的谱带，通常称为赤、橙、黄、绿、青、蓝、紫的连续光谱。可见光谱的波长变化呈连续性，光谱的色彩变化也是逐渐过渡的。

光谱中每一颜色的光只含有一种波长或对应于一个频率，此光称为单色光，由于人眼的分辨能力有限，波长在一定范围内变化很难区分，所谓的单色光实际为波长在一定范围内的光。由单色光混合而成的光称为复色光。

在可见光范围内，一定波长的光与另外一定波长的光，以适当的强度比例混合得到白光，那么这两种有色光称为互补色光。太阳光（白光）由无数对互为补色的混合光所组成。各种波长的光的光谱色及补色见表 4－1。互补色示意图如图 4－1 所示。

二、物体对光的作用

物体的颜色产生来源于可见光照射到物体上，物体会发生一种或几种对入射光的作用，物体散射出来的光反映到人脑中，就产生颜色的印象，因此颜色是由客观物体和人的主观意识相结合才产生的。

表4-1 各种波长的光的光谱色及补色表

光的波长/nm	光谱色	补色
380～435	紫	黄绿
435～480	蓝	黄
480～490	绿蓝	橙
490～500	蓝绿	红
500～560	绿	紫和紫红
560～580	黄绿	紫
580～595	黄	蓝
595～605	橙	绿蓝
605～780	红	蓝绿

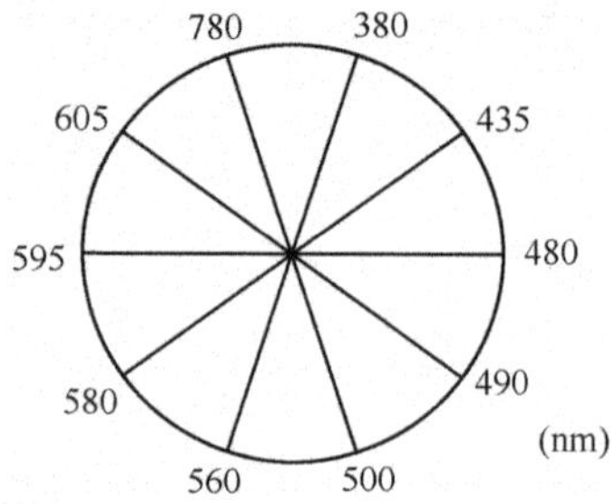

图4-1 互补色示意图每对角线为互补色

当太阳光或其他光源照射到物体上以后，由于物体对光的反射、吸收及透射的能力不同，结果是不同的。对可见光中所有不同波长的有色光全部吸收，物体呈现黑色，对可见光中所有不同波长的有色光全部反射，物体呈现白色，对可见光中所有不同波长的有色光全部透过，物体是无色透明的；对可见光中所有不同波长的有色光均匀吸收，物体呈现灰色。这些情形是物体对光的波长作出的非选择性吸收，物体均呈现为非彩色，也称消色。

自然界中大部分物体，包括染色印花织物对可见光源中各种不同的光波具有不同的吸收率，即选择性吸收，吸收某一波长的光，而反射其互补光，从而呈现其互补光的颜色。例如，黄色染料呈黄色，是因为它吸收了光谱中的蓝光而反射了黄光的缘故。同样，红色染料吸收了光谱中的蓝绿光而反射了红光，从而呈现红色。这些情形是物体对光波作选择性吸收的结果，物体往往呈现为红、橙、黄等丰富多彩的颜色。

物体的颜色首先与光源有关，再者与物质的浓度有关，与物质的物理状态、物体的表面积、物体的表面性质及折光系数也有关系。我们体会到服装在日光下和霓虹灯下会呈现不同的颜色，说明物体的颜色与光源有关，所以印染行业测定颜色应在指定的光源下进行。物体的颜色与物质的浓度有关，这和有色溶液的情况是相似的，有色物质的浓度越大，对入射光的吸收越多，颜色越深。

物体中的有色物质的状态对物体颜色的影响，对于纺织品来说，主要与纤维中染料的物理状态有关，比如还原染料染棉通过皂煮后，染料在纤维中发生了重新聚集结晶，色光更加趋于稳定，发生了颜色色相的变化。如还原黄GK，皂煮前有色织物的最大吸收波长为445nm，皂煮后变为462nm。

三、人的视觉系统

（一）生理视觉机制

引起视觉的感受器官是眼睛，人眼的适宜刺激是波长380～780nm的电磁波，在这一可见光谱范围，人脑通过接受来自视网膜的传入信息，可以分辨视网膜像的不同亮度和色泽，从而看清视野内发光物体或反光物体的轮廓、形状、颜色、大小、远近或表面细节。

视网膜上含有感光的杆状细胞和锥状细胞，锥状细胞布满在视网膜中心处，是判断色彩变化的感应细胞，在日光下感应非常敏锐；而杆状细胞布满在视网膜周围，是判断明暗变化的感应细胞，在昏暗光源下特别敏锐。眼球的构造如图 4－2 所示。

人眼对物体的大小感觉与视角有关，视角是被观察对象的大小对人眼形成的张角，如图 4－3 所示。

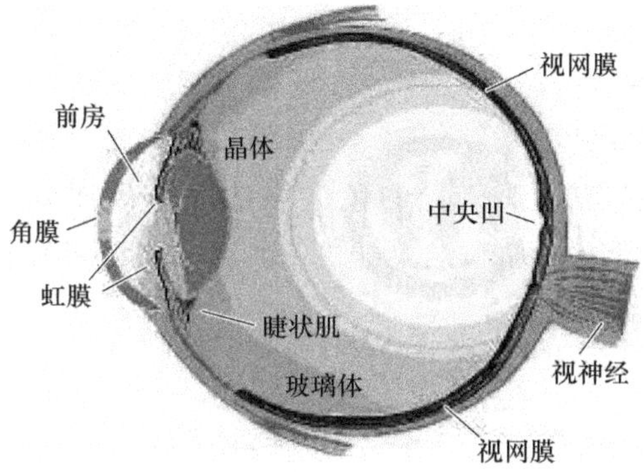

图 4－2　眼球的构造示意图

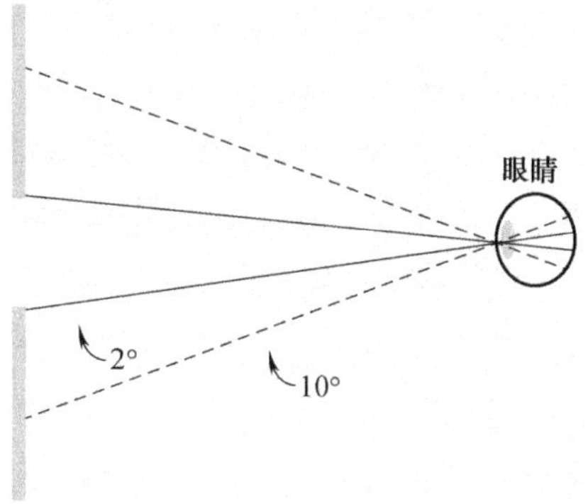

图 4－3　2°、10°视角示意图

视角的计算公式如下：

$$\tan \alpha/2 = A/2D$$

式中：α——视角；

A——物体的大小；

D——物体与眼睛之间的距离。

人与物体保持一定距离时，若物体越大，则视角越大，物体在视网膜上形成的像越大，反之越小。同一个物体，越靠近人的眼睛，则视角越大。因此，视角的大小与物体大小有关，也与物体与眼睛之间的距离有关。

（二）视觉现象

1. 颜色辨认　凡视力正常的人，都可以分辨整个可见光谱内的红、橙、黄、绿、蓝、紫等各种颜色，以及大量的中间色。可见光谱上颜色是连续渐变的，而人的辨别颜色的能力在不同波长是不一样的，在光谱的某些部位比较灵敏，只需改变 1nm 的波长，人眼便能看出颜色的差别。

2. 颜色对比　在视场中，相邻区域的两个不同颜色产生互相影响，能使颜色的色调向另一颜色的补色方向变化叫做颜色对比。在一块红色背景上，放一块白纸或灰色的纸，当我们注视白纸几分钟后，白纸会出现绿色。如果背景是黄色，白纸出现蓝色。如果两种颜色互为补色，则彼此加强了饱和度，在两颜色的边界，对比现象更为明显。因此，我们进行颜色观察时应尽量避免环境中对比效应的干扰。

3. 颜色适应　颜色适应指人眼在颜色刺激的作用下所造成的颜色视觉变化。如长时间注视背景，特别是刺激较大的背景颜色，再去观看物体色时往往会发生视觉变化而带有背景补色的感觉，但经过一段时间后，眼睛又会逐渐恢复过来。当眼睛注视面积较大的强烈的红光，经一段时间后，再看原来的黄色，这时黄光会显示绿色。经过一段时间后，眼睛又从红光的适应中恢复过来，绿色会逐渐变淡，最后又变为原来的黄色。

四、颜色的基本特征

要确切地表示一种颜色，则必须给出该颜色的色调、纯度和亮度三个物理量。颜色的色调、纯度和亮度又称为色的三要素。

（一）色调

色调又称色相，是指能够比较准确地表示某种颜色色别的名称，是色与色之间的主要区别。如红、橙、黄、绿、蓝、青、紫等表示不同的色调。单色光的色调取决于该光的波长 λ_{max}，复合光的波长取决于各种单色光的波长的相对量，即加和结果的 λ_{max}；物体表面的色调取决于反射光（或透射光）中光的波长的组成和它们的能量。

（二）纯度

纯度又称饱和度、鲜艳度和彩度，是指颜色中彩色成分与非彩色成分的比例，即颜色中光谱色的含量，它可用来区分颜色的鲜艳度，也指颜色的纯洁性。可见光谱的单色光是纯度最高的颜色，光谱色掺入白光的成分愈多，纯度降低愈多；而物体色的纯度取决于该物体反射光（或透射光）中彩色成分，物体颜色中的彩色成分愈大，则纯度愈高。纯度低的颜色称为灰，纯度高的颜色称为艳。中性灰、黑色、白色这些非彩色的纯度最低，为 0。

（三）亮度

亮度又称明度，表示有色物体表面明亮程度，与物体所反射的光的强度有关，它可区分颜色的浓淡。凡物体吸收的光越少，反射率越高，则明度越高，该物体的颜色越淡。非彩色中白色的明度最高，黑色的明度最低，灰色明度介于白色与黑色之间；彩色中，一般黄色的明度较高，蓝色的明度较低。

颜色的三要素是互相联系的，并不是孤立的，互不干扰的。色调决定了色的质，亮度和纯度都是量的变化。

任务 2　人工测色的方法与标准

早期的纺织品染色加工都是依靠人工进行的，人工测色与配色技术对于纺织品染色技术的发展曾经起到过重要作用。现代纺织品染色加工采用电脑进行测色与配色以后，明显地提高了工作效率，节约了成本，但目前的纺织品染色加工过程中使用人工测色与配色技术的机会仍然很多。了解纺织品染色加工过程中人工测色与配色的基本原理和操作技巧，对于提高打样效率，加强颜色管理以及深入理解计算机测色与配色技术，都具有重要的现实意义。

人工测色就是通过人工依据对色样卡来测定颜色之间的差别，通常测定化验室确认样与客户来样之间的颜色差别或生产大样与客户来样之间的颜色差别。这种测色有时是由客户提出的，有时是由染厂内部技术质量管理部门提出的。无论是谁提出的颜色测定，都需要一定的测色条件。如测色人员的资格认定、测色光源的确定、测色场地的环境、测色工具的确定、颜色样品尺寸的确定、测色方法的确定等。人工测色结果具有不确定性，当有人对人工测色结果提出异议时，可通过第三方测色或者借助计算机的测色结果来回复有关方的质疑。

一、测色人员

从事色差测量的人员必须具有正常的色感觉和色敏感性。测试人的色觉仪器有：彩色隐字网点图、孟塞尔的100色相试验、异常检眼镜等。测色人员必须具有测色资质，需经质量监督部门培训考核后，颁发测色资格证书，方可进行测色工作和出具颜色检测报告。

据统计，全世界约有超过200万人在判断颜色上有视觉障碍，大约有8%的男性与0.5%的女性对判色有困难而无法正确判定颜色，有色彩视觉障碍的人不能从事该项工作。

二、测色光源

颜色测定时的光源可由标准光源箱内的光源提供，要求试样面的光照度在500lx（Luxes，勒克司）以上。因为不同光源拥有不同的辐射能量，在照射到物品上时，会显现不同的颜色。工业生产中的颜色管理，品检员虽然已仔细地对比过货品的颜色，但因为环境光源不标准或与客户所使用的光源不一致，不同光线下所看到的颜色各异，纺织品色差很难判定。客户验货时会因为色差超出标准范围而投诉，甚至退货，从而严重影响公司商誉。

要有效解决上述问题，最有用的方法就是在检定货品的颜色时，必须在相同的光源及可控制的条件下进行。例如国际通用标准中常采用人工日光D65作为评定货品颜色的标准光源。特别是夜班时间，使用标准光源判定颜色偏差尤其重要。标准光源箱内一般有以下几种光源：D65光源、TL84光源、CWF光源、U30光源、UV光源、A光源等，具备测试同色异谱效应的功能。每一种光源有不同的含义和作用如表4-2所示。标准光源灯箱配置见图4-4。

表4-2　常用标准光源的作用和含义

光源	光源说明
D65	国际标准人工日光，平均日照光源，模拟平均北天空日光
TL84	欧洲、日本商业光源，用于商场和办公室照明
CWF	冷荧光、美国商业光源，典型的美国商场和办公室灯光，同色异谱测试
U30	美式商业光源，用于商场照明
UV	紫外灯光源，可检验织物的增白效果、荧光染料等
A	白炽灯光源，美式橱窗射灯，主要用于家庭照明和商场照明

标准光源灯箱内的背景颜色为吸光型中灰色（Neutral Grey）。使用灯箱时，应尽量避免外界光线照射到被检测物品上，同时灯箱内不可放置其他杂物。具备测试同色异谱效应的功能。多种光源之间采用微电脑控制刹那间快速切换的方式，以准确对比纺织品在不同光源下的同色异谱效应。应准确记录每组灯管的使用时间，特别是D65标准灯管，在使用超过

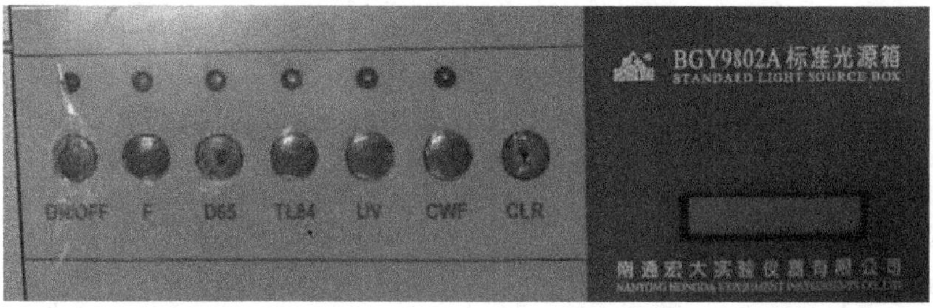

图4－4 标准光源灯箱光源配置

2000h后需要换新，以免因灯管老化而引起检测误差。对于照明光源，各地区、各国家都有自己的喜好，在测色、评定色差时必须在客户指定的光源要求下进行，如美国客户经常要求的CWF（Cool White Fluorescent）、欧洲及日本客户要求的TL84（Triphosphor Lamp）。这是因为货品零售是摆放在室内货架上供顾客挑选，顾客在决定是否购买该物品时是在商店灯光下进行，而并非在室外阳光光线下，所以使用商店灯光作对比颜色日益普遍。

如果客户没有特别的说明，纺织品颜色的测定一般在D65光源下进行。测色时光源的光照度过于灰暗或过于明亮都会对检验结果产生影响。在没有标准光源箱的染厂内测定颜色的准确性必须在照度适中的日光灯下进行。如果在较强的阳光照射下，尽管化验室内日光灯的光线比较充足，白天阳光对颜色检验的环境的影响也是比较大的。颜色检验时必须要求是在北光下进行。所谓北光，就是阳光无法从窗户照射到室内，仅可以从朝北的窗户中进入室内的光。北光对颜色检验产生比较微弱的影响。

三、测色环境

测色环境对测色结果会产生较大影响，实验证明，以中等明度的中性灰为背景色时对测色结果的影响最小，因此可将测色环境设为灰色背景。颜色检验工作台的表面用毛玻璃盖住，毛玻璃下面垫上平纹涤/棉半漂织物。如果没有毛玻璃，可以在普通玻璃下铺垫一层白色复印纸或其他白度较高的纸张。

四、样品尺寸

在颜色测定时，需要对样品的尺寸提出一些要求。一般情况下，在对比颜色差别时两块色样的尺寸应该尽量接近，样品的尺寸最好为4cm×4cm大小。人们都有这样的经验，那就是在一块较大的样品上剪下来尺寸较小的小样，比如说1cm×1cm的尺寸。然后把这块小样放在原来的大块样品的中央，此时大多数人都认为那块放在大样上的小样颜色更深。其实这是一种错觉。产生这种错觉的主要原因就是因为被对比的两块颜色样中，小样的尺寸太小，大样的尺寸太大。

五、测色方法

正确的测色方法有助于准确地判断颜色的差别。把两块尺寸接近的色样并排摆放在工作台上，中间不留任何缝隙。观察色样颜色的差别，换一个方向再次比对颜色的差别，或者把两个色样位置对调一下，再次观察色样的差别。通过这样的方法用肉眼就能对两块色样的颜色差别给出一个基本的判断。先看深浅，后看色光，就可以对颜色差别给出具体的判断结论。有时候也可以通过对折样品的方法来比对颜色之间的差别，具体的做法就是：分别把两块小样对折后叠放在一起，观察这两块小样颜色的深浅。如果不能马上判断出两块色样的深浅差别，那就把两块色样的位置再对调一次，把原来在上面的色样放在下面，把原来在下面的色样放在上面。再次比对以后仍不能判断两块色样颜色的深浅差别，只能说这两块小样颜色的深浅程度相同。在单独对折两块小样的时候，小样的对折纹路必须相同。如果客户来样的材质与染出颜色的材质不相同或差别很大，那么通过肉眼检验颜色之间的区别就显得相对困难许多。

六、测色色卡

在国家标准 GB 250—2008 中，明确规定了判断纺织品色差的基本方法。该标准规定了颜色差别为 5 级 9 档，其中 5 级最好，1 级最差。5 级 9 档标准是如下设置的：1 级，1～2 级，2 级，2～3 级，3 级，3～4 级，4 级，4～5 级，5 级。在染厂里，4 级到 5 级之间的级别也叫 4 级半或 4.5 级。

为了准确判断纺织品之间的颜色差别，国家标准 GB 250—2008 还配备了灰色样卡。灰色样卡简称灰卡，由灰卡外套、灰卡内套和灰卡三部分组成。其中灰卡外套是用来保存灰卡的，一般用塑料制成。灰卡的内套和灰卡本身构成了灰卡的主要部分。灰卡内套为中间开有方孔的铁灰色纸质物品，灰卡本身可在灰卡内套的内部延长度方向经手控滑行。在比对颜色色差时，需把灰卡横放。灰卡内套中间开孔的地方可以看见灰卡本身呈现出来的不同等级的颜色差别。被测的样卡并排摆放在灰卡外套的中间下方。当外套方孔内的颜色差别与被测样品之间的颜色差别接近或一致时，就可以判断出来被测颜色之间的色差。为了保护灰卡，严禁用手指触摸灰卡内套方孔内呈现的灰卡表面，以免逐渐腐蚀灰卡表面。灰卡本身也是由铁灰色纸质材料制成，每一级色差都是由深灰和浅灰两种颜色标出。随着色差的增大，深灰与浅灰之间的深度差别越来越大。灰卡检验色差示意图如图 4 - 5 所示。

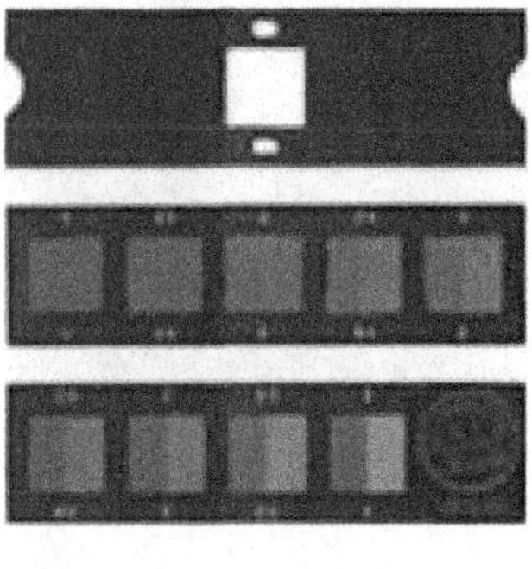

图 4 - 5　灰卡检验色差示意图

通常纺织品的色差主要包括头尾差、前后差、左中右色差、缸差、管差、匹差等。头尾差是指长车轧染织物的头部和尾部的颜色差别，一般要求不得低于 4 级。每种颜色的前端和后端颜色之间的差别叫做前后差，要求也是 4 级。不同匹数之间的颜色差别叫做匹差，要求不得低于 4 级。整幅织物之内，左边、中间和右边三个部位的颜色差别称为左中右色差，客户一般要求不得低于 4.5 级。相同颜色的缸与缸之间的色差不可低于 4 级。一缸双管染色设备对织物染色后形成的两只染管之间的颜色差别称为管差，通常要求管差不得低于 4.5 级。

项目五　人工配色

任务 1　混色规律的应用

由两种以上不同的颜色混合会产生新的颜色，颜色的混合是一个比较复杂的问题，但遵循一定的混色规律。两束不同波长的光叠加在一起会得到与原来两束光不同性质的光，这种光的混合称之为加法混色；两种不同颜色的颜料混合在一起会得到与原来两种颜料不同的颜色，这种颜料颜色的混合称之为减法混色。以上两种混色在配色实践中有着很重要的作用。

一、加法混色

加法混色是在人眼视网膜上同时射入两束或两束以上的光，产生与这些光的颜色不同的另一个颜色的感觉，它是把色光叠加起来的混色方法，是指光的颜色的混合方法。我们知道两种特定波长的互为补色的两束光经适当比例的混合可以得到白光，如红光和青光、蓝光和黄光。实验证明：把红、绿、蓝三种特定波长（$\lambda_{红色}=700nm$、$\lambda_{绿色}=546.1nm$、$\lambda_{蓝色}=435.8nm$）的光以适当比例混合，可以得到白光，若变化其混合比例，可以得到很多的颜色。因此，把这三种红、绿、蓝光的颜色称为加法混色的三原色。有些光混合后并不是白光，例如红光和绿光适当混合成黄光，红光和蓝光适当混合成品红。混色光的亮度等于混成混色光的各种光的亮度的总和，所以加法混色后颜色的亮度增加。加法混色的混色规律如图 5-1 所示（彩图见封二）。

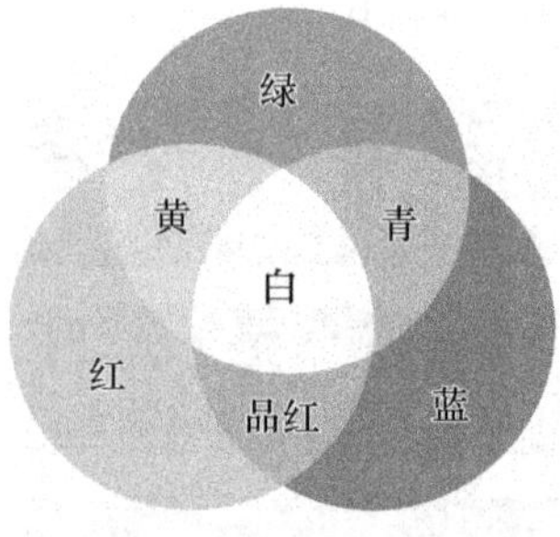

图 5-1　加法混色示意图

彩色电视机荧光屏的混色是加法混色在日常生活中的例子。彩色电视机是由红、绿、蓝三种荧光粉排列成。在 1.5m 的距离上和人眼所成的张角为 1°，超过人眼的分辨能力，看到的是三种光混合的结果。

纺织品的荧光增白是加法混色应用在印染上的例子。经煮练、漂白后的织物仍带有一定的黄色，即反射光中缺少蓝紫色的光，而荧光增白剂可以吸收紫外光，激发出蓝紫色的可见光，蓝紫色的光与黄光相加，则可以得到白光。

二、减法混色

减法混色是指把两个或两个以上的有色物体叠加在一起而产生和各有色物体不同的颜色

的混合方法，是指物体色的混合。有色物体在白光的照射下，从白光中减去被有色物体所吸收的部分，剩余部分光线进行混合。如黄色玻璃片是较多地吸收了可见光波中的蓝光部分，较多地反射或透射黄光。红色玻璃片是较多地吸收了可见光波中的青光部分，较多地反射或透射红光。由于减法混色时，每个有色物体吸收可见光中的一部分，两个有色物体重叠后吸收可见光的范围增大，而反射或透射的可见光范围缩小，所以减法混色的结果是最终得到黑色。品红、黄、青是减法混色的三原色，它们以适当比例混合，可以得到各种颜色。减法混色的混色规律如图 5－2 所示（彩图见封二）。

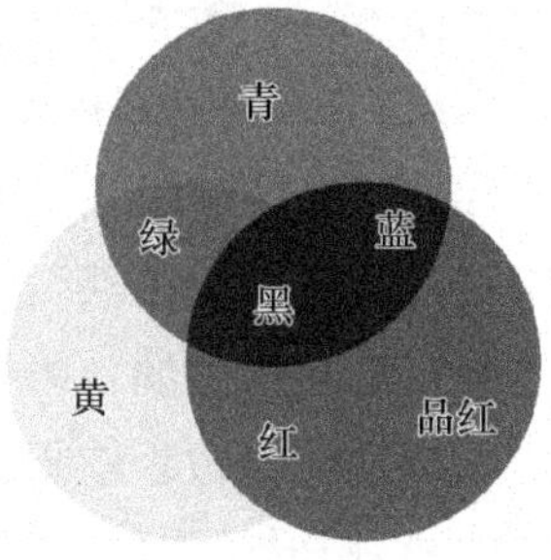

图 5－2　减法混色示意图

印染工业中的拼色就是减法混色的例子，因为染料的颜色是选择性吸收了白光中一定波长范围的光后反射出其补色光的颜色，因此多拼进去一个染料，就多吸收一定波长的光，因此染料拼色愈多，色泽愈暗，最终为黑色。

减法混色的结果是物体吸收了白光中某些波长的光后其反射或透射光的混合，故减法混色的实质是加法混色，加法混色的三原色与减法混色的三原色互为补色。可通过以下推理来解释以上结论。

加法混色的三原色是红、绿、蓝，以适当比例混合得到白光，因此绿光是白光中吸收了蓝光和红光，表示为绿＝白－蓝－红，同理蓝＝白－绿－红、红＝白－蓝－绿。当每两个加法混色的原色相混合时，如：

红光和绿光混合，即红＋绿＝白－蓝－绿＋白－蓝－红＝白－（蓝＋绿＋蓝＋红）＝白－蓝＝黄，同理：红＋蓝＝品红，蓝＋绿＝青色，黄、品红和青是减法混色的三原色。

减法混色的三原色是品红、黄、青，根据减法混色概念，黄色是物体吸收了白光中的蓝光而呈现出的颜色，表示为黄＝白－蓝，同理青＝白－红、品红＝白－绿。当每两个减法混色的原色重叠时，如青＋品红＝白－红－绿＝蓝，黄＋品红＝白－蓝－绿＝红，黄＋青＝白－蓝－红＝绿，即得到加法混色三原色。所以，加法混色的三原色与减法混色的三原色互为补色。

任务 2　染料色卡的制作和应用

通常染厂把客户送来的颜色色样称作客户来样，色样的确认过程是以染厂打样为基础，以跟单员共同交流为纽带，以国外客户的最终确认为终点的工作流程，其中染厂打样室打样的准确性是问题的关键所在。在纺织品染色加工过程中，确定染色配方和制定染色工艺是染色加工的基础，而通过打样的方式确定染色配方和染色工艺是最常用的方法，因此，首先进行客户来样分析，再利用标准色卡确定实验室颜色打样配方，而后与客户来样比对再次调整配方，最终得到客户确认从而制定生产染色配方和工艺，这一系列工作是人工配色的全过程。

一、标准色卡的类型

用以确定实验室颜色打样配方的标准色卡分为矩形单色色卡、宝塔形标准色卡和大生产参考样卡。矩形单色色卡是指各系列染料的具有浓度梯度的单色色卡，用于技术人员熟悉相关染料的色相和其浓淡变化。宝塔形标准色卡是指各系列染料相互拼混后的颜色样卡，用于熟悉各种染料拼色的效果。大生产参考样卡是指各染厂在大生产过程中积累的染色样卡，给技术人员在打样过程中提供参考。

(一) 矩形单色色卡的基本构成

尽管染料厂家一般提供了染料单色样的样卡，但是有的是纸样，有的浓度梯度不够丰富，有的染色基布品种单一，所以一般染厂把常用染料结合本厂基布品种制作成染料矩形单色色卡，用于技术人员熟悉相关染料的色相和其浓淡变化。矩形单色色卡见表 5-1，该类型色卡也叫本样，就是某染料在不同染色浓度［% (owf)］下的本来颜色。

表 5-1　矩形单色色卡示意图

蓝 0.1	蓝 0.2	蓝 0.3	蓝 0.4	蓝 0.5	蓝 0.6	蓝 0.7	蓝 0.8	蓝 0.9	蓝 1.0
蓝 1.1	蓝 1.2	蓝 1.3	蓝 1.4	蓝 1.5	蓝 1.6	蓝 1.7	蓝 1.8	蓝 1.9	蓝 2.0
蓝 2.1	蓝 2.2	蓝 2.3	蓝 2.4	蓝 2.5	蓝 2.6	蓝 2.7	蓝 2.8	蓝 2.9	蓝 3.0
蓝 3.1	蓝 3.2	蓝 3.3	蓝 3.4	蓝 3.5	蓝 3.6	蓝 3.7	蓝 3.8	蓝 3.9	蓝 4.0
黄 0.1	黄 0.2	黄 0.3	黄 0.4	黄 0.5	黄 0.6	黄 0.7	黄 0.8	黄 0.9	黄 1.0
黄 1.1	黄 1.2	黄 1.3	黄 1.4	黄 1.5	黄 1.6	黄 1.7	黄 1.8	黄 1.9	黄 2.0
黄 2.1	黄 2.2	黄 2.3	黄 2.4	黄 2.5	黄 2.6	黄 2.7	黄 2.8	黄 2.9	黄 3.0
黄 3.1	黄 3.2	黄 3.3	黄 3.4	黄 3.5	黄 3.6	黄 3.7	黄 3.8	黄 3.9	黄 4.0
红 0.1	红 0.2	红 0.3	红 0.4	红 0.5	红 0.6	红 0.7	红 0.8	红 0.9	红 1.0
红 1.1	红 1.2	红 1.3	红 1.4	红 1.5	红 1.6	红 1.7	红 1.8	红 1.9	红 2.0
红 2.1	红 2.2	红 2.3	红 2.4	红 2.5	红 2.6	红 2.7	红 2.8	红 2.9	红 3.0
红 3.1	红 3.2	红 3.3	红 3.4	红 3.5	红 3.6	红 3.7	红 3.8	红 3.9	红 4.0

在制作矩形单色色卡时，把不同的染料样卡粘贴在便于长期保存的纸张上，矩形的左上角染色浓度最低，右下角的染色浓度最高，浓度梯度根据染料品种和基布品种情况而定，通常浓度范围可选择在 0.1%～5%（owf）。如果在一页样卡上无法全部粘贴全部样卡，也可以考虑按照颜色不同把样卡贴在三张纸张上。

（二）宝塔形标准色卡的基本构成

在染色加工过程中，客户提供的来样一般不太可能是某一单色染料的单色样，通常都是需要通过染料的拼混得到，因此在传统的配色中，标准样卡经常被制作成宝塔形色卡。

制作宝塔形标准色卡的步骤为：选择三原色染料→确定染样个数→确定染料浓度梯度→打样→贴样→装订。

1. 选择三原色染料 宝塔形标准色卡中的品红、黄、青三原色，通常可以选择各染料厂家推荐的三个配伍性较好的同系列的品红、黄、青三种染料❶。表 5－2 和表 5－3 分别列出了部分分散染料和活性染料各类型的三原色。

表 5－2 分散染料拼色三原色

染料类型	黄	红	蓝
L 型	分散黄 L—R	分散红 L—3B	分散蓝 L—2BLN
M 型	分散黄 SE—NGL	分散红玉 M—GFL	分散蓝 M—2R
H 型	分散黄 H—2RL	分散红玉 H—2GFL	分散蓝 H—BGL
轧染用	分散黄棕 S—2RFL	分散红玉 S—2GFL	分散深蓝 H—GL

表 5－3 活性染料常用三原色

染料		黄	红	蓝
汽巴（浅色）耐晒		活性黄 NP	活性红 C—2BL	活性蓝 C—R
德司达（中深色）		活性黄 RGB	活性红 RGB	活性蓝 RGB
万得耐晒系列	浅色	活性黄 YBL	活性红 PBL	活性蓝 IBL
	中色	活性黄 YBL	活性红 RBL	活性藏青 NBL
万得（中深色）		活性黄 B—4RFN	活性红 B—2BP	活性蓝 B—2GLN
浙江科华	浅色	活性嫩黄 GL	活性粉红 B	活性艳蓝 BB
	中深色	活性黄 ED	活性红 ED—2B	活性黑 ED—HC
申新		活性嫩黄 SDE	活性红 SBE	活性深蓝 STE

2. 确定染样个数 图 5－3 中列出了宝塔形标准色卡的示意图。

三原色的单色样在宝塔形色卡的三个顶点上，通常顶端为三原色中的黄色，底边左侧顶点为红色，右侧顶点为蓝色，即 100%黄、100%红、100%蓝。除了宝塔图的三个顶点，三

❶ 减法混色的三原色是品红、黄、青，但传统上染料厂家推荐的三原色通常称为红、黄、蓝。

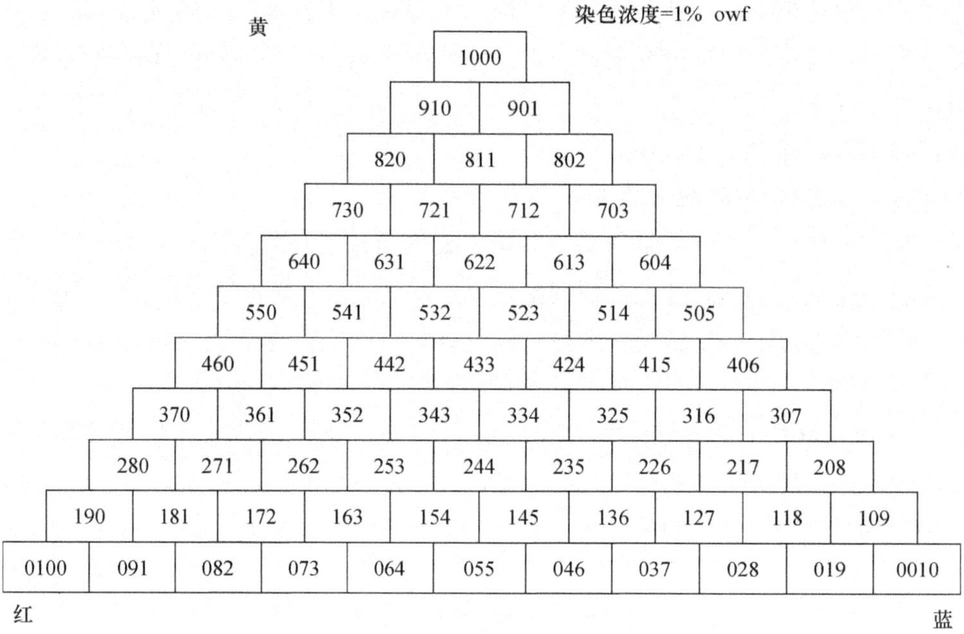

图 5－3　宝塔形标准色卡示意图

条边上的所有色块都是由该边顶端两种原色的染料拼色而成，即两拼色，色卡的每一个边由 11 块色块组成。由三条边所包围的位于宝塔形色卡内部的色块均是由三原色以一定比例拼色而成，即三拼色。宝塔图中各色块三位数编号表示出了三原色染料用量，三位数字依次表示了黄、红、蓝的染料用量比例，例如，262 号色卡表示该颜色由黄色、红色和蓝色染料以 2∶6∶2 的比例相拼混得到；091 号色卡表示该颜色由红色和蓝色染料以 9∶1 的比例相拼混得到。因此，黄—红这条边是由黄色和红色两种染料按一定比例拼混的，距黄色顶点越近的染样，黄色的比例越高，而离红色顶点越近的染样，红色染料的比例越高，其他两条边同理。越接近宝塔形的中心区域，三种染料在染色配方中的比例越接近，总体上色卡的颜色越接近灰色。

宝塔形标准色卡中染样的个数由染样中三原色染料比例调整梯度决定。若比例调整梯度为 10%，即色块之间各染料浓度以 10%逐级递增或递减，染样个数如图 5－3 所示，整个宝塔形色卡内的所有颜色色块样由 66 块标准色卡组成。若比例调整梯度为 20%，则宝塔图中的染样个数为 21 块。

3. 确定染料浓度梯度　每张宝塔形标准色卡的染料总用量即染色浓度是一定的，如浸染可以选择 0.5%～4%（owf）等不同浓度，轧染可选择 0.5～60g/L 之间的各种浓度，图 5－3 中标出了该张色卡的染色浓度为 1%（owf）。我们可以分别制作不同浓度的宝塔形标准色卡，染色浓度档次设定得越多，色样的总数量就越多，那么将得到一套丰富的各浓度宝塔形标准色卡，这将为人工配色提供非常有价值的参考依据。

制作的宝塔形标准色卡如图 5－4 所示（彩图见封二）。

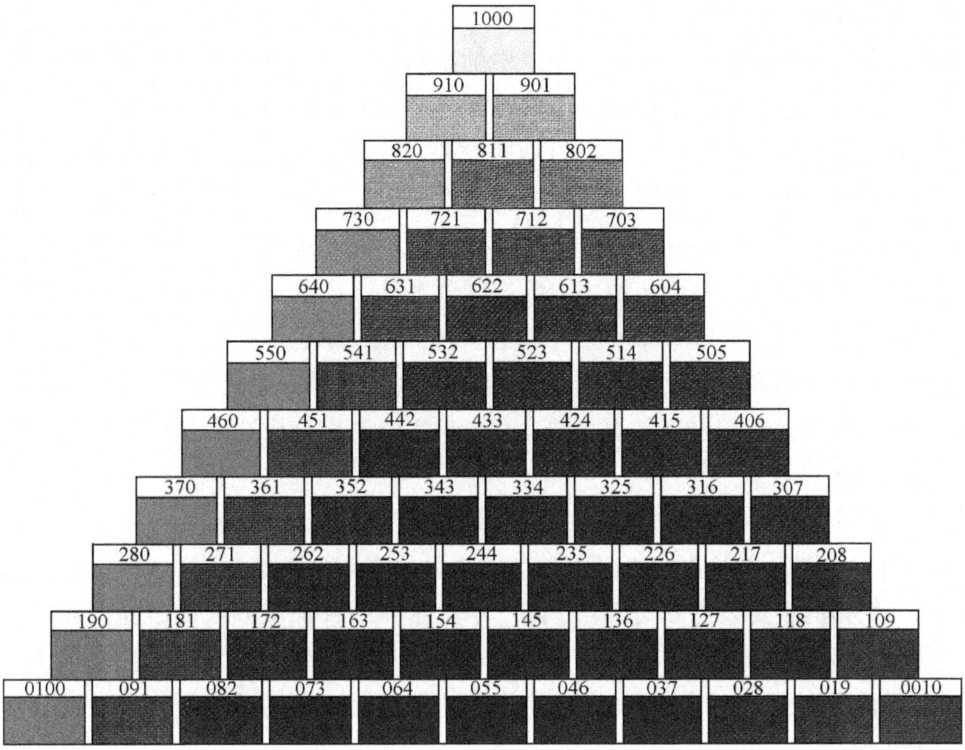

图 5-4 制作的宝塔形标准色卡

（三）大生产参考样卡

染厂的化验室每天都会打出很多不同材料、不同风格、不同颜色的小样。即使客户加工的坯布原料相同，但是由于纺织原料细度、密度、组织、厚度不同，用相同的染色配方打出来的颜色小样往往区别较大。这就需要染厂的化验室必须由专人负责对这些小样进行及时的整理。经过分门别类整理的不同颜色的小样就可以作为打样之前确定打样配方的参考样本。生产车间按照化验室制定的颜色配方染色后总会得到生产大样。由化验室颜色档案管理员收集这些颜色样，贴在客户来样与化验室打出的颜色样上，就可以制成一本打样用参考样本。通过比对客户来样、化验室打出样和生产车间染出的大样，可以大大缩短配色的时间，提高配色效率和成功率，这些参考样本是人工配色时重要的技术资料。

二、标准样卡的制作

（一）染料

按照常用纺织品染色所需染料类型来看，活性染料、分散染料、酸性染料、还原染料、硫化染料、阳离子染料和直接染料都是常用的染料。在上述各种染料中，由于涤纶和纤维素纤维制品产量最高、浸染法最常用，所以，相对于其他染料而言使用分散染料和活性染料的机会最多。无论是分散染料、活性染料，还是其他染料，染色过程中拼色原理都是相同的，所以深入研究某一种染料打样过程中的基本要求，对于掌握其他染料的打样过程和基本要求具有良好的借鉴作用。

首先以分散染料为例，来说明打样过程中的基本要求。按照温度类型来分类，分散染料可以分为低温型、中温型和高温型分散染料。不同类型的染料有不同的特点。低温型分散染料相对分子质量较小，染色温度较低，匀染性较好，升温速度较快，保温时间较短，染料的染深性不明显，适合染浅色。高温型分散染料相对分子质量较大，匀染性较差，染色温度较高，保温时间较长，适合染深浓色泽。中温型分散染料的基本性能介于低温型染料和高温型染料两者之间。如果低温三原色 3 种，中温三原色 3 种，高温三原色 3 种，那么常用的分散染料仅为 9 种。考虑到分散蓝 2BLN 同时为中温和低温三原色之一，那么常用的原色染料就只有 8 种。如果再考虑到分散嫩黄 4G、分散湖蓝 SGL、分散荧光黄 8GFF、分散红 G 和分散紫 HFRL，常用的分散染料也不过十几种。在半年之内制作完成这十几种染料的矩形单色色卡，还是很有可能的。

活性染料在纤维素纤维制品的染色中使用最为广泛。棉织物、粘胶纤维织物、富强纤维制品、Lyocell 纤维制品以及它们的混纺和交织产品由于服用性能优良，目前仍有较高产量。虽然轧染是棉织物的主要染色方式，但是随着小批量多品种加工方式的不断提升，上述产品的绳状浸染和平幅卷染会越来越多。活性染料色光鲜艳、牢度好、染色工艺简单、工艺条件控制便捷，所有这些都为活性染料的大量使用创造了机会。常用活性染料的数量与常用的分散染料数量相当。

目前市售的染料，灰色和黑色染料多为拼混染料，所用染料和拼混比例因生产厂家而异，因此在制作样卡时拼混染料的色样可以不做。严格地说，如果知道了拼混所用的染料和拼混比例，染厂就可以自行配制拼混染料。例如分散灰 HBL 就是由分散蓝 5R、分散橙 S—4RL 和分散深蓝 HGL 拼混而成的，具体的拼混比例为 70∶25∶5。按照市售价格计算之后就会发现，如果染厂按照上述比例进行拼混以后的染料价格略微低于分散灰 HBL 本身的价格，也就是说，不使用拼混染料可以降低染料成本。那么为什么还会有许多染厂坚持使用市售拼混染料，而不进行自行拼混呢？这与染厂打样染料使用的习惯有关。同时，在使用拼混染料染色时，无论因为色偏而加料续染，还是化验室打样，对织物的颜色变化影响较小。以下列两个染色配方为例，来说明拼混染料和非拼混染料对染色配方的影响。

配方 1

分散灰 HBL	1% (owf)
分散深蓝 HGL	0.2% (owf)

配方 2

分散蓝 5R	0.7% (owf)
分散橙 S—4RL	0.25% (owf)
分散深蓝 HGL	0.05% (owf)

由前面的叙述可以知道分散灰 HBL 由分散蓝 5R、分散橙 S—4RL 和分散深蓝 HGL 以比例75∶25∶5 拼混构成，那么配方 1 中 1%的分散灰 HBL 含有的三种染料则分别是 0.7% (owf)，0.25% (owf) 和 0.05% (owf)。比较配方 1 和配方 2 之后不难发现，这两个染色配

方实际上是一个配方。众所周知，染厂中染色车间值班员在检验生产大样的颜色准确性时，如果发现生产样颜色与客户来样原始颜色出现偏差时，就需要加料续染。加料的原则是缺什么色光补什么色光。假设织物质量为 100kg，染色后大样蓝光不足，如果用配方 1 染色需要加蓝一成，则需增加的分散深蓝 HGL 染料为：

$$100\ (kg)\times 0.2\%\times 10\%=20\ (g)$$

而如果用配方 2 染色时加料，需要添加的分散深蓝 HGL 染料则为：

$$100\ (kg)\times 0.25\%\times 10\%=25\ (g)$$

由此不难看出，利用拼混染料染色，在加料时对颜色的影响低于用非拼混染料对颜色的影响。配方 2 中用分散深蓝来调整色光加料后织物的颜色变化就会比配方 1 明显。而配方 1 中分散灰是主要染料，再补充蓝光时，分散蓝的加入不会对原来颜色产生明显的冲击。这也正是染厂不会过多考虑染色成本而继续使用拼混染料的主要原因。

（二）基布

在制作样卡时，采用密度较高的平纹纯织物打样，效果最好。平纹织物厚度适中，布面平整，组织结构引起的色光变化最小。而在常见的原组织中，斜纹和缎纹组织都没有上述的诸多优点。

制作样卡的基布必须经过充分的前处理，棉织物的取样可以在坯布完成练漂以后进行，普通涤纶织物进行必要的精练前处理，前处理后必须用清水把打样样布清洗干净。

强捻涤纶织物的减量加工被称作涤纶织物的仿真丝整理。为了保证颜色的准确性，坯布在打样之前必须作减量。打样坯布的减量可以在间歇式减量机试样箱中完成。由减量值班长控制打样用减量坯布的手感，就可以保证该打样用坯布的减量率与客户留下的成品手感样十分接近。在坯布基本规格相同的前提下，织物的厚度越接近，经过相同染色配方染色后的颜色就越接近。减量产品打样用坯布在打样前的过程控制由化验室打样员负责。该过程主要包括预定形以后的取样、减量和打样前坯布的清洗。减量后织物表面吸附有超量的烧碱，如果不能及时清除将会严重影响分散染料的上染，产生色花、色偏等现象，从而影响颜色的准确性和打样的效率。为了准确区分不同客户、不同批号的打样用坯布，可以在这些坯布表面的适当位置用记号笔书写简单的记号。

（三）染色方法的确定

标准色卡制作时所采用的染色方法和染色工艺取决于大生产的染色方式以及染料类型。如以长车轧染加工为主的机织物染整厂，标准色卡的制作染色方式以轧染方式打样，关键工艺参数为染料的质量浓度和轧车轧液率（%）；以溢流染色机加工为主的针织物或纱线染整厂，标准样卡的制作染色方式需以浸染方式打样，关键工艺参数即为染料对织物重（owf）和浴比（织物重量和染液的体积之比）。

标准色卡打样染色工艺一般由打样的推荐染色工艺确定或与该染料在染厂大生产染色工艺相近，包括染料助剂的选择和使用、加料方式、升温速率、降温速率以及后处理方式等，标准样卡制作时的条件与大生产的条件越接近，大小样的差异越小，标准色卡的可参考性就越强。

标准色卡制作时，化验室常用的打样设备有小轧车、高温高压打样机、甘油打样机、红外线打样机和振荡式常温打样机。小轧车主要用于轧染打样。高温高压打样机、甘油打样机和红外线打样机适合于分散染料浸染方式，这三种打样机也可在常温下用分散染料以外的其他染料对织物进行染色。必要时，纱线和散纤维染色也可在这三种染样机内完成。常温振荡式打样机是常温水浴打样机，也是最常用的打样设备。

（四）染色浓度的确定

标准色卡的染色浓度范围的确定是制作样卡的关键。不同染料其染深性是不同的，即染料在纤维上的颜色深度随所使用的染料量增加而递增的性能不同。有的染料染深性差，那么在实际生产过程中，使用该染料染色时比较多地超过其最大染色浓度就显得没有意义。比如说分散蓝 2BLN 染料的最大染色浓度为 2%，如果为了提高颜色深度而在染色时将该染料的用量达到 3%，那将会造成染料的较大浪费。因为大多数染料在染色浓度超过其最大染色浓度以后，染料的染深性很不明显。为了增加织物的染色深度而不断地提高染料的加入量，不如使用色光看上去更深的染料。而另一些染料的最大染色浓度比较高，在制作其标准色卡时，较低的染色浓度在实际生产当中根本没有出现的机会。那么此时仍然坚持制作该染料较低染色浓度的标准色卡就显得徒劳。比如说，分散深蓝 HGL 是特黑色和藏青色两种深浓色泽染色时的主要染料。在实际生产中大部分该染料的染色浓度在 7%，很少有低于 4%以下的。那么在制作该染料的矩形标准色卡时，继续制作 4%以下的染色浓度就显得没有意义。无论是宝塔形标准色卡，还是矩形单色色卡，色卡浓度由制作人根据日常生产的实际情况来决定。

不同浓度的标准色卡就构成了某种染料对某种织物染色后的颜色库。一般情况下，总可以在这个颜色库内找到与客户来样相近似的颜色。用标准色卡作为参考颜色样卡，在其中找到与客户来样相近的染色配方，根据该配方由染色打样人员再作适当的调整确定新的打样染色配方。利用标准色卡进行打样，非常有利于对打样人员进行系统的初级培训。这样的培训方式不仅适用于在学校内对染整技术专业的学生进行培训，也适用于染厂技术部门对新来的打样人员进行系统的培训。

（五）色卡的粘贴

为了便于色卡的粘贴和保存，可以考虑用制作比较精美的卡片作为粘贴色卡的载体。粘贴时样卡的正反面必须一致，组织纹路必须相同。无论是使用平纹织物还是斜纹织物，相同一类染料的色卡制作必须使用规格相同的织物。由于平纹织物经向密度和纬向密度有区别，所以在裁剪、粘贴和制作样卡时，必须注意样卡纹路的统一性。样卡的尺寸必须统一，2cm 宽，1.5cm 高的尺寸比较合适。样卡尺寸过小，也会严重影响样卡显示正常的色光。

任务 3　人工配色的方法

一、客户来样分析和管理

客户来样属于客户财产，染厂必须妥善保管。客户来样包括以下几种：颜色样、手感样和风格样，其中客户的颜色样显得尤为重要，是日后进行颜色确认和检验的标准。客户提供的颜色样品，尺寸必须足够大。当客户提供的颜色样很小时，会严重影响颜色的判断。客户提供的颜色样最好是单色的纺织材料，或者是与加工的坯布相一致。纸板样、塑料制成的颜色样对于最后的颜色确认都有影响。有时客户会使用潘通色卡的纸板样作为颜色样。纸质的颜色样与纺织材料制成的颜色样对于光的反射不同，所以纸质的颜色样看上去会比纺织材料制成的颜色样发白。关于这一点需要在测配色过程中加以注意。

客户提供的颜色样必须具有唯一性，模棱两可的颜色样、麻灰的双色颜色样、不同材料制成的混纺制品的多色颜色样都会对测配色过程产生负面影响。

二、人工配色

在标准色卡中选择与客户来样颜色接近、织物规格相同或相近的色样配色，用客户的坯布作小样染色的织物，按照该色样的染色配方进行染色实验，这个过程称为打样。在打样过程中，首先要进行配方确认，其次应考虑影响打样的主要因素，如染样设备、染料、助剂、吸料、染色和烘干等方面。

（一）打样配方的确定

1. 配方染料的选择 为了进一步提高打样效率和颜色准确性，从标准色卡上选择打样配方时，不仅该配方染出的颜色必须与客户来样的颜色尽量接近，而且染出的颜色样的坯布规格也尽可能的一致或接近。如前所述，织物的厚度、密度、组织、原料对成品的颜色都有影响。平纹组织的产品看上去浅一些，斜纹组织的产品看上去会深一些。所以，在确定打样配方之前，认真寻找打样配方，仔细观察织物的原料组成、密度变化和组织变化，对于提高打样的效率非常重要。

配色时染料选择一般掌握以下几个原则。

（1）拼色染料只数尽可能少。染料的配色过程主要是按减法混色原理进行的，因此每增加一种染料，都将从照射光中减去更多的光谱色成分，不仅反射光的强度降低，而且反射光的性质也发生了变化，所以拼混时染料的个数越多，拼混所得的颜色越灰暗，因此，拼色时染料只数越少越好，一般不超过三只。

（2）就近出发选择基础染料。在配色时，应选择最接近于来样颜色的染料作为基础染料，在此基础上加以适当调整，以减少拼色染料的个数，便于颜色的调整。比如，拼一种绿色，应尽可能选择一只绿色的染料，再加以调整，不必选择黄色染料和青色染料来拼混绿色，然后再进行调整。这样，一方面颜色调整难度增加，另一方面拼色染料越多，所得颜色就越灰暗。在缺乏与来样颜色相同的基础染料的情况下，对于用来拼色的染料的色光也应注意，如拼果绿色时，黄染料宜选择带绿光的黄色染料与青色染料相拼，而拼大红色时，则一般选择带红光的黄色染料与品红染料相拼。

（3）色光的调整注意采用余色原理和补色原理。若两种不同的颜色相混得黑色，则这两种颜色称为互为余色，该现象称为余色原理。若两种不同光相混得白光，则这两种光的颜色称为互为补色，该现象称为补色原理。如图 5-5 所示，图中对角线两颜色即各互为余色或

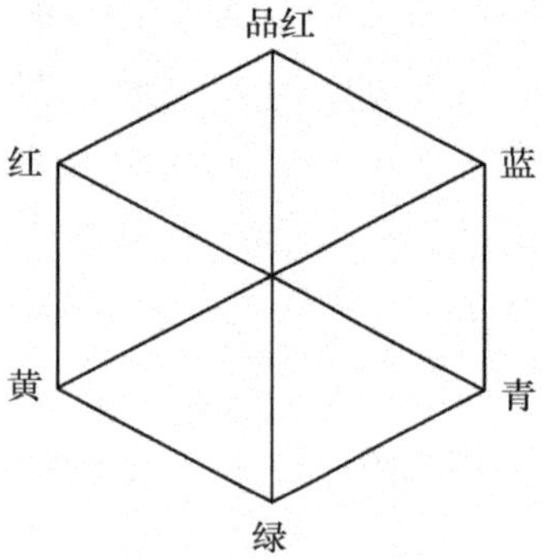

图 5－5　几种颜色的余色关系和补色关系

补色。

采用余色原理，即加入微量与需要消去色光互为余色的染料进行色光调整。比如，要去除红光蓝色中的红光，可以选用微量的青色染料，以吸收掉红光蓝色中的红光，达到消除红光的目的，这种调整方法除了消去了织物上的红光，同时也降低了织物上的颜色亮度，所以用于浓暗颜色的色光调整。采用补色原理，即选用色光与需要消去色光互为补色的同色调染料进行调整色光。比如，要去除红光蓝色中的红光，则要选用青光蓝色染料进行调整，红光加青光得白光，这样既去除了红光蓝色中红光，同时还增加了织物上颜色的亮度，所以用于淡、艳、明快色的色光调整。拼色时必须熟悉余色原理和补色原理，根据实际情况利用余色原理和补色原理来提高拼色质量，克服拼色中的盲目性。

在具体配色过程中，打样人员必须首先比对和判断来样与标准色卡之间的浓淡差别，然后才可以比对和判断来样与色卡之间色光上的区别。所谓“先看浓淡，后看色光”的打样原则，指的就是上述的比对与判断。对普通人来讲，色相上的差别会比浓淡上的差异更为敏感，而对于打样人员来说，配色时首先应判断浓淡上的差别，确定染色浓淡之后，再判断其色光的差别。配方调整时，先看浓淡，再看主色，后看色光。如果需要调整某种染料，在调整时最少调整半成，也就是5%，最多调整多少，与打样员的调色水平有关。在调整配方时，还是有一些基本经验可供参考。

一般情况下，染厂的化验室不会对客户提供的黑色和白色提供打样服务。因为化验室内小样机里染出的黑色，其黑度远远达不到实际生产中大样的黑度。小样机里漂白处理出来的白色，其白度也远远达不到实际生产中大样的白度。所以，这两种颜色的小样，在染厂的化验室很少打样。通常黑色样卡是生产部技术人员通过比对生产实际大样的颜色完成染色配方的制定。

2. 配方的书写　实际上写出打样配方的时候，打样人员已经根据自己的经验对打样配方进行了第一次调整，主要是来验证该织物的吸色性能。一位具有独立打样能力的打样员，对某个具体的颜色来说，在写出打样配方时每次只写出一个染色配方。关于这一点化验室打样员的初学者可能无法理解。在长期的打样过程中，每一位打样人员都形成了一整套适合自己的测配色方法，这些方法都是系统的和连贯的。从事打样工作的专业人士，对不同色样之间的颜色差别，其判断的标准是一致的。在每一次测色过程中，打样员都是按照长期以来自己在大脑中形成颜色测量标准，对客户来样和样卡中的色样之间的差别进行测量的。由于标准是统一的，所以每次只能写出来一个小样染色配方。但对于打样初学者来说，一般根据标准色卡进行调整后开出 3～4 个染色配方后进行染色，最终选择一个最为接近的配方，或给客户进行确认。

在开具小样染色配方时，打样员按照蓝黄红的顺序，在化验室打样配方单上由上至下书写染色配方。图 5－6 中给出了分散染料染涤纶的配方书写示意图。图中的配方分别是中灰、藏青和豆沙三种颜色的第一轮打样染色配方，织物为全涤麻纱。配方可写在普通的笔记本上，便于打样员吸取染液。打样员在书写染色配方时，直接写出染料相对织物质量百分比，即染色浓度。

1–1#（中灰）
分散蓝2BLN　0.34%（owf）
分散黄E—4R　0.22%（owf）
分散红3 B　0.17%（owf）
2–1#（藏青）
浆状分散深蓝HGL　7.2%（owf）
分散蓝2BLN　1.6%（owf）
分散黄E—4R　0.23%（owf）
分散红玉SE—GFL　0.16%（owf）
3–1#（豆沙）
分散蓝2BLN　0.09%（owf）
分散黄E—4R　0.36%（owf）
分散红3 B　0.36%（owf）

图 5－6　小样染色配方的书写

有些染厂经常用一些代号来表示某些染料，以简化打样配方的书写过程。无论染色配方多么复杂，在书写时都可以简化。图 5－7 中列出了阳离子染料可染的改性涤纶 CDP，与普通涤纶经网络丝机网络后织成的可染得双色的涤纶织物小样打样的染色配方。图 5－7 中的两个配方大同小异，与图 5－6 不同的是，图 5－7 中的配方由两类染料组成，一种是分散染料，另一种是阳离子染料。配方中两种染料的书写是分开的，每种染料仍按蓝黄红的顺序书写。

4–1#（麻灰黄点）	5–1#（麻灰红点）
分散蓝2BLN　1.2%（owf）	分散蓝2BLN　1.42%（owf）
分散黄E—4R　0.6%（owf）	分散黄E—4R　0.66%（owf）
分散红3B　0.7%（owf）	分散红3B　0.77%（owf）
阳离子蓝X—GRL　0.01%（owf）	阳离子蓝X—GRL　0.01%（owf）
阳离子黄X—5GL　0.09%（owf）	阳离子黄X—5GL　0.02%（owf）
阳离子红X—G　0.03%（owf）	阳离子红X—G　0.09%（owf）

图 5－7　双组分纤维制品小样染色配方的书写

3. 配方的修正 按照配方经过第一次小样染色，通过染出的小样颜色，就可对客户本批次坯布对染料的吸色性能有一个基本的判断。如果打出的小样正好非常接近客户来样，则可开出染色工艺和染色配方。如有差异则必须根据第一次打样结果由打样员做出适当的调整。一般情况下，打样员第二次写出的染色配方可以写在第一次配方的右侧。这样既便于打样员的正常操作，也便于进行色样整理和颜色档案制作。

图 5－6 中藏青色经第一次打样以后，打出的颜色小样非常接近客户来样颜色，经适当调整后已由打样员开出染色工艺和染色配方。而图中的中灰色和豆沙色，第一次打出的小样颜色与客户来样还有偏差，需要经过小样染色的再次修正。中灰色的配方调整如下：蓝加一成，黄加半成，红加两成。豆沙色的配方调整如下：蓝加两成，黄加两成半，红加三成。中灰色和豆沙色染色配方作如此之大的调整，主要原因都是因为浓度不够，说明在测色过程中选用的色卡，其织物原料规格与客户来样规格相差比较明显。打样员必须及时把每块打出的颜色样剪成尺寸适中的样卡，用胶粘贴在书写了染色配方的笔记本上，以便于在空余时间内制作色卡。

在藏青的染色配方中，有 4 种染料。高温型的 1 种，中温型的 2 种，低温性的 1 种。通常情况下，高温型分散染料原则上不能与低温型分散染料在一起使用。因为这两种类型的染料染色性能差别太大。高温型分散染料相对分子质量大，染色工艺时间较长，适合染深色；而低温型分散染料相对分子质量较小，染色工艺时间较短，适合染浅色。染料类型不同，上染率的工艺曲线也不同，染色的颜色重现性较差。所以，在分散染料使用过程中，制定染色配方和染色工艺的技术人员都应尽力避免这种现象的发生。其中中温型分散红玉 SE—GFL 和分散蓝 2BLN 的使用，主要是用来调节色光。在藏青配方中除了分散蓝 2BLN 以外，其余三种染料的色光都是偏灰暗的。染色色光灰暗的染料对染料的染深性有正面影响。为了调节整个配方的鲜艳程度，可以适当地增加分散蓝 2BLN 在配方中的比例。

在修正染色配方中，打样员决定某个颜色的打样次数。当打样员确认颜色与客户来样完全吻合或得到客户认可后，制定颜色生产染色工艺和配方，也就完成了人工配色过程。

图 5－8 中列出了图 5－6 的配方经过一次调整以后的书写形式。

（二）打样

1. 基布 化验室打样用的基布需经必要的前处理后用于染色打样。含杂质量高的天然纤维织物比如棉纱线和棉织物基布必须经过退煮漂加工；含杂质少的化学纤维比如普通涤纶织物只需在化验室用精练剂对织物进行必要的精练前处理。基布前处理质量要求根据染色色泽而有所不同，染色色泽是深浓色的对前处理白度的要求不高，只需具备比较好的毛效即可，但如果染色色泽是浅淡色，尤其是一些比较艳丽的颜色则对织物前处理的白度要求较高，从而为获得鲜艳的颜色提供保障。若时间允许，也可以考虑待大货织物在生产车间完成前处理以后再取打样用基布，因为对于织物来说，车间内做的前处理要比化验室内做的前处理的效果要好得多。

打样用基布的过程控制由化验室打样员负责，必须注意的是，前处理后的打样基布要清洗干净。如减量后织物表面吸附有超量的烧碱，如果不能及时清除将会严重影响分散染料的

1-1#（中灰）	1-2#（中灰）
分散蓝2BLN 0.34%（owf）	分散蓝2BLN 0.37%（owf）
分散黄E—4R 0.22%（owf）	分散黄E—4R 0.23%（owf）
分散红3B 0.17%（owf）	分散红3B 0.21%（owf）
2-1#（藏青）	
浆状分散深蓝HGL 7.2%（owf）	
分散蓝2BLN 1.6%（owf）	
分散黄E—4R 0.23%（owf）	
分散红玉SE—GFL 0.16%（owf）	
3-1#（豆沙）	3-2#（豆沙）
分散蓝2BLN 0.09%（owf）	分散蓝2BLN 0.11%（owf）
分散黄E—4R 0.36%（owf）	分散黄E—4R 0.45%（owf）
分散红3B 0.36%（owf）	分散红3B 0.47%（owf）

图 5-8 小样染色配方调整后的书写格式

上染，产生色花、色偏等现象，从而影响颜色的准确性和打样的效率。

2. 染料 染料的称量、化料和吸取在人工配色中都是非常重要的环节。了解和掌握三个环节操作重点和注意事项可提高配色效率和颜色准确性。

（1）染料称量。选择合适的称量工具和称量方法进行染料的称量，目前企业用得比较多的是精度为万分之一的电子天平，称量时，一般将染料称取于小烧杯中，称量精度精确到万分位，保持电子天平的水平和稳定，称量才会比较准确，另外注意尽量不要把染料散落在天平内部，任何染料的散落都会对工作环境造成污染。盛装染料的容器注意随时盖好盖子以避免受潮结块，影响染料称取的准确性。

（2）染液溶解。染料的溶解过程也叫化料。把准确称取的染料溶解到合适的容量瓶中，是化料的基本过程。移取液体染料时可直接将盛装在小烧杯内的液体染料缓慢倒入容量瓶，然后用蒸馏水清洗小烧杯内的残留染料至容量瓶内。对于固体染料，先将称取的染料放入小烧杯，加少量水调成浆状便于溶解，再加水逐步转移到容量瓶中，在溶解小烧杯内残留染料时可用玻璃棒充分搅拌以加速残留染料的溶解。待小烧杯内的残留染料完全溶解并倒入容量瓶以后方可在容量瓶内添加清水至刻度，加水时可利用水的冲击力把黏附在容量瓶瓶颈内壁的染料冲洗至染液中。此后将化好的染料倒入广口瓶备用。每次使用广口瓶内的染料之前，必须倒置后摇匀，每次打样前必须充分摇动广口瓶，只有沉淀在底部的染料全部溶解后方可移取染液。

（3）染料吸取。广口瓶便于染料的移取。用吸量管移取染液之前，吸量管内外必须干燥清洁。打样时每只染料瓶内必须有一只专用的吸量管。用洗耳球吸取染液时，洗耳球吸口外形必须完整。吸口破损容易造成在吸取染液时的漏气现象。一旦产生漏气现象就会影响染液吸取的效率。经常检查洗耳球吸口，若发现吸口严重磨损，必须及时更换洗耳球，以便提高打样效率。

为了保证吸取染液的准确性，每次吸取染液时必须保持操作者的目光与吸管内染液液面高度平齐。有多种方法可以保持操作者的目光与吸管内液面高度平齐。操作时打样员用手端起染料瓶或者弯下腰使目光与吸管内液面高度平齐。在打样操作平台上再搭建具有一定高度的操作台，也可以保持操作者目光与吸管内液面高度尽量平齐。在上述三种方法中，第三种方法劳动强度最低，劳动效率也相对较高。

打样结束时，把所有的移液管清洗干净放入烘箱，以备明天继续使用。

3. 浴比 以红外线打样机为例，打样时小样的织物为 5g，染液体积最后可通过添加清水和助剂溶液调整为 100mL。此时的浴比为 1∶20。实际生产中，以国产的高温高压喷射溢流 J 型缸为例，通常情况下织物的重量在 320kg 左右。春夏季面料染色时可以通过更换小口径喷嘴保证轻薄织物的循环速度。以加入染缸内 4t 水为例，此时的浴比约为 1∶12。从实际情况看，红外线打样机 1∶20 的浴比完全可以满足生产实际的需要。染中浅颜色时，化验室和生产车间的浴比相差 10 倍后经常会出现实际生产颜色较深的现象。织物颜色偏深若通过剥色回修，很容易造成织物强力损伤过大现象。究竟选用什么样的浴比更适合打样，不但要看织物规格，打样用染料母液的浓度，还要看染杯的体积。一般情况下，涤纶织物打样浴比在1∶20 到 1∶30 比较好，其他染料常温下打样时的浴比以低于 1∶50 为宜。浴比过大，对颜色的准确性影响较大。这里所说的对颜色的准确性影响较大，主要是指化验室的颜色小样打得很准确，生产车间按照该染色配方染出来的大样颜色与客户来样样色有明显差别。

4. 助剂 染色助剂在实际生产中起重要作用，在染色试验中同样也起重要作用。对于分散染料染色来说，调整出合适的 pH 值对于染料上染涤纶至关重要。而其他染料染色实验中正确使用各种助剂对于提高染料的上染率、提高染色牢度和颜色准确性都起到了作用。

分散染料染涤纶的 pH 值在 4～6 之间。以国产的高温高压喷射溢流 J 型缸为例，染色时染缸内的水为 4t，加入 1000mL 的冰醋酸就可以将染液的 pH 值调整到 4～6 之间。化验室打样用的醋酸可用 10mL 的冰醋酸溶于 1000mL 水调解而成。打样时在染杯中加入 10mL 稀释的醋酸就可以保证染液的 pH 值在 4～6 之间。阳离子染料、酸性染料染色时，pH 值的调节也是如此。在活性染料染色试验中，元明粉和固色剂以固体形式加入染液内可能在织物表面引起色花或色点，而以液体形式加入就可以杜绝试样上色花和色点的产生。直接染料染色时元明粉的加入也是如此。

5. 染色 打样时染色工序本身是比较简单的过程。随着染样设备自动化程度的不断提高，小样染色本身变得越来越简单。升温速度、保温温度、保温时间和降温速度是染色中需要控制的主要方面，而所有这些工艺条件都可以通过程序的设置来完成。无论是高温高压打样、高温常压打样，还是常温常压打样，打样时样布的折叠必须自然、蓬松。样布折叠过于紧密，折叠层数过多，容易造成小样染色的色花现象。染色后的水洗、还原清洗、固色和皂洗都属于后处理。小样试验时与生产实际操作的差别越小，颜色的准确性就越高。注意用清水洗代替后处理，用热水洗代替固色或皂洗的操作方法，只能给生产过程中的颜色控制带来负面影响。

6. 烘干 小样烘干的方式很多，可用蒸汽熨斗烫干，也可用烘箱烘干，还可用小型定形机烘干。用熨斗熨烫烘干小样最常用，熨斗温度的设定应与被烫小样的纤维特性相一致。麻类、棉类织物耐热性较好，为提高烘干速度，可把熨烫温度设定得高一些。用熨斗熨烫小样时，必须在小样表面垫放干净的纸张或经过前处理的坯布。以免熨斗与小样直接接触而使小样表面发亮，最终影响颜色的准确性。分散染料染涤纶后小样在高温干热下容易因染料的升华而发生色变现象，所以熨烫温度和烘干温度不宜过高。用普通烘箱烘干色样时，可采取挂样法来避免色样与烘箱内隔扇直接接触而使织物表面局部发亮或产生色花现象。小型定形设备的烘燥原理与普通烘箱相同。抽屉式烘箱使用十分方便，且不会在小样表面留下痕迹。

（三）配方的管理

正确书写配方，及时整理配方，及时粘贴染色小样，随时利用染色小样制作色卡，就是配方管理的主要内容。同时，配方管理是颜色档案管理的基础。处于学徒阶段的化验室内所有普通打样员，是平时化验室管理配方的主要人员。为师傅制作使用方便的色卡，不仅可以提高本组的打样效率，还可以更多地得到师傅的指点和帮助。在打样时如果两个配方太接近，而客户的打样坯布的规格也非常接近，此时可以在打样前在染色小样的坯布上做记号，用来区分这些小样。记号要简单有效，做记号时必须在书写配方的笔记本上同时记录记号。不可凭个人记忆记录记号。实践证明，多数情况下凭个人记忆记录记号，最终的结果都是给打样工作带来混乱。采取在布边剪豁口的方式做记号效果最好。在某一边剪一个豁口、两个豁口、三个豁口，就可以区分四块小样。当豁口不够用的时候，还可以采取在相邻两边同时剪豁口，或者在对边上剪豁口的方式来区分样布。在一条边上剪的豁口数量过多，小样染色后不易区分。

三、颜色确认

凡是经过重新打样的小样，每个颜色的准确性在生产之前一定要得到客户的确认。当客户对颜色要求很高的时候，染色之前客户对颜色的确认显得尤为重要。当客户对颜色的准确性提出异议的时候，化验室工作人员必须对客户提出的异议采取必要措施，再一次调整小样染色配方并打样。客户对小样颜色确认以后，应共同签字制定标准色卡并妥善保管，以便作为生产过程中颜色控制和产品颜色检验的依据。

随着坯布原料批号的更换和染厂染料批号或染料生产厂家的更换，前一时期客户确认的颜色样，在生产时可能会出现偏差，所以要及时进行染色复样，即用现有染料按照原来的染色配方对客户的坯布进行染色，以验证颜色的准确性。复样的主要目的是为了检验目前使用的染料与前段时间所用染料之间的颜色区别。染料的色光和力份没有变化，复样后织物的颜色当然也就不会有变化。

项目六　计算机测色

计算机测色配色技术从 20 世纪 30 年代起大致经历了奠基、萌芽、初创、兴起、大发展和普及等阶段。在工业发达国家中，与着色有关的行业如纺织印染、染料颜料制造业、涂料、塑料着色加工及油墨等行业普遍采用这类系统作为产品开发、生产、质量控制、销售的有力工具，普及率很高。它给使用者带来了生产科学化、高效化和经济效益。随着信息时代的来临，计算机测色配色技术必将扮演重要的角色。

任务 1　分光光度测色仪的构成和使用

一、分光光度测色仪的构成

分光光度测色仪的作用是通过对物体进行测量，测得该物体的光谱反射率或光谱透过率。分光光度仪由光源、单色仪、积分球、光电检测器等几部分组成。

根据分光光度仪中光路的设计可分为“正向”和“逆向”两类。在“正向”光路设计中，来自光源的光先经单色器分光，然后以单色光按波长顺次进入积分球而照射到试样上，这样检测器接收到的是试样上反射的单色光。“正向”设计中，仪器所用的光源并不需要符合 CIE 标准光源，但不能对荧光进行测定。

“逆向”设计中，来自光源的复色光进入积分球照明样品，经吸收后反射出来，反射光由单色仪进行分光，分光后的单色光再由光电检测器接收。“逆向”光路设计可以测定荧光，但必须使用标准光源，最好符合 CIE D65，而目前使用的光源只是接近 D65 的能量分布。

（一）光源

分光测色仪常用的光源有两种，一种是高压脉冲氙灯，光谱在 250～700nm 波长范围内是连续的，色温约为 6500K。另一种是卤钨灯，其中以碘钨灯用得较多，光谱在 350～2500nm 的区域，色温约为 3000K，其能量的主要部分是在红外区域发射的。实际使用中，常将氙灯加滤光片或将石英质卤钨再生白炽灯加滤光片构成。构成光源的相对光谱功率分布与 D65 很接近。

（二）单色器

单色器的作用是将光源或参考光束和样品的反射光进行色散。单色器的主要部件是色散元件，有棱镜或光栅两种色散元件。也有把棱镜和光栅串接起来进行两次色散的。除色散元件外，单色器还包括若干使光束平行的准直镜，使光束聚集的聚光镜，使光束改变方向的反光镜，以及调节进、出光束宽度的狭缝装置等。与棱镜单色器相比，光栅单色器的色散几乎不随波长发生变化，因此，光栅单色器的设计简单得多。此外，光栅单色器还可以用于远紫外和远红外区域。因此现代测色分光光度计中大都使用光栅做色散元件。

（三）积分球

积分球的作用是将光源的光进行屡次反射，球内的光因充分的漫反射而通体照亮，使球内任意一点的光强都相等。积分球是内壁用硫酸钡等材料刷白的空心金属球体，一般直径在60～200mm之间。球壁上开有测样孔等若干开口，开口的面积不超过球内壁反射面积的10%。

（四）检测器

检测器的作用是把光能转变成电能后检出。分光测色仪检测光谱通量的元件主要有光电倍增管和光敏二极管两类。

二、分光光度测色仪产品型号介绍

（一）瑞士 Datacolor 公司产品

其先后生产的型号有 TEXFLASH2000 型、3890 型、UNIFLASH 型、SF－500 型、SF－600X 型及 Mecury 便携式分光光度测色仪。

Datacolor 公司推出的 SF－600X 型分光光度仪采用真双光束方式，D65 脉冲氙灯照明。仪器内有自动紫外校正装置，5 个照射孔径自动对焦，以 2nm 的波长精度进行测量，仪器本身的稳定性为 0.01 DE CIELab，仪器之间的数据交换性为最大偏差 0.12DE CIELab（对标准白瓷瓷砖），平均偏差 0.08 DE CIELab，仪器分辨率为 0.003%，是目前精度最高的仪器。

（二）美国 MACBETH 公司的产品

MACBETH 公司推出的测配系统选用 COLOR－EYE 7000A 等分光光度仪。

COLOR-EYE 7000A 型分光光度仪是真双光束分光光度仪，采用脉冲氙灯做照明光源，波长范围 360～750nm 连续扫描，间隔 3nm 取样。其照明受光的几何条件为 d/0 方式，152mm 积分球。测样时间少于 1s，分辨率为 0.001%。

（三）美国 X－RITE 公司产品

SP68 型便携式分光光度仪，采用卤素钨丝灯照明，照明受光的几何条件为 d/0，波长范围 400～700nm 连续扫描，间隔 10nm 取样，测量时间大约 2.5s，光度测量范围为 0～200%反射率。

三、分光光度测色仪使用注意事项

（1）启动分光光度测色仪，最好能预热分光光度测色仪 20～30min 后，再操作测色配色软件做分光光度仪校正。

（2）分光光度仪连续使用 4～8h 后，请重新校正分光光度测色仪，以确保测色的准确性。

（3）每当分光光度测色仪的测色条件有变更时，请重新校正分光光度测色仪。

（4）分光光度测色仪校正前，请特别留意测色软件操作界面所选定的测色孔镜是否与分光光度测色仪上的测色孔镜相一致。

（5）校正黑筒时，请注意黑筒上的字要朝上且需向前。

（6）白色校正板的表面，请勿用手触摸及刮伤，如有脏污请使用细绒布擦拭干净，如表面有刮痕或破裂，请务必更换新的白色校正板，以免分光光度测色仪无法校正或量测色样时误差会过大。

任务 2　计算机测色配色系统的组成

计算机测色配色系统是由硬件和软件两大部分组成的，硬件包括分光光度仪、电脑主机、存储设备、输入装置、输出装置等；软件包括测色程序、基础数据输入及管理、预告处方、校正程序、色彩控制、档案维护等部分。为了获得准确的测色配色效果，仪器的选择是很关键的，主要有分光光度仪的选择、测配色软件和计算机主机的配置。

计算机主机是对分光光度仪的测色结果进行分析处理的硬件基础。对计算机的配置要求能满足测色配色软件及当前操作系统正常运行，有足够的存储容量并应考虑配置必要的输入输出设备。

测色配色软件一般包括测色软件和配色软件，测色系统具备色差评价、染料强度（力份）计算、染料质量控制、白度计算、颜色深度计算、色牢度评级以及其他基本色度参数如反射率、K/S 值、XYZ 和 $L^*a^*b^*$ 值等的测试；配色系统具有对库存染料基础数据库的建立与管理、自动计算客户来样的染色配方，多个配方（可多至上百个）按色差、价格自动排列供选择，给出每个配方与标样的预报色差、同色异谱指数、价格参数、理论配方的智能校正、自动计算修正配方或修色、混纺织物配色及配方修正、染料厂混料配色及配方修正等基本功能。

分光光度仪的结构和性能很重要，注意其测色性能、测色精度、长期重演性等，以防止配色误差。

任务 3　颜色的表示方法

自然界的颜色是十分丰富的，长期以来，人们对颜色的表述习惯上常用日常生活中所见到的自然界物体作参照物来表示或加以描述，如玫瑰红、柠檬黄、草绿、湖蓝等。这种表示方法虽然比较简单、直观、生动、形象，但由于对颜色确切命名有困难，而且每个人选择的参照物也不相同，所以经常会出现不同的人对同一物体给予不同颜色判断的现象，只能粗略定性地表示颜色。

30 多年来，人们对色彩学科作了大量的研究。因而颜色的表示也日趋精确和定量。目前根据有色物体的光学基础，已经可以从物理学的角度，较准确地研究颜色的表示方法，从而定量地描述及测量颜色。

一、分光光度曲线表示方法

采用分光光度表示方法，是最简单、最直观的表示方法，它是以物体对光的吸收、反射和透射的分光成分和强度来描述的，主要有分光吸收光谱、分光透射率光谱、分光反射率光谱表示法。分光反射率光谱表示法在染整工业中的应用日趋广泛，对于确认色样和检查颜色非常有实际意义。

反射率是指在可见光谱内，光照射于物体上所反射出的光能量与入射光能量总量的比率。分光反射率是通过分光光度仪测得的，理想的积分球内表面是纯白色的，由于没有对所有波长全反射的物体，因此采用由 MgO 熏制而成的表面作为标准白板，将它作为反射率测试的参照对象，其反射率定为 100%反射。一般情况下，物体对光的反射率均低于积分球内表面，这样便得到了物体表面的相对反射率。

$$试样反射率=\frac{测色试样的扩散反射能}{标准白板的扩散反射能}\times 100\%$$

有色物体对不同光波的反射率是波长的函数。以波长为横坐标，反射率（亮度）为纵坐标作图，便得到分光反射率曲线。图 6-1～图 6-3 为部分颜色的织物的分光反射率曲线。

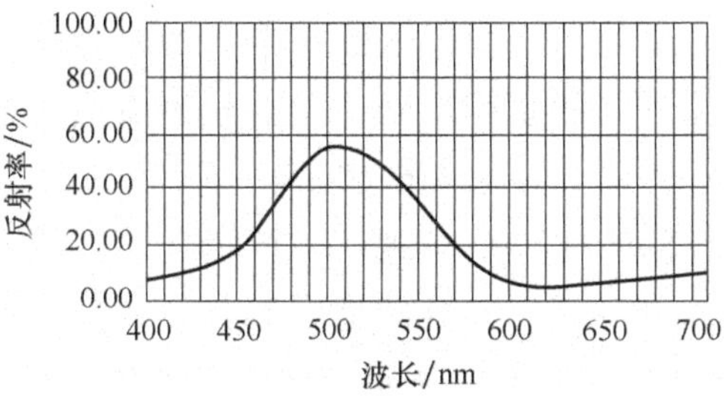

图 6-1　绿色试样的反射率曲线

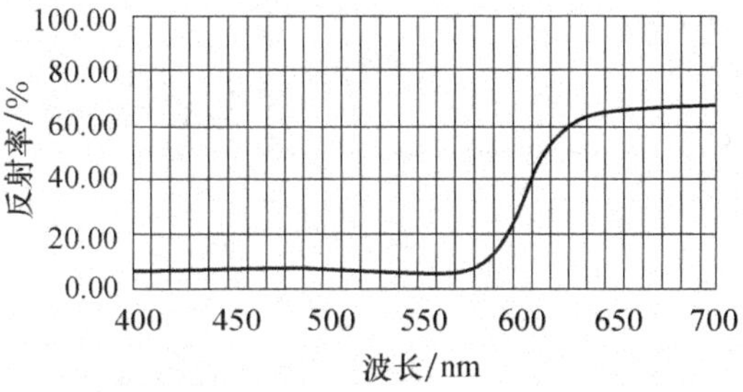

图 6-2　红色试样的反射率曲线

从分光反射率曲线上可以判别颜色的基本属性，即色调、亮度、纯度。色调可通过曲线的最高处的波长来表示，如曲线最高峰对应波长 450nm 的应是蓝色。亮度则可以从曲线下包围的面积来判断，曲线下包围的面积越大，亮度越大。纯度则可根据曲线波峰的宽窄、高低来判别，波峰越高、越窄，纯度越高；反之，纯度越低。

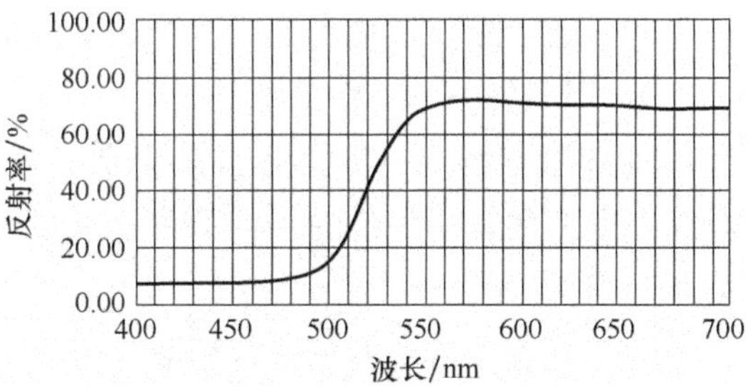

图 6-3　黄色试样的反射率曲线

在测色配色系统中，常常用分光反射率曲线上的 16 个或 31 个波长点反射率数据表示颜色，当反射率数据确定时，一定是一个特定的颜色，因此我们也把反射率数据称为颜色的“指纹”，下面列出了一个颜色 400～700nm 范围内 16 个波长点处的反射率数据（水平排列），这些数据表明一个特定的颜色，如：

400nm	6.25%	420nm	3.53%	440nm	1.96%	460nm	1.40%
480nm	1.22%	500nm	1.21%	520nm	1.34%	540nm	1.78%
560nm	3.26%	580nm	7.34%	600nm	16.25%	620nm	30.50%
640nm	47.47%	660nm	63.72%	680nm	76.26%	700nm	82.48%

二、CIE—XYZ 表色系统

CIE 是一个国际性的组织，其全名为 Commission International de IEclairage，从事于照明体的研究工作，研究物体彼此间的色差的比色方法。又称之为国际照明委员会，总部设在法国。

（一）颜色匹配实验

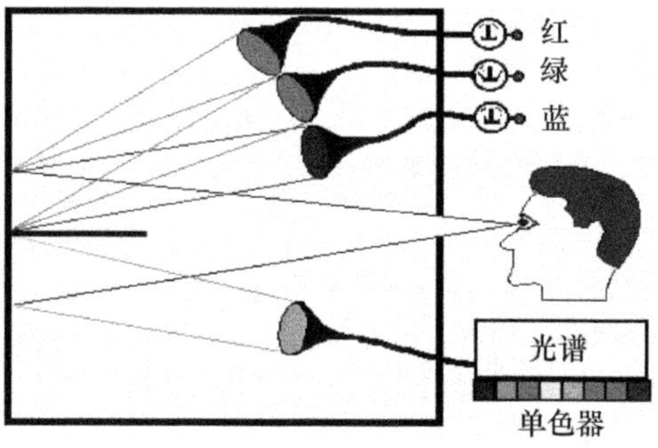

图 6-4　颜色匹配实验

根据格拉斯曼颜色混合定律，外观相同的颜色可以相互替代，相互替代的颜色可以通过颜色匹配实验来找到。颜色匹配实验是找一个判色能力正常的人，将白光或其他颜色的灯光投射到白色屏幕的一侧，把红、绿、蓝三种颜色的灯光投射到白色屏幕的另一侧，依照每个人的判色能力调整这三种灯光的强度比例，调至观测者认为测色光与自己所调出的光源最为吻合（图 6-4）。

通过颜色匹配实验发现，三原色光不一定非选红、绿、蓝不可，只要满足三原色中的任何一个色都不能由其余两个色相加混合得到这一基本条件就可以。实验证明，红、绿、蓝三原色产生的颜色范围最广，是最优的三原色。由红、绿、蓝三个颜色混合的白光与连续光谱的白光在感觉上是等效的，但它们的光谱组成却不一样，在色度学中把这一颜色匹配称为“同色异谱”的颜色匹配。这种现象在纺织品染整加工的颜色匹配中是非常普遍的。

（二）CIE1931—RGB 系统

1931 年国际照明委员会批准并推荐了三刺激值 RGB 表色法。这种表色方法是测色学上用数据来度量和表达颜色的一种最科学和最精确的表示方法，它使得全世界在颜色的标志上有了共同语言。

国际照明委员会（CIE）选定的三原色为，红色（R）：$\lambda=700.0\text{nm}$，绿色（G）：$\lambda=546.1\text{nm}$，蓝色（B）：$\lambda=435.8\text{nm}$。光源在单位时间内所辐射出的总能量称为辐射通量，对于人眼起感应的辐射通量称为光通量。以上选定的三原色的光通量如按下式混合，可得到与等能白光 E 相匹配的白光。

$$\Phi R : \Phi G : \Phi B = 1 : 4.5907 : 0.0601$$

应当注意，由上述三原色混合得到的白光，虽然对人眼引起的颜色视觉效果与等能白光相同，但是两种白光，在本质上并不相同。因为等能白光 E 是连续光谱，而由三原色混合得到的白光，则是不连续光谱。

为方便计算，把上式中三原色红、绿、蓝的不同比例作为单位量来处理，即：

$$(R)=1\ (lx),\ (G)=4.5907\ (lx),\ (B)=0.0601\ (lx)$$

则白光的光通量可表示为：

$$\Phi E=1\ (R)+1\ (G)+1\ (B)$$

而任意颜色的颜色方程为：

$$C_\lambda=R\ (R)\ +G\ (R)\ +B\ (R)$$

式中：C_λ 为某一待匹配颜色的亮度；R、G、B 为该颜色的混色比例，在色度学中把 R、G、B 也称为三刺激值。显然，等能白光 E 的亮度为：

$$1+4.5907+0.0601=5.6508\ (lx)$$

以三刺激值表示颜色时，因为是抽象的三维空间的量，有时显得不太方便，因此人们通过 R、G、B 引入了一个相对系数 r、g、b，称为三色系数相对值。

$$r=R/(R+G+B)$$

$$g=G/(R+G+B)$$

$$b=B/(R+G+B)$$

因为 $r+g+b=1$，则可作 r—g 色度图。如图 6－5 所示。新的参数把原来的三维空间直角坐标变成了二维平面直角坐标（r—g），知道其中两个 r、g 值，就可计算出第三个 b 值。

r—g 色度图中横轴为 r 轴，纵轴为 g 轴，马蹄形曲线为光谱曲线或光谱轨迹，曲线上的每一点都代表某一波长的单色光，该波长对应的颜色为最纯的颜色；连接马蹄形曲线两端的直线称为纯紫轨迹和红紫轨迹，直线上的每一点代表不同的红紫色，一切实色都包含在光谱轨迹和纯紫轨迹所包围的马蹄形曲线内。

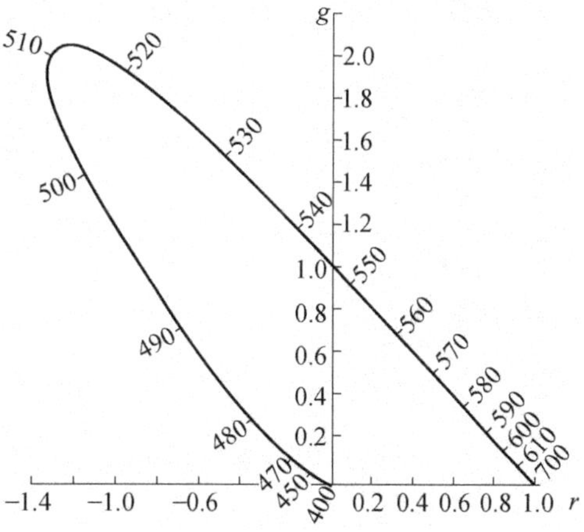

图 6－5　r—g 色度图

三原色（R）、（G）、（B）坐标分别为（R）（1，0）（G）（0，1）（B）（0，0）。在以（R）（1，0），（G）（0，1），（B）（0，0）为顶点的三角形内，r、g、b 都是正值，也就是说，三角形中各点所代表的颜色都可以由三原色光相加得到。但在三角形外，r、g、b 中至少有一个是负值，即在颜色匹配实验中需要把三原色中的某一个投射到标准光的视场中，才能够达到匹配。

（三）CIE1931—XYZ 系统

国际照明委员会在 1931—RGB 表色系统的基础上，又以三个假想的原色光（X）、（Y）、（Z）建立起一个新的色度学表色系统，这个系统称为 CIE1931 标准色度学系统，也称为 CIE1931—XYZ 系统。

经过计算，得出三个假想的原色光（X）、（Y）、（Z）三点落在 r—g 色度图中的坐标为：

（X）：$r=1.2750$　　$g=-0.2778$　　$b=0.0028$

（Y）：$r=-1.7392$　　$g=2.7671$　　$b=-0.0279$

（Z）：$r=-0.7431$　　$g=0.1409$　　$b=1.6022$

这样 CIE1931—XYZ 系统既保持了 CIE1931—RGB 系统的关系和性质，又避免了计算时由于出现负值而引起的麻烦。

同样参照 CIE1931—RGB 表色系统中，由 RGB 三维空间直角坐标向二维平面直角坐标转换的方法，在得到了 XYZ 的值后，可以用同样的方法计算出 XYZ 系统的三色系数 x、y、z。

$$x=X/(X+Y+Z)$$

$$y=Y/(X+Y+Z)$$

$$z=Z/(X+Y+Z)$$

又：$x+y+z=1$

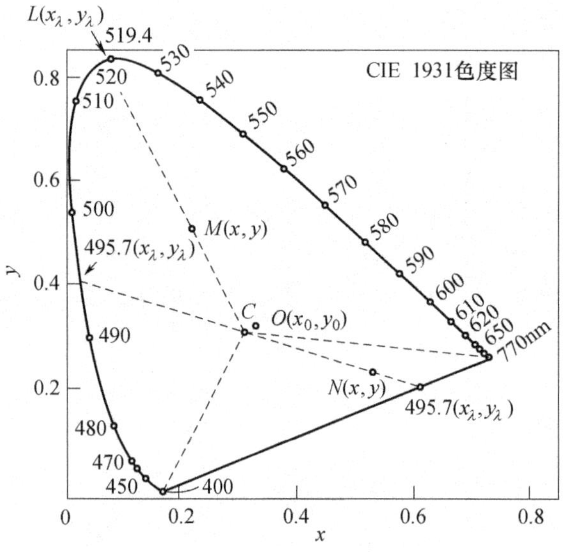

图 6－6　x—y 色度图

以 x 为横坐标，y 为纵坐标，便可以建立起新的直角坐标系，得到 CIE1931—xy 色度图，如图 6－6 所示。

在 x—y 色度图中，马蹄形曲线是光谱曲线或光谱轨迹，曲线上的每一点都代表某一波长的单色光；连接光谱轨迹两端的直线是纯紫轨迹，此直线所表示的是光谱上所没有的最纯的从紫到红紫的颜色。光谱中没有的纯紫、红紫色，在 x—y 色度图中却能表示出来。一切实色都在光谱轨迹和纯紫轨迹所包围的面积内部，在色度图中都可以找到相应的一个点，自然界中的所有颜色都可以用图中的点来表示。

1. 色调的表示方法　若在色度图中有一点 M，将 C、M 两点联结，然后延长到与光谱轨迹交相一点 L，L 点有一波长，该波长的光对应一个颜色，则 M 点的颜色与该波长光的颜色相同，可以用该波长来表示 M 点的颜色，用 λ_d 表示，称为主波长，M 点的主波长 $\lambda_d=519.4$nm。而相反方向的延长线交光谱轨迹另一点，则该点色光的颜色为 M 点颜色的补色。

若图中的另一点 N 点，在连接光源 C 点后，其延长线不能与光谱轨迹相交，而只能与纯紫轨迹相交一点，由于红紫色是不能用某一波长来表示的，所以该点的颜色称之为非光谱色，不能直接用主波长来表示。

为了表示红紫色的色调，可通过其反向延长线交光谱轨迹一点，由于该点的波长并不是 N 点的颜色，而是其补色，为了在表示式加以区别，在波长前面加一个负号，或在所表示的波长后面加一个 c。例如：N 点的反向延长线与光谱轨迹交一点，该点的波长为 495.7nm，

则在表示 N 点的色调时可表示成：$\lambda_d=-495.7$nm 或 $\lambda_d=495.7$nmc。其含义是该颜色无对应的光谱色，其色调是由补色光的波长来表示的。

2. 纯度的计算方法 在色度图中，任一颜色的纯度都是可以计算的，纯度是指样品的颜色接近同一主波长光谱色的程度，纯度用 P 表示。如 M 点颜色的纯度就表示为：

$$P=\frac{OM}{OL}=\frac{x-x_0}{x_\lambda-x_0}\times100\%$$

$$\text{或 } P=\frac{OM}{OL}=\frac{y-y_0}{y_\lambda-y_0}\times100\%$$

式中：P——纯度；

x，y——样品的色度坐标；

x_0，y_0——标准光源的色度坐标；

x_λ，y_λ——光谱轨迹上或纯紫轨迹上色度点的坐标。

从该计算式中可以看出，距离光源越远，就越接近光谱色，颜色就越纯，而轨迹上的每一点都表示纯度最高的颜色，即光谱色为纯度最高的颜色；距离光谱轨迹越远，越接近光源，则纯度越低，最终为白色即消色。

如 M 点的纯度为：

$$P=(y-y_0)/(y_\lambda-y_0)\times100\%=(0.5032-0.3162)/(0.8338-0.3162)\times100\%=6.1\%$$

3. 亮度的表示方法 亮度为 Y 值，这是因为光谱色三刺激值中 y 曲线与表现色彩亮度的视觉灵敏度曲线是相似的，这就是说，一个颜色的亮度与三刺激值中的 Y 值成正比，所以只要用三刺激值中的 Y 刺激值就能够表示亮度了。

如有两组颜色数据：

A 色：$X=15.50$	B 色：$X'=25.26$
$Y=24.19$	$Y'=39.42$
$Z=22.64$	$Z'=36.89$

根据这几个数据无法知道是什么颜色，也无法进行比较。计算它们的色度坐标，才能知道。

A 色：$x=0.2481$	B 色：$x'=0.2481$
$y=0.3881$	$y'=0.3881$
$Y=24.19$	$Y'=39.42$

从上面计算的数据可以看出，这两个颜色在色度图上是同一点，因此它们的色调、纯度是完全相同的，所不同的只在于亮度，B 颜色比 A 颜色亮。

三、孟塞尔色立体

孟塞尔色立体是一种用颜色三属性，即色相、明度和彩度来描述颜色的立体空间。1920 年由 Albert H. Munsell（孟塞尔）所研发出来的。孟塞尔色立体是最著名的色立体，它是由色相、明度、彩度组成的圆柱坐标体系，每个颜色都对应着体系中的点，并且体系中的色相、明度、彩度在视觉上都是等间隔的，色卡间的色差与这个颜色空间中两个色点之间的直线距离呈比例。

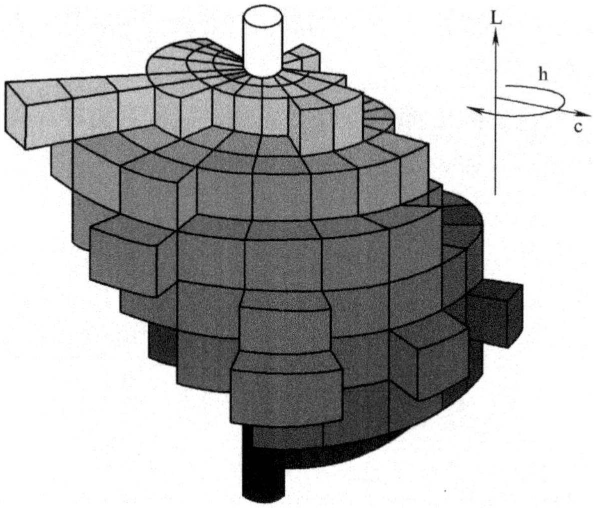

图 6－7　孟塞尔色立体

如图6－7为孟塞尔色立体（彩图见封三），图 6－8 为孟塞尔颜色空间排列示意图。

在孟塞尔色立体中，中心轴表示颜色的明度，即孟塞尔明度，用 *V*（Value）表示，理想白色在纵轴的上端，明度值 *V* 为 10，绝对黑色在纵轴的下端，其明度值 *V* 为 0，其间共分成0～10，即 11 个等间隔的等级，因为 0 和 10 实际都是不存在的，所以实际图册中只有 1～9 共 9 个明度级别。明度的间隔通常为 1。

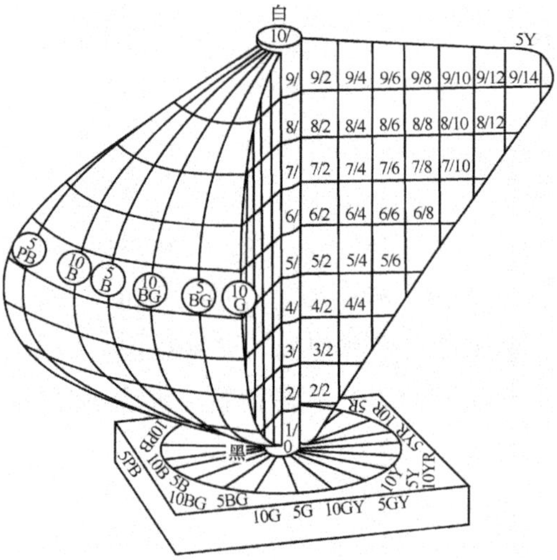

图 6－8　孟塞尔颜色空间排列示意图

孟塞尔色相是以围绕纵轴的环形结构来表示的，用 *H*（Hue）表示，环形结构常称为孟塞尔色相环（图 6－9，彩图见封三）。色相环中的各个方向代表 10 种孟塞尔色相，包括 5 种主要色相，即红（R）、黄（Y）、绿（G）、蓝（B）、紫（P），5 种中间色相，即黄红（YR）、绿黄（GY）、蓝绿（BG）、紫蓝（PB）、红紫（RP），每一种色相又分成 10 个等级，即从 1 到 10。每种主要色相和中间色相的等级都定为 5，如黄色则表示为 5Y，绿黄色则表示为 5GY。色相是以红（R）、黄（Y）、绿（G）、蓝（B）、紫（P）的顺序以顺时针方向排列的。前一色相的 10 刚好为后一色相的 0，10Y 即为 0GY。图 6－10 为孟塞尔色立体的等明度面。

孟塞尔彩度是以离开中心轴的距离来表示的，用 *C*（Chrome）表示。处于纵轴上的无彩色的彩度为零，离纵轴越远，彩度越高，不同的颜色彩度的最大值是不相同的，个别最饱和颜色的彩度可达 20。彩度的间隔通常为 2。

各种不同的颜色可以用孟塞尔色坐标参数表示为：H・V/C，即色相・明度/彩度。如 5R・4/12 表示明度中等，彩度较高的红色。无彩色的黑白系列，通常表示为 N・V/，即中性色・明度值/。例 N・5/，明度值为 5 的中性色。严格地说，中性色彩度应为零，但在实际中常常把彩度低于 0.5 的颜色也都归为中性色。更准确地表达为：N・V/（H・C），即中性色・明度/（色相・彩度）。例 N・1.4/（4.5PB・0.3），它表示一个带紫蓝色相的黑色，当然也可以表示为 H・V/C 的形式，即 4.5PB・1.4/0.3。

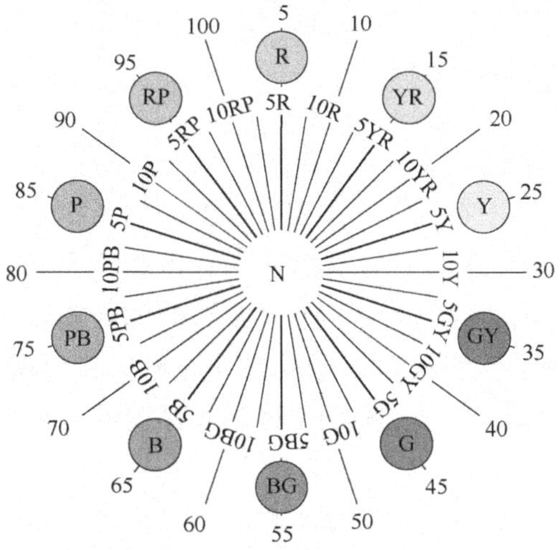

图 6-9 孟塞尔色相环

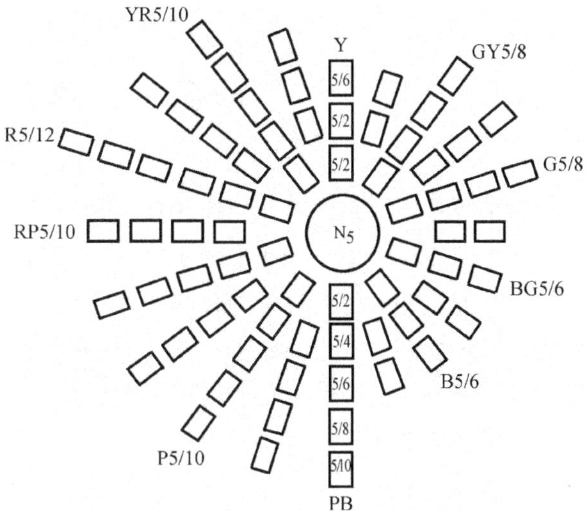

图 6-10 孟塞尔色立体的等明度面

通常孟塞尔色卡是装订成册的，每套一本装的色彩大全包含了 1270 种孟塞尔色彩样本，所有色彩样本被放置在 40 张色彩渐变的活页内，每个颜色可独立抽取。在图册中，每一页所包含的都是不同明度和不同彩度的同一色相的色卡，都处于通过黑白明度轴的颜色立体纵剖面中。此剖面又称为等色相面。如图 6-11 所示为孟塞尔色立体的等色相面，右侧为黄色（5Y），左侧为紫蓝色（5PB），图 6-12 所示为孟塞尔色彩大全彩图。

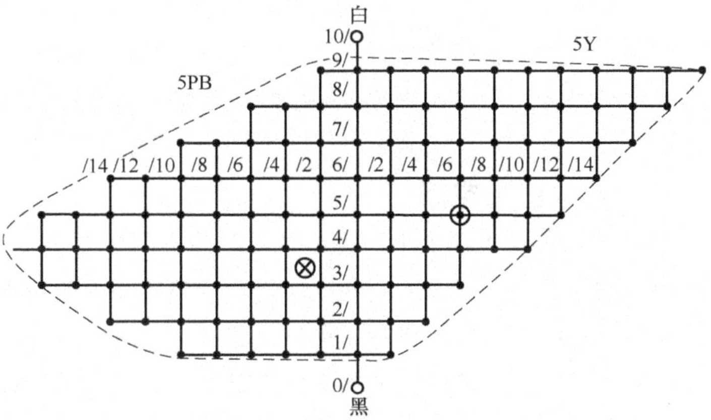

图 6-11 孟塞尔色立体的等色相面

图 6-12 孟塞尔色彩大全

任务4　色差及同色异谱

所谓色差，就是两个颜色样品在综合色彩上的差异，它包括明度差、彩度差和色相差三个方面。色差这个概念在印染加工过程中得到广泛应用，如在接单过程中存在着确认样与标准样之间的色差，生产过程中存在着生产样与标准样之间的色差，生产各批次间的色差和同批次内头尾色差、左中右色差、正反面色差等。当然，纺织品对色差的要求应根据其用途、织物等有所不同。因此，色差的评定标准及评定方法是纺织品染整加工及纺织品贸易过程中一项非常重要的工作。

为了尽量减少人与人之间在色差判定结果上的差异，对完成这项工作的相关人员和颜色判定环境条件有非常严格的要求，即人的视力要正常，颜色鉴定人员要经过严格的训练和考核，颜色判定环境也要符合相关要求。此外，颜色判定还受到人的心理因素、生理因素的影响，诸多因素导致人与人之间的颜色判定差异，从而引起客户和生产商之间的争议。因此，长期以来，人们一直期望能有一个公正且不受其他因素干扰的而且稳定快捷的方法来评价纺织品的颜色差异。用仪器代替人的眼睛评价染色牢度的方法，正是在这种情况下产生的。

一、均匀颜色空间

在CIEXYZ表色系统中，自然界中各种不同的颜色分布于x—y色度图的不同位置，对应着不同的坐标值，可以用色度点之间的距离来表示试样间的色差，但通过研究表明，在色度图中一个小的范围内，所有的颜色对于人的视觉效果来说是等效的，也就是说人眼无法分辨因色度图中小范围内位置的改变而引起的颜色变化。这样一个小的范围，在CIEXYZ色度图的不同位置，范围的大小是不相同的，如图6-13所示。莱特用线段的长短来表示人眼对颜色的可分辨范围，即线段上的所有点，对于人的视觉来说都是等效的。从图6-13中可以明显看出，绿色区域的线段显然比较长，而紫色区域的线段比绿色区域的线段要短得多，这意味着，在绿色区域，当两个颜色的色度点之间的距离比较大时，人眼仍然不能分辨出颜色的变化，而在紫色区域，当颜色发生较小变动时，人眼就能分辨出颜色的变化，也就是说人眼对绿色的反应是比较松弛的，对紫色的反应是比

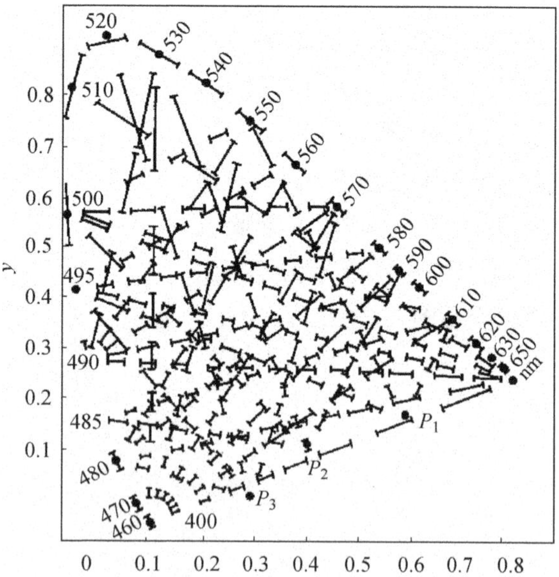

图6-13　人眼对颜色的可分辨范围（莱特线段）

较敏锐的，这就是人们常常看绿色来消除眼睛的疲劳，而用红色作为警示标志或信号灯的原因。

由以上可知，CIEXYZ 表色系统的颜色空间并不是一个均匀的颜色空间，由于在颜色空间中，两对距离相等的颜色点，并不一定会给人以相同颜色的感觉，因而在这样一个不均匀的颜色空间中，就不可能以颜色点之间的距离来表示颜色之间的色差。理想的色差公式应建立在一个非常均匀的色空间上，其计算结果与目测应具有良好的一致性，于是人们开始致力于均匀颜色空间和相应色差式的研究工作。均匀颜色空间建立的途径不同，所得结果也不同，得到的色差计算公式也就不同，计算出来的结果与视觉之间的相关性当然也不相同。颜色空间均匀性好的，计算出的结果与视觉之间的相关性也会好，但是通过建立均匀颜色空间来完全解决人机之间色差评价相关性的问题是不可能的，人机之间始终存在着差异，因此只有将色差公式以人的视觉为基准进行相应的调整修正，修正时依据的资料不同、修正的方法不同，得到的计算公式也不同。因此，人们先后提出的色差公式总数有几十个之多，通常根据行业特点，选择合适的色差公式，下面主要介绍测色配色系统中常用的色差公式。

二、色差公式

（一）CIELAB（CIEL* a* b*）色差式

色差公式 CIELAB（CIEL* a* b*）是以孟塞尔颜色系统为基础的色差公式，其相对应的均匀色彩空间如图 6-14 所示，是一个三维空间体系。

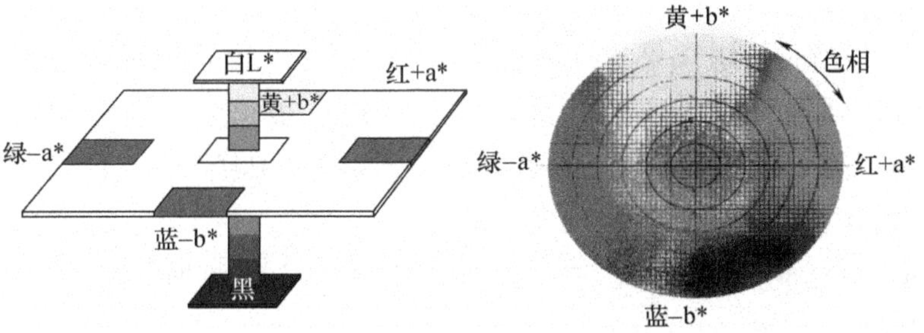

图 6-14　均匀色彩空间

图 6-14 中的色彩坐标有 L^* 轴、a^* 轴和 b^* 轴，L^* 轴是明度轴，表明颜色的明度，L^* 值愈接近 0，表示颜色愈暗，L^* 愈接近 100，表示颜色愈亮。

a^* 轴是红绿轴，表明颜色的红绿色调，a^* 为正值，表示颜色偏红或不够绿，a^* 为负值，表示颜色偏绿或不够红。

b^* 轴称为黄蓝轴，表明颜色的黄蓝色调，b^* 为正值，表示颜色偏黄或不够蓝，b^* 为负值，表示颜色偏蓝或不够黄。

C^* 为彩度坐标，表示颜色的鲜艳程度，用色样在 $L^* a^* b^*$ 均匀色彩空间中的位置与中心点的距离表示，与 a^*、b^* 之间的关系为：$C^* = (a^{*2} + b^{*2})^{1/2}$，低彩度的颜色即灰色的 C^* 略大于 0，高彩度的颜色 C^* 在 70～90 之间。

H^* 为色相角，指颜色的相貌。色相角指色样在 $L^*a^*b^*$ 均匀色彩空间中，以 a^* 轴为基点，逆时针方向所转过的角度，与 a^*、b^* 之间的关系为：$H=\tan^{-1}(b^*/a^*)$。色相角为 0°与 180°的色样在 a^* 轴上，色相角 90°与 270°的色样在 b^* 轴上。

CIELAB 色差公式为：

$$DE=(dL^{*2}+da^{*2}+db^{*2})^{1/2}$$

其中：$dL^*=L^*_{BAT}-L^*_{STD}$，dL^* 值为正值，表示批次样比标准样偏淡，反之偏浓。

$da^*=a^*_{BAT}-a^*_{STD}$，da^* 值为正值，表示批次样比标准样偏红，反之偏绿。

$db^*=b^*_{BAT}-b^*_{STD}$，db^* 值为正值，表示批次样比标准样偏黄，反之偏蓝。

DE 表示两个色样在颜色空间内彼此间的空间距离。

注：下标为 BAT 的为批次样，下标为 STD 的为标准样。

CIEL* C* H* 色差公式为：

$$DE=(dL^{*2}+dC^{*2}+dH^{*2})^{1/2}$$

其中：$dL^*=L^*_{BAT}-L^*_{STD}$，dL^* 值为正值，表示批次样比标准样偏淡，反之偏浓。

$dC^*=C^*_{BAT}-C^*_{STD}$，dL^* 值为正值，表示批次样比标准样鲜艳，反之萎暗。

$dH^*=H^*_{BAT}-H^*_{STD}$，比较批次样与标准样之间色相角度的差异。

CIELAB 色差公式最大实用之处是将总色差分解成明度差 dL^*、彩度差 dC^* 和色相差 dH^*，在染料制造业和印染行业，使用色差公式的指导意义在于，由明度差造成的色差只要稍许调整就行，而由色相差、彩度差造成的色差产品就不合格。其不足之处是在积累了大量的与目测对比的试验数据后，数据表明其对应的色度空间的均匀性仍不理想。1976 年以后，CIELAB 色差公式是当时使用效果最好的色差公式，国际标准化组织（ISO）以及许多国家标准化机构采用它制定自己相应的标准。如 ISO 纺织委员会，西德国家标准化研究所(GIS)、英国染色家协会（SDC)、美国纺织化学家与染色家协会（AATCC)。

（二）CMC（L：C）色差公式

CMC（L：C）色差公式是在 CIELAB 色差公式的基础上加以修正，分别给予 dL^*、dC^*、dH^* 以不同的修正系数得到的，其色差均匀度大为改进。该公式自推出后得到了广泛的应用，AATCC、英国、中国等均已采用。

CMC（L：C）色差公式为：

$$DE=[(dL^*/L\cdot S_L)^2+(dC^*/C\cdot S_C)^2+(dH^*/S_H)^2]^{1/2}$$

$$S_L=0.040975L_{STD}^*/(1+0.01765L_{STD}^*)$$

当 $L_{STD}^*<16$ 时，　　$S_L=0.511$

$$S_C=[0.0638C_{STD}^*/(1+0.0131C_{STD}^*)]+0.638$$

$$S_H=S_C(tf+1-f)$$

$$f=\{(C_{STD}^*)^4/[(C_{STD}^*)^4+1900]\}^{1/2}$$

当 $164°\leqslant H_{STD}^*<345°$ 时，$t=0.36+|0.4\cos(H_{STD}^*+35)|$

当 $345°\leqslant H_{STD}^*<164°$ 时，$t=0.56+|0.2\cos(H_{STD}^*+168)|$

式中：dL^*、dC^*、dH^* 是由 CIEL* a* b* 色差式计算得到的标样与样品之间的明度差、彩度差、色相差。S_L、S_C、S_H 分别为修正系数。L、C 为调节明度和彩度相对宽容度的两个系数，在进行试样间色差可察觉性判断时，取 $L=C=1$，进行试样间色差可接受性判断时，取 $L=2$，$C=1$，所以，在对纺织品染色试样间的色差进行评价时，常取 $L:C=2:1$。记作 CMC（2∶1）。

三、色差界限值

对于工厂实际生产的质量控制来讲，不同颜色产品的色差可以用同一色差界限值来判定合格与否。所谓色差界限值是指预先由客户确定的一个双方认可的产品合格的 *DE* 值，简称色差值。如国际市场上有色纺织品的 CMC（2∶1）色差界限值 *DE* 通常为 0.6～1.0，色差界限值越大，产品被判为合格的范围越大，色差界限值越小，则产品被判为合格的范围越小。不同的客户、不同的产品、不同的用途对色差质量的要求是不同的，例如控制左中右色差，界限值必须严格，*DE* 值要小。而对于绒类织物，测量时带入无法消除的误差，*DE* 值要大一些。

图 6-15 中显示出测色配色软件中颜色质量系统中根据色差界限值对产品色差合格与否所作出的判断结果。

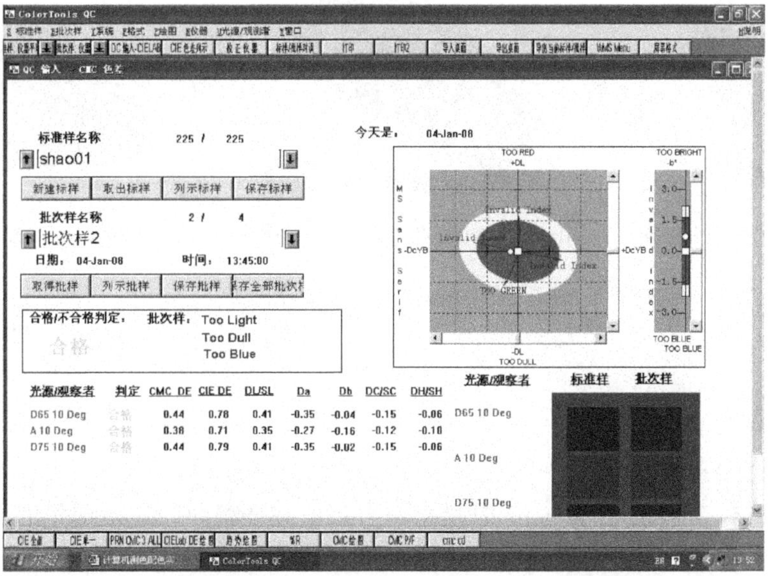

图 6-15　色差判定

图 6-15 中以色差公式 CMC（2∶1）计算色差值，色差界限值设为 0.8，即标准样与批次样的色差小于 0.8 为合格，并利用颜色方位图直观地显示出评定结果。颜色方位图 6-16 是以标准样为中心，显示批次样与标准样在色度坐标中的相对位置，椭圆图形是以标准样为中心，批次样与标准样色差等于界限值的色点所组成的椭球在彩度平面上的投影轨迹，位于

椭球内的样品色点，如果明度差也在白线内，判定为合格，否则为不合格。

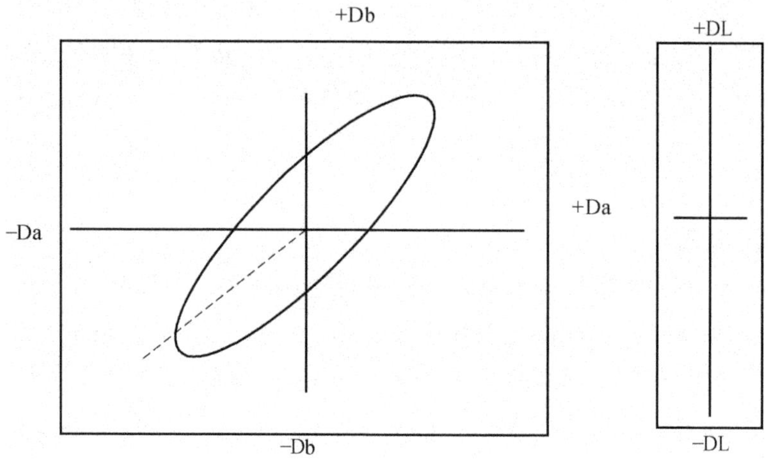

图 6－16　颜色方位图

不同色差公式其允差空间形态是不同的，所以颜色方位图形式不同。图 6－17 为三种色差公式的允差空间形态。

CIELAB 色差公式的空间允差形态　CIE L*C*H*色差公式的空间允差形态　CMC (L:C)色差公式的空间允差形态

图 6－17　色差公式的空间允差形态

四、色差值的实际应用

(一) 色差值的表述

通过仪器测定，当 DE 值为 0.00 时是指两个颜色完全相同，是最理想的状态，实际上很难达到。在正常情况下，DE 值小于 0.2 时，人眼是看不到色差的。当 DE 值在 0.3～0.6 之间时表示两者有一点差异，当 DE 值处于 0.7～1.2 之间时，两个颜色存在可接受的差异，在 1.2～2.1 之间时会明显感到颜色差异，一般如 DE 值大于 2.1 时，我们会感觉两者完全不对色。

在传统情况下，按照国家标准 GB 250—2008 使用灰色样卡评定纺织品的色差时，把色差级别分为 5 级 9 档，其中 5 级最好，1 级最差，5 级 9 档分别为：1 级、1－2 级、2 级、2－3级、3 级、3－4 级、4 级、4－5 级、5 级。9 档与 DE 值的对应关系见表 6－1。

表 6-1 灰卡级别与 DE 值对应表

DE 值	灰卡级别/级	DE 值	灰卡级别/级
>11.85	1	2.16—3.05	3—4
8.41—11.85	1—2	1.27—2.15	4
5.96—8.40	2	0.20—1.26	4—5
4.21—5.95	2—3	<0.20	5
3.06—4.2	3	—	—

(二) 生产过程中色差值的应用

在纺织品染整生产过程中，对有色纺织品要进行严格的颜色控制和管理。如对标准样和确认样之间的色差进行控制，一般两者之间的色差值要求小于 0.6，客户才给予认可。而对于批次样和标准样之间的色差控制，范围一般要略微大一些，如色差值小于 1.2 时就给予认可。

除了对产品总色差值及合格与否作出综合判断以外，往往还会对标准样和批次样的分色差作出相应的评价，即 DL*、Da*、Db*、DC*、DH* 值，如图 6-17 所示。从分色差值可以看出，引起色差的主要因素是色相、明度还是彩度，为批次样颜色的修正指出了方向。

在色相（Hue）上的描述通常有：偏红“Too red”，偏黄“yellower”，偏蓝“bluer”，或偏绿“greener”；在明度（Lightness）上的描述有：较亮“lighter”，或较暗“darker”；在彩度（Chroma）上的描述有：较鲜艳“brighter”，或较萎暗“duller”。

(三) 质量控制过程中色差值的应用

用测色仪器评价变褪色和沾色牢度是非常简单和快捷的，已经得到了广泛的应用。用测色仪器进行染色纺织品牢度评级的过程如下：首先，对需要评价牢度的纺织品，按相关标准规定的条件对试样进行处理。然后对处理前后的试样用测色仪进行测色，并用选定的色差公式计算出处理前后的总色差。再根据选定的公式找到相应的表（表 6-2 和表 6-3），根据计算得到的总色差值，就可以找到对应的牢度级别。

表 6-2 CIE1976L* a* b* 色差式的总色差值与牢度级别之间的关系（褪色牢度）

总色差（DE）	牢度级别/级	总色差（DE）	牢度级别/级
≤13.6	1	≤3.0	3—4
≤11.6	1—2	≤2.1	4
≤8.2	2	≤1.3	4—5
≤5.6	2—3	≤0.4	5
≤4.1	3	—	—

在牢度级别的仪器评价中，变褪色和沾色牢度结果的准确性还有一定差异。纺织品变褪色牢度的仪器评价结果与人由视觉评价结果的相关性，与沾色牢度人机评价结果的相关性相比，通常要差一些。这是因为沾色牢度是沾色后的标准织物与白色标准织物之间的比较，色

差通常会大一些。另外，试样的亮度相对比较高，所以对用仪器评级和视觉评级都比较有利，结果的一致性也就好一些。变褪色牢度评价则相对困难一些，因为被评价试样间色差有时较小，不少试样之间还常常伴随有色相差异，特别是那些低亮度试样，3－4级这一牢度范围，准确评价更困难一些。因此，要求测试仪器必须有较高的稳定性、较好的重复性和测量精度。

表6－3　CIECMC（1∶1）色差式的总色差值与牢度级别之间的关系（褪色牢度）

总色差（DE）	牢度级别/级	总色差（DE）	牢度级别/级
＞11.85	1	2.16～3.05	3－4
8.41～11.85	1－2	1.27～2.15	4
5.96～8.40	2	0.20～1.26	4－5
4.21～5.95	2－3	＜0.20	5
3.06～4.20	3	—	—

五、白度及其应用

白度是用来评价染整加工过程中纺织品漂白程度的一项重要指标，也是具有高反射率和低彩度颜色的属性。传统的白度评价使用白度仪，以分光反射率为依据，以标准白板的反射率数据为参照。白度的评价还与观测者的喜好有关，如欧美客户常常喜欢带红光的白，日本客户常喜欢带绿光的白或带蓝光的白，为此染整加工中采用的方式也有上蓝和荧光增白两种，而使用的荧光增白剂的种类、色光也有许多种，以满足不同客户的要求。当然白度的测定还与观测条件有关，因此，对白度的评价比颜色的评价更为困难和复杂。目前已建立有百余个白度计算公式，同时被不同国家的不同行业应用，CIE1982白度公式是国际照明委员会推荐的唯一一个白度计算公式，也是我国纺织品白度评价的国家标准中选定的公式。

（一）CIE1982白度公式

$$W=Y+800(X_0-X)+1700(Y_0-Y)$$

式中：W——白度值，W增加，白度增加，理想白为100；

Y——试样在CIEXYZ表色系统中的明度指数；

X_0，Y_0——理想白在2°视场条件下的色度坐标，$X_0=0.3010$，$Y_0=0.3162$；

X，Y——试样在CIEXYZ表色系统中的色度坐标。

该公式的使用条件：

（1）不适合于明显带有颜色的试样，先进行色泽计算：

$$T=1000(X_0-X)-650(Y_0-Y)$$

式中：T——2°视场条件下被测试样的色泽值。

色泽值应在$-3<T<+3$范围，否则它们不属于白色，T为正值表示带绿光，正值越大，绿光越强；T为负值时表示带红光，负值越大，红光越强。

（2）白度值通常在$40<W<(5Y-280)$范围内。

（3）计算白度值的颜色空间是不均匀的，白度差异值和视觉上白度差异值是不相同的。

（二）黄度公式

对纺织品进行白度评价的同时，往往也对其黄度同时作出评价，因为纺织品的黄变现象，也是纺织品的重要质量指标。如纺织品经过后整理后的泛黄、蛋白质纤维的泛黄等。

黄度公式：

$$Y_i = 100\ (1.28X - 1.06Z)/Y$$

式中：Y_i——被测试样的黄度；

X，Y，Z——试样在 CIEXYZ 表色系统中的三刺激值。

黄度数值越大，试样越黄。黄度和白度之间并没有严格的对应关系，并不一定黄度值越大，白度值越小。

六、同色异谱及其评价

（一）同色异谱的概念

人的耳朵可以准确分辨声频的高低，而人眼没有这种分辨能力，如我们看到一束白光，是一种色知觉，但并不知道它的光谱组成。比如波长 660nm 的红光与波长 493nm 的绿光是一对互补光，合成后得到白光，而波长 572nm 的黄光和波长 470nm 的蓝绿光同样也可以混合得到白光，两种不同光谱组成的白光对我们人眼的视觉效果是等同的。这种光谱组成不同的两个颜色刺激，被判断为等色的现象称为同色异谱，也称为条件等色。

一对色样在特定的标准观察者和特定的光源下具有相同的颜色，而光谱分布不同，称为同色异谱或条件等色。一对色样在任何光源下都具有同样的颜色，这两种颜色称为同色同谱或无条件等色。

在纺织印染中，如果两批产品用的材料、染料种类、染料配方完全相同，那么它们的光谱分布曲线一定是相同的。实际生产和贸易过程中，客户来样是某材质、选择一定的染料染色的纺织品，而印染厂的确认样乃至生产批次样的材质、所用染料和配方，往往与客户来样是不一样的，因而其分光反射率曲线也是不会相同的，但在特定的条件下可能会出现等色现象，而一旦光源发生变化，就不再呈现等色现象。那么一对色样在不同光源下，会产生不同的颜色变化，我们称之为光源色变，俗称“灯光转色现象”或“跳灯现象”。几乎每个染厂都会受到这个问题的困扰。

同色异谱现象在反射率曲线上的表现如图 6－18 所示：

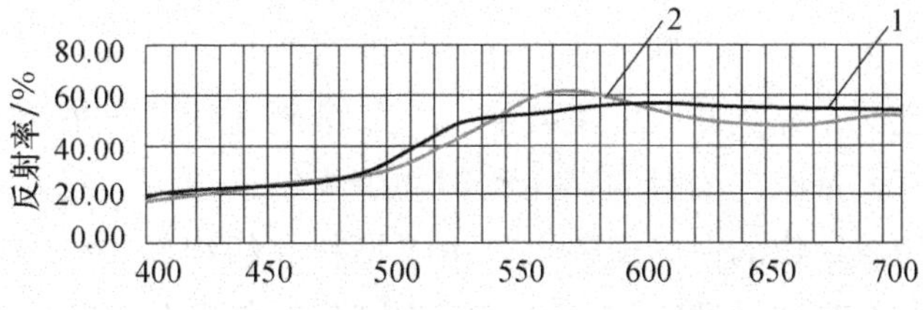

图 6－18 同色异谱现象反射率曲线

1—标准样 2—批次样

（二）同色异谱程度的评价

同色异谱程度一般从定性和定量两个方面来评定。定性评定主要从光谱分布的差异程度来观察，光谱反射率曲线形状差异较大，同色异谱程度高，光谱反射率曲线形状相似，同色异谱程度低。如果光谱反射率曲线形状相同，仅仅曲线高低略有不同，表明存在明度上的差异，而色相、饱和度大致相同。如光谱反射率曲线形状不同，但两个曲线至少在可见光谱范围内的三个波长上有交叉，而在其他波长上则不相同，这种情况的同色异谱现象的反射率曲线差异较大。

同色异谱程度用同色异谱指数定量地进行评定。同色异谱指数是指特定的标准观察者条件或特定的光源条件发生变化后，两个原来等色的样品之间色差的大小。改变标准观察者条件对同色异谱效应的影响很小，主要是由于光源条件改变而导致的同色异谱。按照 CIE1971 年推荐的同色异谱指数的评价方法，特指改变光源条件方法，首先选定参照光源，一般为 CIE 标准光源 D65，其次，选择待测光源，一般为标准光源 A，然后：

（1）计算两个色样在参照光源 D65 下的三刺激值，用 CIE1976$L^*a^*b^*$ 色差式计算色差值（DED65）。

（2）如果两个色样在参照光源下无色差，则再计算在待测光源 A 下的三刺激值和色差值（DEA），DEA 即为同色异谱指数。

（3）如果两个色样在参照光源 D65 下有较小的色差（要使两个纺织品色样之间的完全等色是极其困难的），那么首先要对色样进行校正后再进行同色异谱指数的计算。同色异谱指数 M，一般要指明参照光源、待测光源、计算用的色差式和标准观察者的视角。

总之，染整加工过程中标准样和批次样之间没有或仅有很低的同色异谱程度是我们配色所追求的目标，而用计算机配色技术可配出高质量的同色异谱指数很小的颜色，并提供所配颜色的同色异谱指数。

任务 5　染色物表面色深及其应用

一、表面色深的概念

染色物表面色深应与染色物中染料的实际含量有关，对于纺织品染色来讲，可以间接通过测定染料的上染百分率来确定染色物中染料的含量，但结果有时却是不一致的，即虽然织物上具有相同的染料含量，而表现出来的色深却可能有明显的差别，织物上染料量的多少并不能表达织物的表面色深。究其原因，主要有：一是染料在织物上的分布状态的不同，如印花织物中，染料会由于大量印花糊料的存在和织物组织结构原因，印花织物的正反面得色存在较大差异。此外，染色织物的白芯现象也是由于染料在纺织品中分布不均匀造成的。这种染料分布状态的不同，有时会导致织物上虽然有相同的染料含量，而表现出来的颜色深度却有明显的差别。二是染料在染色过程中物理状态的变化，如还原染料染色织物皂煮前后染料在织物内部的物理状态发生了变化，从而造成色光和表面色深的变化。所以，染色织物的表面色深，用染色织物中染料的实际含量是难以描述的，我们必须研究织物表面色深较为准确和全面的表达方式。

表面色深的评价在颜色科学中一直不受重视，但它对于染料和颜料的生产和应用行业却有着重要的实际意义。颜色的深浅直接关系到着色剂的用量，也是染料、颜料着色强度（即染料强度）分析的基础。许多染料的提升力性能鉴定也离不开表面色深的概念。评价染料染色性能的重要指标——染色牢度时，为了有一个统一的衡量标准，必须首先确定有色产品的染色标准色深。

库贝尔卡—蒙克（Kubelka—Munk）函数是通过研究颜料涂布于某基质上，其表面色深与颜料浓度之间的关系推导出来的。

库贝尔卡—蒙克函数与固体试样中的有色物质浓度之间的关系：

$$K/S=\frac{(1-\rho_\infty)^2}{2\rho_\infty}-\frac{(1-\rho_0)^2}{2\rho_0}=kC$$

式中：K——被测物体吸收系数；

S——被测物体散射系数；

ρ_∞——被测物体为无限厚时的反射率系数；

ρ_0——不含有色物质的固体试样的反射率系数；

k——比例常数；

C——固体试样中有色物质的浓度。

在纺织品配色中，K、S 一般不单独计算，而是计算其比值。K/S 值越大，颜色越深，K/S 值越小，颜色越浅。

式中的第二项有时候是可以省略的，试样的 ρ_0 通常较大，所对应的 K/S 值则比较小，而通常 ρ_∞ 的值较小，所计算出的 K/S 值很大，因此第二项常常是可以忽略的。另外，有时对两样品相对表面色深进行比较时，为简单起见，第二项也是可以省略的。因此当颜料涂层无限厚时即没有光透过条件下的上式可简化为：

$$K/S=\frac{(1-\rho_\infty)^2}{2\rho_\infty}=kC$$

需要注意的是，计算时的 ρ_∞ 常常取最大吸收波长处的值，即具有最低反射率波长处的值。使用 K/S 值比较不同样品的表面色深时，各试样应有相同的色相，否则将不能使用 K/S 函数。K/S 函数是计算表面色深常用的方法，也是计算机配色中配方预测计算的理论基础。

计算物质表面色深的计算公式还有雷布—科奇（Rabe-Koch）公式、寺主一成公式、高尔（Gall）公式，它们各有特点，总的来说在应用上有一定的局限性，使用的广泛程度远不如 K/S 函数，这里就不再赘述。

二、表面色深测定在染整行业的实际应用

在印染行业中，常常要对染料的染色性能进行评价，如染料提升力、染料强度以及染料的染色牢度等。表面色深的测定可以用于上述性能的评价。

（一）染料提升力

提升力是指染料染在纤维上的表面色深随着染料量的增加而增加的性质。有些染料在染色时，随着染色浓度的提高，染料利用率逐渐降低，即在较高的染色浓度下，染色物深度的增加趋势减小，以至不再加深。提升力曲线是以染色浓度为横坐标、表面色深为纵坐标的曲线，可以直观地反映染料用量和纤维上表面色深的关系，表示了染料的染深性能。如图 6－19、表 6－4 所示。

表 6－4　汽巴活性艳黄和活性翠蓝的提升力

染料浓度/（%，owf）		1.0	2.0	3.0	4.0	5.0
K/S 值	艳黄 H—4GN	8.0132	12.079	16.102	17.748	19.255
	翠蓝 H—GN	10.544	15.144	18.091	19.481	20.127

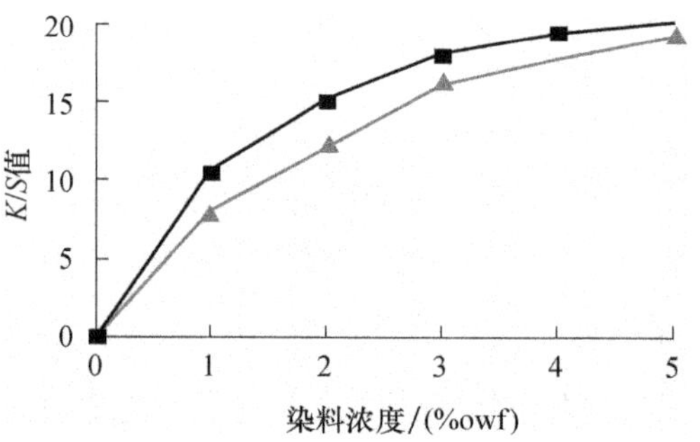

图 6－19　汽巴克隆活性染料提升力曲线

结果表明：随着染料浓度的增加，不同染料表面色深的增加是不同的，表示出染料提升性的差异。图 6－19 中的曲线表明活性翠蓝的提升力比活性艳黄要好，因此当二者进行拼色时，表面色深不同，拼色比例也应不同。随表面色深的提高，活性艳黄染料的比例应该相对提高，活性翠蓝的比例应相对减少。

（二）染料强度的评价

染料强度（relative strength of dye），也叫染料力份，是染料产品性能一个必不可少的质量指标。染料强度表示批次染料赋予被染物颜色的能力相对于标准染料赋色能力的比例，它是一个相对的概念，表示批次染料相对于标准染料的着色能力。通常用染得相等深度颜色时，批次染料和标准染料的用量之比，以百分数形式表示染料强度。染料强度的测定除采用常规染色比较法和分光光度比较法外，把 K/S 函数应用于染料强度的评价中，应该是一个比较简单易行的方法。其测定通式如下：

$$RS=\frac{F_t C_s}{F_s C_t}\times 100\%$$

式中：F_t——批次染料染色的 K/S 值；

F_s——标准染料染色的 K/S 值；

C_t——批次染料的染色浓度；

C_s——标准染料的染色浓度。

严格地讲，应当从染样的表面色深中扣除所用白织物的表面色深，才能真正反映出染料以浓度 C 的用量在织物上产生的表面色深。但白织物的色深值仅为正常表面色深的 0.1%～0.5%，远远小于打样过程的误差。所以为简化操作，直接用表面色深表示。但在白织物的白度不高，或染样的颜色较浅的情况下，需要考虑白织物的影响。

表 6－5 为一染料强度的检测实例。

表 6－5　K/S 值和染料强度的关系

项目	标准染料	批次染料
用量/%	2	2
K/S 值	5.871	5.956
染料强度/%	100	101.4

使用 K/S 函数法评价染料强度应值得注意的是：

①可选取的标准染料的染料用量既不要太低也不要太高，因为颜色太浅时，染色过程产生的误差会对染料强度结果有较大影响；颜色太深时，K/S 函数与浓度之间的线性关系越差，直线的斜率也越小，结果的准确性越低。

②本办法适用于标准染料和批次样染料具有明显的最大吸收波长且最大吸收波长完全相同的情形下。

③对于具有两个或两个以上吸收峰的复合染料或没有明显最大吸收波长的灰色、棕色、黑色等暗色染料，均难以取得可靠结果。试样和标样的最大吸收波长有偏差或光谱带宽度不同的情况，结果也不可靠。对于异谱同色的标样和试样就更不能使用了。此时，可以在最大吸收波长附近，选定一个波长范围，取其平均值，也可以使用整个可见光范围的分光反射率的平均值。这样计算虽然麻烦一些，但是，所得结果与视觉的相关性往往会更好一些。

（三）染色牢度的评价

评定染料的染色牢度应将染料在纺织品上染成规定的色泽浓度才能进行比较，因为染料的染色牢度是随表面色深的变化而变化的。如用同一种染料染相同的纤维材料，一般表面色深高的，日晒牢度也高，而表面色深低的，日晒牢度也低，而摩擦牢度的情况与此相反。为了便于比较，应将试样染成相同的染色深度，否则，测量出的结果将是没有意义的。纺织品主要颜色各有一个规定的标准深度参比标样。这个深度写为“1/1”染色深度。同一标准深度的颜色，在心理感觉上是相等的。目前已发展为“2/1”、“1/3”、“1/6”、“1/12”、“1/25”共六档标准深度。“1/3”的深度是标准深度的 1/3。一般商品染料样卡中提供的色牢度性能都分别是“1/1”、“1/3”、“1/6”等不同染色深度下的色牢度级别。

任务6　使用计算机测色系统进行颜色质量控制方法

一、色差评价

可以比较两个或多个样品之间的颜色差异，分布以及色差值。测试并且输入保存标准样及批次样的资料后，计算机会根据所需要的色差公式来分析样品间比较的结果，给出标准化的数据报表。色差值 ΔE 的计算公式由系统提供，如 Datacolor 公司的测色配色系统提供了两种国际标准色差公式，其中 CIELAB、CMC（L∶C）色差公式的应用较为广泛。颜色相对于实物标准样品所能容许的偏离称为颜色宽容度，根据买卖双方的约定确定宽容度以评定样品的结果。

例如：以 R60C0402 Yellow GR 0.25 色样为例，批次样 A3 的染色结果如图 6－20～图6－24 所示。

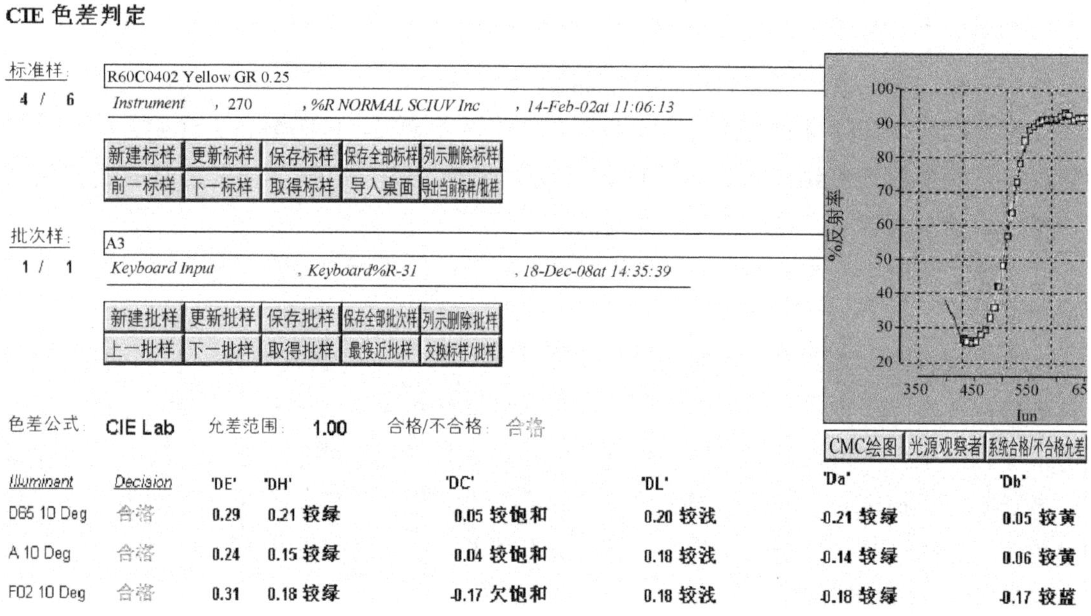

图 6－20　色差判定界面

图 6－20～图 6－24 所示报告给出了标准样和批次样在三种不同的光源下和观察者角度下的色差值，依据 CIELAB 和 CMC 两种色差公式计算并根据预设的允差值判定色差合格与否，并将标准样以及批次样的模拟颜色显示出来，便于直观地判断，并且根据第一色差设定的允差值给出合格与否的判定。

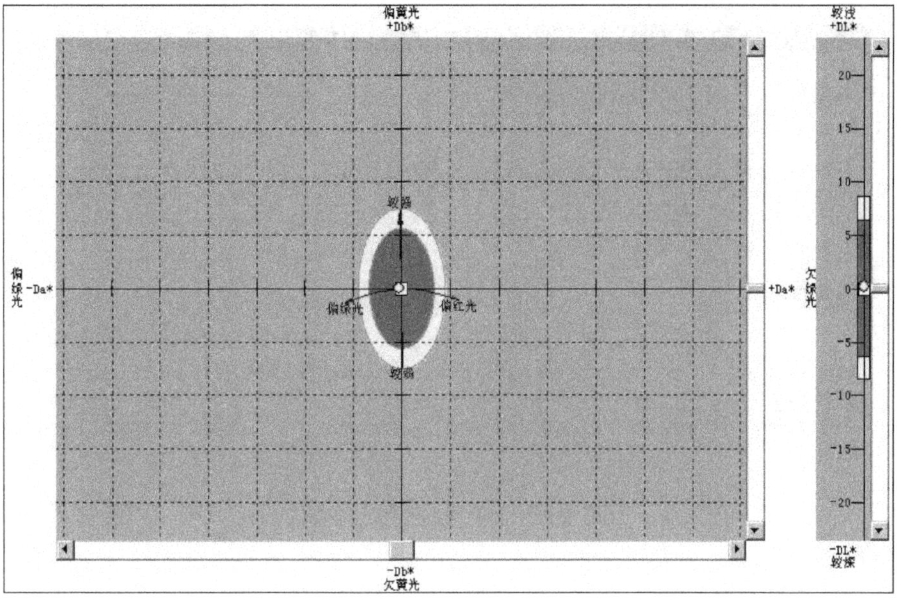

图 6－21　颜色方位图

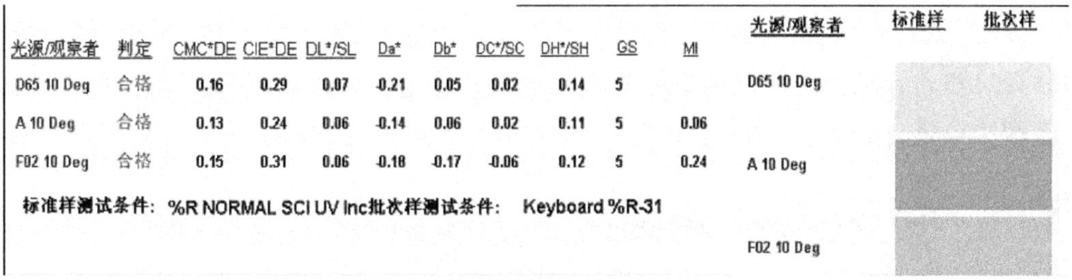

光源/观察者	判定	CMC*DE	CIE*DE	DL*/SL	Da*	Db*	DC*/SC	DH*/SH	GS	MI
D65 10 Deg	合格	0.16	0.29	0.07	-0.21	0.05	0.02	0.14	5	
A 10 Deg	合格	0.13	0.24	0.06	-0.14	0.06	0.02	0.11	5	0.06
F02 10 Deg	合格	0.15	0.31	0.06	-0.18	-0.17	-0.06	0.12	5	0.24

标准样测试条件：%R NORMAL SCI UV Inc批次样测试条件：　Keyboard %R-31

光源/观察者	标准样	批次样
D65 10 Deg		
A 10 Deg		
F02 10 Deg		

图 6－22　CMC 和 CIE 色差判定界面

CMC(2：1)测试报告

标准样名称：　R60C0402 Yellow GR 0.25

	光源/观测者	L*	a*	b*	C*	h*
标准样数据：	D65 10 Deg	91.18	-1.01	47.42	47.43	91.22
	A 10 Deg	93.61	5.66	48.52	48.85	83.35
	F02 10 Deg	93.41	-1.82	53.18	53.21	91.96
批次样名称						
A3	D65 10 Deg	91.38	-1.22	47.47	47.48	91.47
	A 10 Deg	93.79	5.51	48.58	48.89	83.53
	F02 10 Deg	93.58	-1.99	53.00	53.04	92.15

光源/视角	DL*/SL	Da*	Db*	DC*/SC	DH*/SH	CMC DE*
D65 10 Deg	0.07	-0.21	0.05	0.02	0.14	0.16
A 10 Deg	0.06	-0.14	0.06	0.02	0.11	0.13
F02 10 Deg	0.06	-0.18	-0.17	-0.06	0.12	0.15

CMC(2：1)允差：　3.00　　CMC(2:1)色差：　0.16

合格/不合格判定：　合格　　**变退色灰色标级数：**　5

图 6－23　CMC（2∶1）测试报告

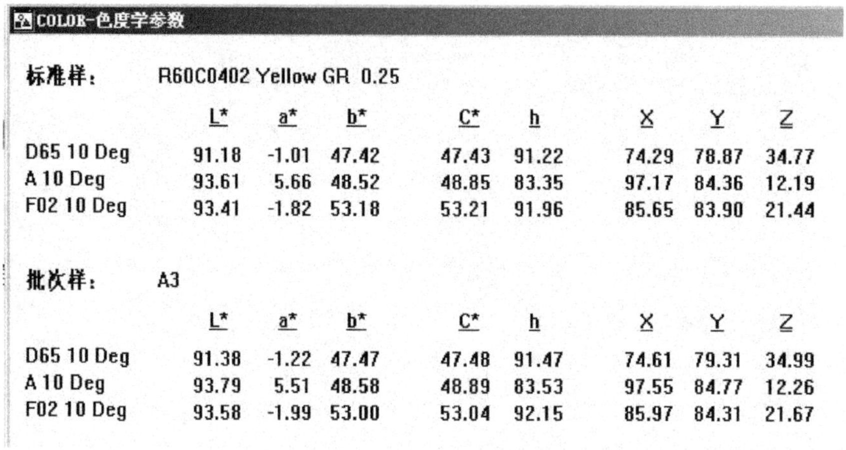
COLOR-色度学参数

标准样： R60C0402 Yellow GR 0.25

	L*	a*	b*	C*	h	X	Y	Z
D65 10 Deg	91.18	-1.01	47.42	47.43	91.22	74.29	78.87	34.77
A 10 Deg	93.61	5.66	48.52	48.85	83.35	97.17	84.36	12.19
F02 10 Deg	93.41	-1.82	53.18	53.21	91.96	85.65	83.90	21.44

批次样： A3

	L*	a*	b*	C*	h	X	Y	Z
D65 10 Deg	91.38	-1.22	47.47	47.48	91.47	74.61	79.31	34.99
A 10 Deg	93.79	5.51	48.58	48.89	83.53	97.55	84.77	12.26
F02 10 Deg	93.58	-1.99	53.00	53.04	92.15	85.97	84.31	21.67

图 6-24　颜色的色度学参数

二、染料强度（力份）计算

对不同批次染料，在同一浓度，同一条件下进行染色，通过分光光度仪对所染的样品进行读取，计算机将自动给出这两批染料的力份差异。将这力份差异系数填入配色文件该染料的修正系数中，染色处方将自动进行调整。如图 6-25 中批次样的染料力份为 97.07%。

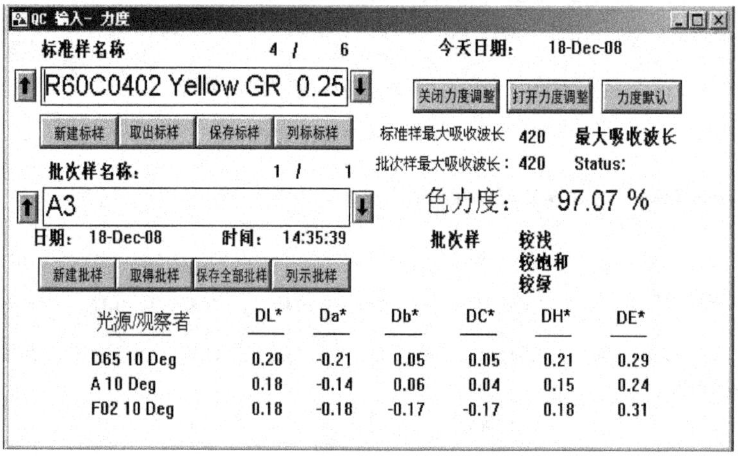

图 6-25　染料力份计算

三、白度计算

按标准公式计算白度，对加白样品的白色测定，给出国际不同标准的不同白度值，如图 6-26 和图 6-27 所示。

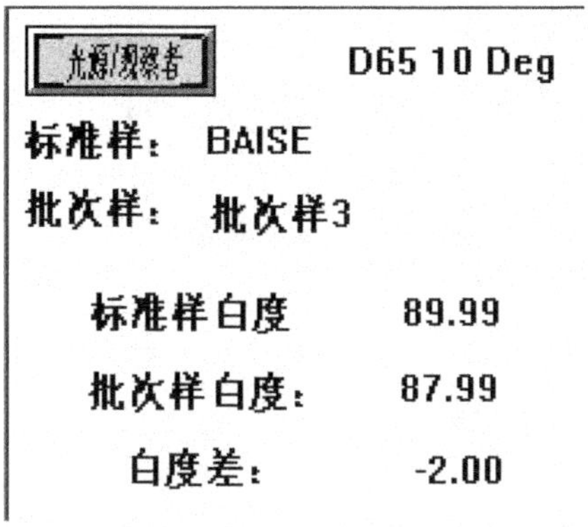

图 6－26 Berger 白度指数

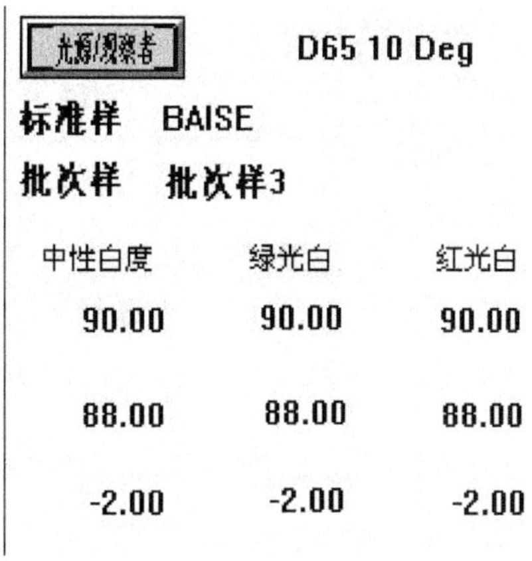

图 6－27 GANZ 白度

四、颜色深度计算

颜色深度的评价在染料、颜料着色强度（即力份）分析，染料和颜料的提升性能鉴定，色牢度测试方面有着重要的实际意义。常用的表示颜色深度的方法是计算物体在最大吸收波长处的 K/S 值。色深在表示染料上染特性方面的作用有测定染料的提升力、上色率、固色率等，从而表示色样上染料的上染量。

例如：图 6－28 所示 R60C0402 Yellow GR 0.25 色样的最大吸收波长 420nm 处的 K/S 为 1.1137。

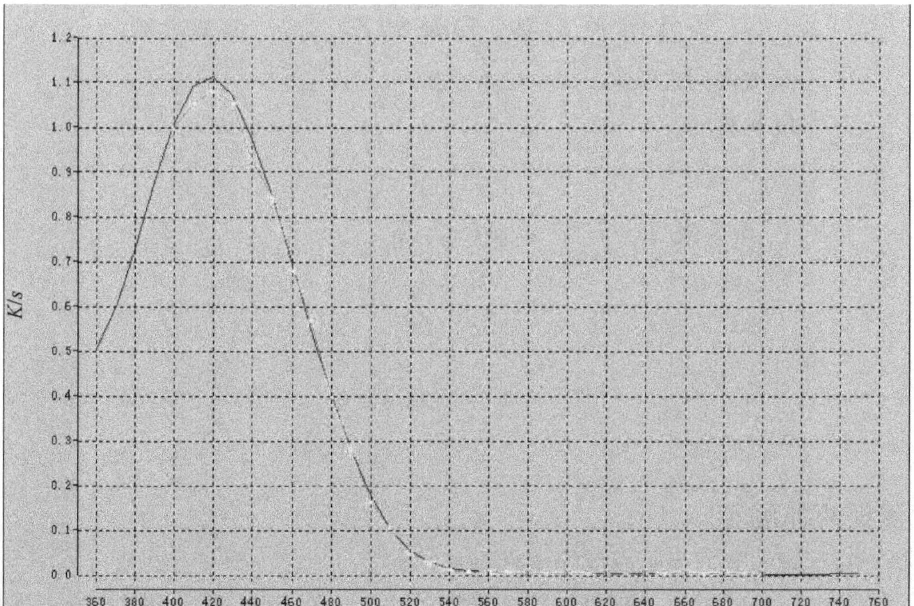

图 6－28 K/S-λ 曲线

五、色牢度评级

测得标准样的反射率和批次样的反射率，计算机就可以自动按通用灰色样卡标准评估标准样与批次样的色差级别或者按照沾色样卡标准，评估二者的沾色牢度，如图 6-29 所示。

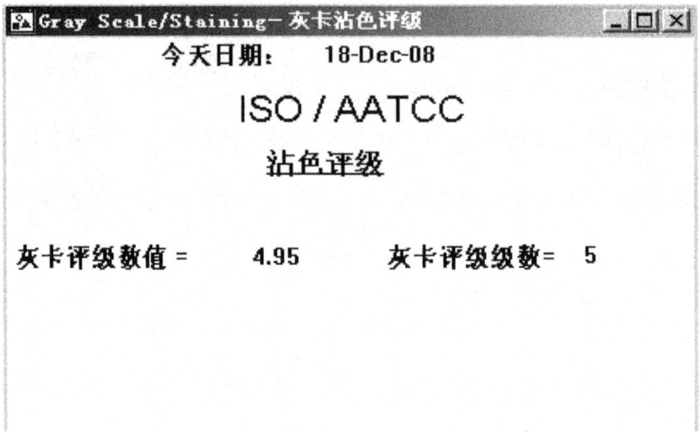

图 6-29　色牢度评级

六、同色异谱指数计算

同色异谱指数计算可以表示多种 CIE 标准照明体和光源（如：D65、F02、A10、CWF、F11 等）下的同色异谱指数（图 6-30）。

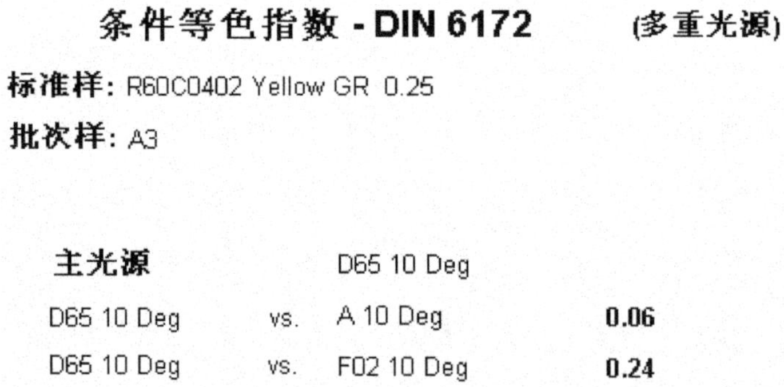

图 6-30　同色异谱指数

七、反射率的测定

每个颜色的反射率数据和曲线都能清晰表示，如图 6-31、图 6-32 所示。

总之，计算机测色系统的主要功能是进行染整产品颜色质量控制，国际标准通用方法有 CMCPass/Fail，ShadeSorting 等。一般来说，各个面料采购商会根据需要和可能，分别提出各个光源下的具体规定。比如说：A 公司的要求为两光源下对色（D65 和 F02），D65 光源下

% 反射率 10nm 水平

%R / %T Plot　　K/S (Absorb.)

标准样：　%R

R60C0402 Yellow GR 0.25

400-450 nm	26.64	25.43	25.15	25.77	27.20	29.48
460-510 nm	32.69	36.60	41.97	48.11	55.73	63.98
520-570 nm	71.81	78.46	83.54	87.05	89.13	90.23
580-630 nm	90.81	91.13	91.27	91.36	91.45	91.50
640-690 nm	91.54	91.63	91.61	91.50	91.53	91.76
700 nm	92.04					

批次样：　%R

A3

400-450 nm	26.80	26.00	25.60	26.00	28.00	29.48
460-510 nm	32.90	36.00	42.00	48.20	57.00	64.00
520-570 nm	73.00	78.50	85.00	88.00	89.13	90.30
580-630 nm	90.90	91.30	91.40	91.40	92.00	93.00
640-690 nm	92.50	91.00	91.60	91.60	91.70	91.99
700 nm	92.30					

图 6－31　反射率数据

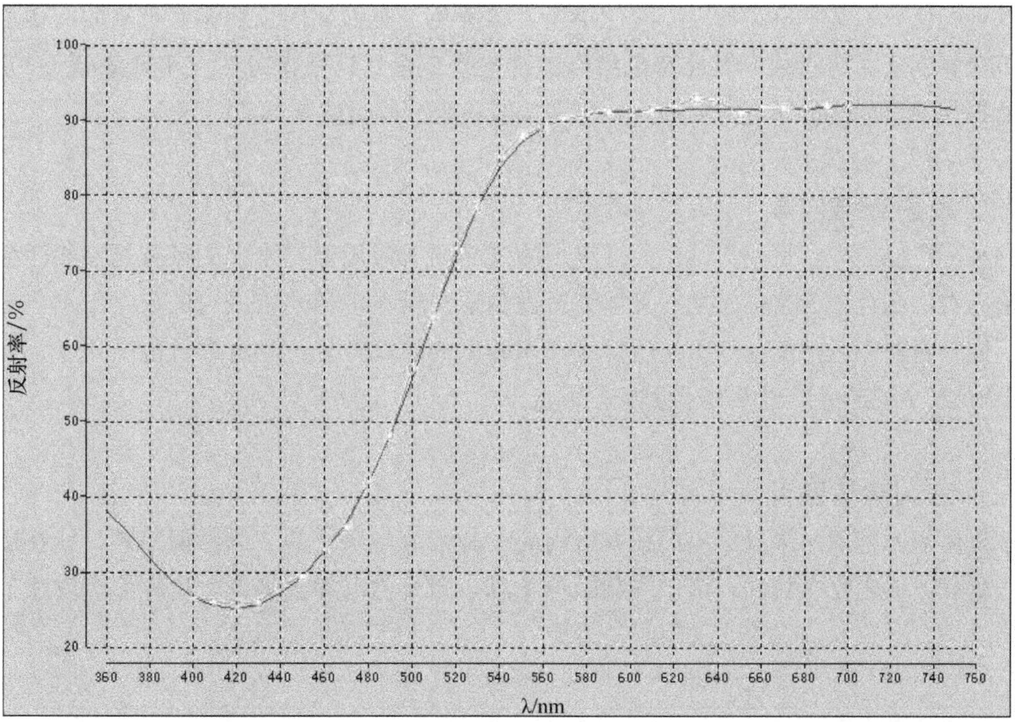

图 6－32　反射率曲线

CMCDE 为 0.80 以内；DH* 为 0.50 以内；DC* 为 0.50 以内；DL* 为 0.80 以内；F02 光源下 CMCDE 为 1.20 以内；DH* 为 0.80 以内；DC* 为 0.80 以内；DL* 为 1.20 以内。

项目七　计算机配色

任务1　计算机配色知识

计算机配色原理大致有三种方式：色号归档检索、反射光谱匹配、三刺激值匹配。

一、色号归档检索

将以往生产的品种按色度值分类编号，并将染料处方、工艺条件等一起汇编文件后存入机内。有需要配色的来样，可测定来样的颜色，输入计算机或直接输入代码，计算机配色系统会将色差值小于某范围的所有处方全部输出。

这种配色方法基本思路与人工配色相同，却避免了实物试样长期保存带来的变褪色，以及人工检索不全面的问题。但计算机给出的这些配方只是以往做过的与来样最接近的配方，一般所提供的只能是色泽近似的处方，仍需凭经验进行适当的调整。

二、反射光谱匹配

这种配色的原理，是使得给出配方染出的产品的反射光谱与来样的反射光谱相匹配，这属于最完善的配色，无条件匹配。具体为通过测定来样在可见光范围内的反射光谱，由计算机进行同材料的颜色匹配计算给出反射光谱相匹配的建议处方。测定波长范围400～700nm，$\Delta\lambda$=20nm。在实际生产中较难做到完全匹配。

三、三刺激值匹配

三刺激值匹配的结果是给出的配方染物的三刺激值与来样的三刺激值相同，但在反射光谱上与来样不一定完全相同，由于三刺激值相等，因此仍可得到等色，这种配色方法是最有实用意义的。

任务2　计算机配色数据库的建立

配色软件的主要功能是进行测色及配色运算，进行人机对话，预告配色处方等。系统配置的软件包括：标准光源的光谱功率分布值，标准观察者光谱三刺激值，有2°、10°两种视角的数据，各种计算式，包括色差公式、配方计算公式、配方修正公式、染色常数计算公式、三刺激值计算公式、成本计算公式、色变指数计算公式、反射率计算公式、白度及深度比较公式等。

一、建立染料数据库

（一）预选染料及编号

将所选的各种不同的染料进行编号，一般所选的染料应考虑其价格、力份、染色牢度、相容性，同时还要考虑选用的染料配出的色域范围要尽可能大等因素。染料应选用同一厂家同一批次的染料，对于不同厂家同一品种的染料，应该当作两只染料制备配色用基础数据。

（二）染料的力份与价格

染料编号后应将各染料的力份和价格输入计算机。

（三）选择配色时要用的染料及给出配方的染料数

对某一来样用计算机配色时，要注意选择的染料种类，应属于同一应用类别。染料的颜色选择要合适。考虑有多少种染料参与配方，各个配方的染料数目是多少，每次配色的染料数目是多少。一般配方的染料数目不超过 3 只，特殊颜色时也可以是 4～5 只染料，但不常使用。

参与配色的染料数目最多不要超过 20 只。参与制作配方的染料越多或每个配方的染料数目越多，染料的组合数目增加，计算机计算配方的时间就会增加，如下表所示。

表 配方染料数目与染料的组合数目的关系

染料数目	组合数目		
	3 只染料	4 只染料	5 只染料
6	20	15	6
8	56	70	56
10	120	210	252
12	220	495	792
15	455	1365	3003

染料以采用下列 11 种色光的染料为宜：大红色、蓝光红色、黄光红色、橙色、绿光黄色、红光黄色、红光蓝色、绿光蓝色、紫色、绿色、黑色。

二、建立基础色样数据库

基础色样是计算机配色的基础标准，必须十分重视基础色样的制作。基础色样染制得准确与否，直接影响配色精度。工厂必须根据自身的实际生产品种、染色工艺建立本厂专用的基础资料，才能确保其配色效果，对染料、助剂、基材、染色程序和空白织物都要进行选择。

（一）染料单色基础数据的建立

（1）为建立配色用染料基础数据，必须首先将使用的各类单色染料按不同浓度由浅至深分数档染色，染制出几套基础数据色样，其覆盖范围应略超过该单色染料的最大可能使用浓度，以提高基础数据库的准确性。

(2) 所用染色浓度的档次视各染料的情况而定，一般根据实际使用的浓度范围，选定若干不同浓度（一般 6～12 个），例如：浸染浓度（owf），可选 0.05%、0.1%、0.3%、0.6%、1%、1.3%、1.6%、2%、2.3%、2.6%、3%、4%，通常浓度范围可选择在 0.01%～5%之间，轧染浓度（g/L）可选 0（空白染样）、0.1g/L、0.5g/L、1g/L、2g/L、4g/L、8g/L、16g/L、32g/L。具体染料的使用浓度档次可根据实际生产情况适当作调整。

(3) 每个单色浓度梯度样品应在不同的时间做两次，直到同一浓度的两块样品进行色差检测合格为止。

(4) 基础色样的染色要在同一台小样机上制作。基础色样的制作要在连续的一段时间内完成，可重复制样 2～3 次，以求结果正确。由专人负责制作，以减少人为操作的误差。

（二）基材数据的建立

所用的纤维材质、组织结构一般选择工厂经常使用的品种，并且是产量大的、具有代表性的品种。如果因纤维品种不同、织物结构不同对染色效果影响大的，应建立不同的基础数据库。

（三）染色程序的建立

在单色样的准备过程中，应严格控制操作和染色工艺一致性，染色工艺和条件的控制应尽可能与大生产一致。多数助剂对染料的上染量有一定的影响，在制备基础数据库时，应按照化验室小样实际染色时添加助剂的品种、用量和方式操作，并尽量与大车生产相接近。

（四）单色样颜色的输入

将做好的各单色样在不同时间内，按照浓度梯度用同一台分光光度计多点测色，求取平均值，使测得的基础数据值具有良好的重现性。测出的对应反射值，由计算机储存，并换算成 K/S 值，据此建立了基础色样数据库。同时将所要染色的织物经过空白染色处理（不加染料，只用助剂，按同样的浴比以相同的染色条件进行处理）后，由分光光度计测定其反射率值，输入计算机，再由计算机内的程序将其反射率值换算成 K/S 值。做好的基础色样在不同时间内用同一台分光光度计测定多点反射率。

（五）检验基础色样的准确性

当完成每个色样最后一档浓度测定时，软件系统会自动绘出该色样的 K/S 值与浓度 C 之间的关系，及分光反射率与波长曲线图，来检查该基础色样的准确性，若曲线出现不规则现象或交点，则应启用系统修正功能对曲线加以修正。

以分光反射率（R）对波长 λ 作图，如下页图所示为基础色样分光反射率曲线。

通过曲线观察染料在不同浓度下染样的分光反射率曲线的排列，一般不同浓度的分光反射率曲线应呈现有规则的平行分布。若某曲线有部分不规则现象，如低浓度与高浓度的分光反射率曲线相互交错，则说明色样有问题，应重新制作该浓度的色样。

由于基础数据库由各只染料单独染色制得，仅体现单只染料的上染规律，不能反映出染料相互作用所产生的影响。在实际生产过程中，绝大多数颜色是由多只染料进行拼色生产的，

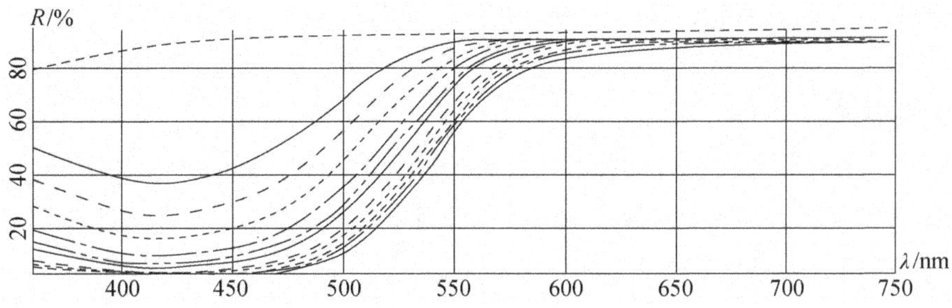

图　基础色样分光反射率曲线

若直接使用数据库进行配色，系统给出的配方准确率很低。因此，将工厂长期积累的大量实物样进行测色，并将实际配方存入计算机，由系统根据实际配色效果，结合基础数据库，建立修正系数，并利用软件提供的智能配色功能，建立充实的色库资料，从而提高系统配色的准确率。

任务3　计算机配色

一、计算机配方的计算

客户来样可根据计算机自动配色和用工厂实际配方库配色。计算机根据你所选择的染料和其单色基础数据库进行配色，并按色差、价格自动排列供选择，给出每个配方与标样的预报色差、同色异谱指数、价格等参数。具体步骤如下：

（1）来样色的分光反射率值输入：来样色由分光光度计测定反射率值，输入计算机，再由计算机程序换算成 K/S 值。

（2）计算机配方的允差范围的设定：色差值是指计算机配方染样色与来样色的色差允许范围数值，是决定计算机所用的配方是否符合要求的限定值，若符合要求，此配方才能够打印，否则，继续修正配方，直至符合要求为止。

（3）运用计算机中已经存在的资料和需要输入的资料可以进行配方浓度的计算。包括来样、空白试样、染料单位浓度 K/S 值及所需染色配方的计算。

（4）预测色变指数及计算配方成本：计算电脑给出配方在某标准照明体下（D65）与来样是否等色，如更换另一照明体时是否仍等色，如不等色，其色差是多少等，可以预测色变现象大小（色变指数大小）。这些都是专业人员想要知道的，同时还可以参照输入的染料单价计算出所给出的每个配方的成本。

计算客户提供的标准色样的配方时，应注意选择分光光度仪合适的测量孔，检查标样的织物与建库时的织物是否一致，否则要先测量标样织物的反射值，同时注意确定织物调整系数来减少不同织物之间存在的系统误差。

二、打印配方结果

一般可打印的结果包括标准名称、基质种类、染料编号、染料名称、不同配方组成、染料浓度、成本及在不同照明条件下的色变（色差）指数等。

三、小样染色

计算机给出的配方有若干个，根据需要按照染料的成本、相容性、匀染性、各种牢度及条件等色的参考因素，选择一个理想的配方作为小样试染的处方。在化验室小样机内打小样，以确认能否实际达到与来样等色。

由于计算机配色是根据统一的数字模型进行计算的，因此难免有不适应实际情况及多变的现象出现，使得所预告的处方不能百分之百地一次正确，所以打小样是不能省去的。

四、配方修正

小样试染结果如果不符合要求，则需要调整处方再行染色，把小样试染样进行再一次的测色，然后调用修正程序，在输入试染的染料及浓度后，计算机配色系统将立即输出修正后的浓度，一般只需要修正一两次即可，亦有无需修正的。

五、校正后的新配方染色

用修正后的配方染色，若色样与来样的色差在可接受的范围内，则此修正后的配方就是所需要的染色配方；反之，则应重新修正，直到取得合乎要求的染色配方为止。

六、其他情况的计算机配色

（一）含有荧光色样的计算机配色

若来样涉及荧光染料时，所用的分光测色仪的光源要含有紫外光，而且要用后分光或前后分光的方式照射样品，否则会产生不正确的测色结果。

若来样或基础色样的反射率超出空白染色织物的反射率时，其超出的部分应修改至与空白染色织物的反射率相同，然后再将此种光学数据输入计算机，计算配方与实际染色配方相差很微小。

（二）混纺织物的计算机配色

以涤毛混纺织物为例，其中涤 40%，毛 60%。

（1）制作 100%的纯聚酯纤维织物和 100%的纯羊毛织物的基础色样，分别由分光测色仪测定其反射率值，输入计算机，并且建立各自对应的染色组。

（2）将来样与所要染色的混纺纤维材质的反射率值输入计算机，并输入混纺比。

（3）计算机依据基础色样染色组和所要染色的混纺织物的基材，以及标准样颜色资料分别计算出涤纶的染色配方与毛纤维的染色配方。

（4）分别取染涤纶的配方与染毛纤维的配方作为试染配方。

（5）试染的织物应包括所要染色的混纺织物，一块只剩余羊毛纤维的织物（涤纶被溶剂处理掉了）及另一块只剩涤纶（毛纤维被溶解掉）的织物。

（6）如果得到的试染混纺织物的颜色不符合来样，比较只剩下羊毛纤维与来样的颜色，若不符合，则由计算机进行计算修色。

（7）如果修色后试染的混纺织物的颜色符合来样，则该修色配方就是所需要的此混纺织物的染色配方，此两小块经修色后的配方即为试染配方。

（8）如果仍不符合，继续（5）、（6）、（7）、（8）步骤，直至得到染混纺织物的配方。

项目八　测色配色综合训练

任务1　涤/棉漂白织物白度的测定

训练目的： 学会分光光度仪测色条件的设置和仪器校正。学会利用测配色系统进行白度、黄度测试的方法，理解白度的含义，对测试结果进行准确判断和分析。

训练项目： 半漂织物、上蓝增白织物、荧光增白织物的白度测定，织物后整理黄度测定。

训练步骤： 织物准备→设定测色条件与校正分光光度仪→白度的测定→白度测定结果的分析→黄度的测定及分析

一、织物准备

选定涤/棉半漂布、涤/棉上蓝增白织物和荧光增白织物各一块，半漂布是经过了常规退浆、煮练和双氧水漂白后的织物，上蓝增白织物是使用蓝绿色染料进行的上蓝处理，荧光增白织物是由涤纶和棉的增白剂处理的织物。选定漂白织物经柔软整理作为黄度测试用。

二、设定测色条件与校正分光光度仪

每次开机测色前首先进行测色条件的设定和在此条件下的分光光度仪的校正，测色条件一般包括镜面光泽的有无、测色孔径大小、UV 滤镜等条件。若测色条件有变更时，务必再作一次分光光度仪的校正。若连续使用分光光度仪，一般可以自行设定每几小时（如 8h）校正一次，系统会自动按时提醒进行校正。仪器校正过程分别经过黑筒、白板和绿板的校正。若进行白度测定还需进行 UV 校正，现分述如下：

（1）使用鼠标点选菜单中的仪器选项（图 8 - 1）。

图 8 - 1

（2）选择仪器选项后即会出现图 8 - 2（a）画面，此时选择校正即会出现图 8 - 2（b）的窗口。

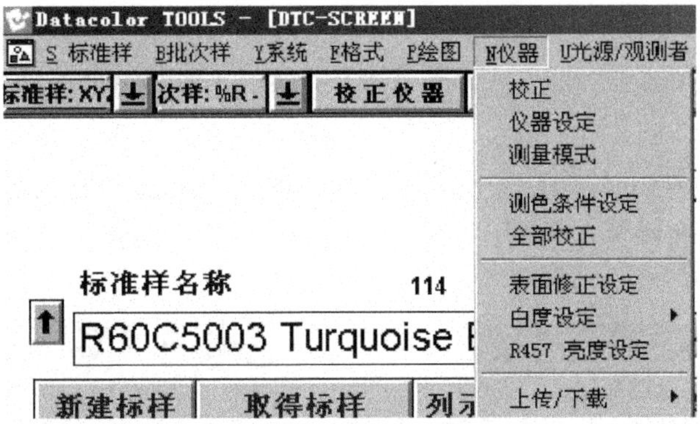

(a)

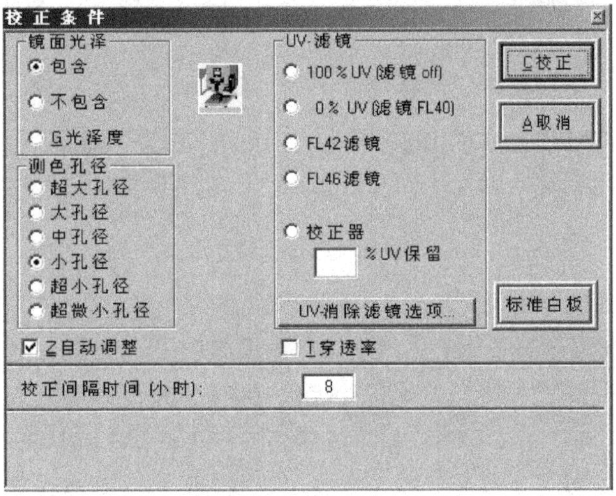

(b)

图 8－2

（3）根据测色纺织品特点设定测色条件。

①测色时镜面光泽的设定分为包含（Include）、不包含（Exclude）、光泽度三种情况，可根据测色材料特征选择，一般纺织品我们选择包含。

②测色孔径分为超大孔径、大孔径、中孔径、小孔径、超小孔径和超微小孔径六种情况。一般可根据测色材料的大小选择合适的测色孔径。测色结果表明的是孔径大小范围内颜色采集点的平均值，因此，大孔径测色能比较多地反应测色材料颜色特征，相对来讲测色结果比小孔径测色准确全面，按测色材料大小选择尽量大的孔径。

③测色时紫外滤镜（UV－Filter）分为100％UV，即滤镜关（Filter off）；0％UV，即用FL40滤镜（Filter FL40）过滤400nm以下的光；FL42滤镜（Filter FL42）过滤420nm以下的光；FL46滤镜（Filter FL46）过滤460nm以下的光四种情况。UV的设定应根据客户要求。

④输入仪器校正用白板值。

⑤校正分光光度仪器的时间间隔。

⑥测定纺织品色样时，大部分皆采用测量反射率值，测定液体或（半）透明物体等时，

采用穿透率值。

（4）当测色条件都设定完成后，请按“校正”键（Calibrator），即开始进行分光光度仪校正。

（5）确定将黑筒放在分光光度仪上，按下“可继续”按钮，此时分光仪即开始进行黑筒（图8-3）校正。当黑筒校正完成后，即会出现如图8-4白板校正的窗口。

图8-3

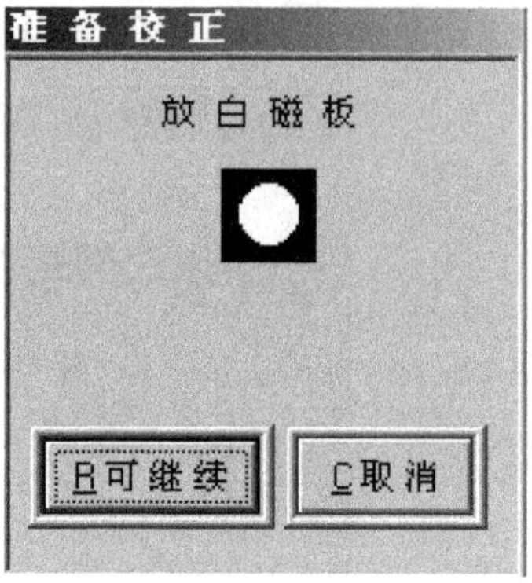

图8-4

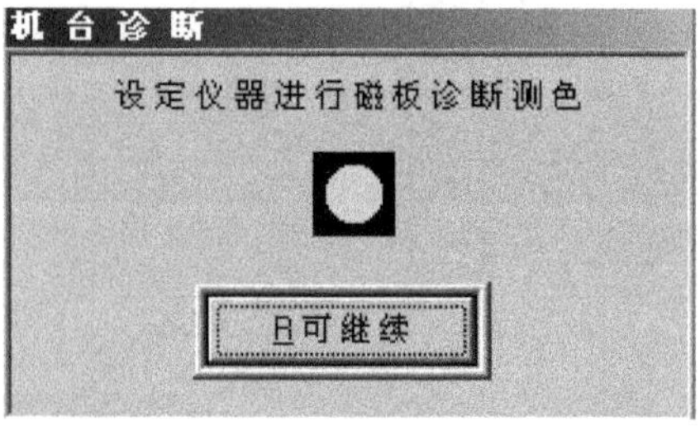

图8-5

（6）将黑筒取下，更换白色校正板，再按“可继续”按钮，此时分光仪即会进行白板校正，当白板校正完成后会出现如图8-5窗口。

（7）将白板取下，更换绿色校正板，再按下“可继续”按钮，此时仪器即会进行绿板校正，当绿板校正完成后会出现如图8-6窗口。

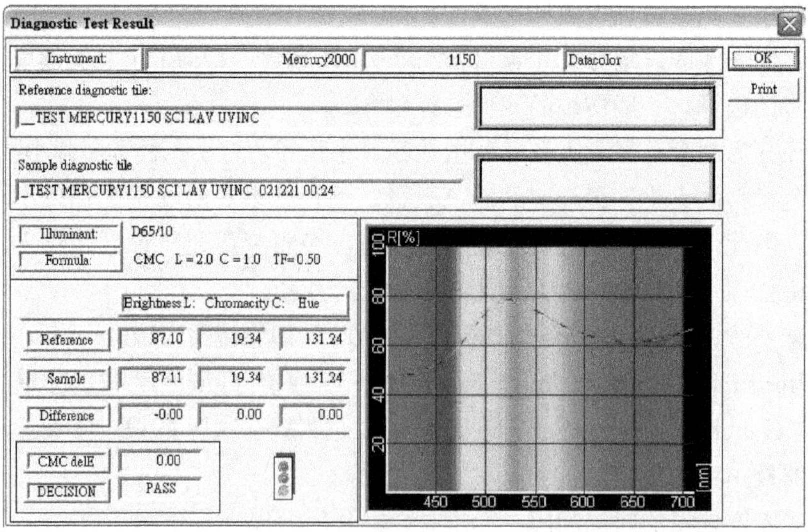

图8-6

（8）当界面出现绿灯和 PASS 时，表示仪器校正和测色条件设定完成。

（9）分光光度仪校正完成后，由图 8－7（a）主选单中选择“仪器”，在选项中选择“白度设定”的“UV 校正”，即会出现图 8－7（b）的窗口。

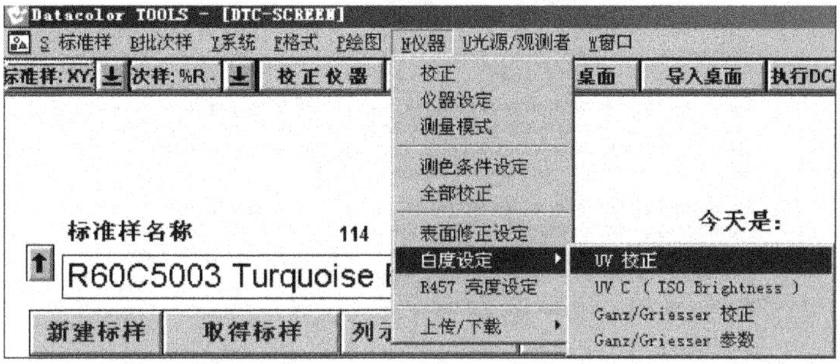

(a)

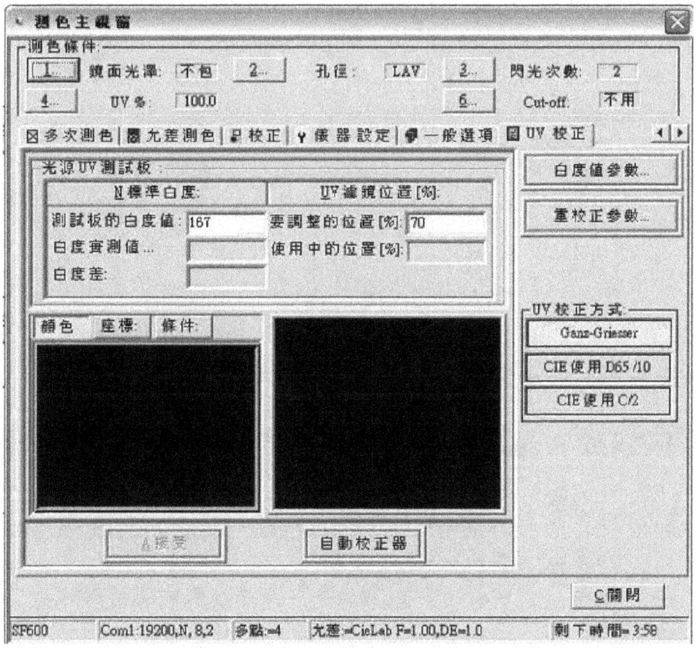

(b)

图 8－7

（10）将真正的 CIE 检验瓷砖白度值输入于测试版的白度值字段内，接着将 CIE 检验瓷砖放在测色仪器之测色孔径上，按下自动校正器按钮。

注意事项：

①CIE 检验瓷砖在校正盒里，背面底色为红色。

②CIE 检验瓷砖的白度值以图 8－8 箭头所显示的 Ganz Whiteness 的数值为主。图 8－8 为仪器出厂时提供的 UV 校正证书，有效期为一年，到期应重新进行图中白度值的校验。

③每一块瓷砖一定都有本身的白度值，不可自行创造。

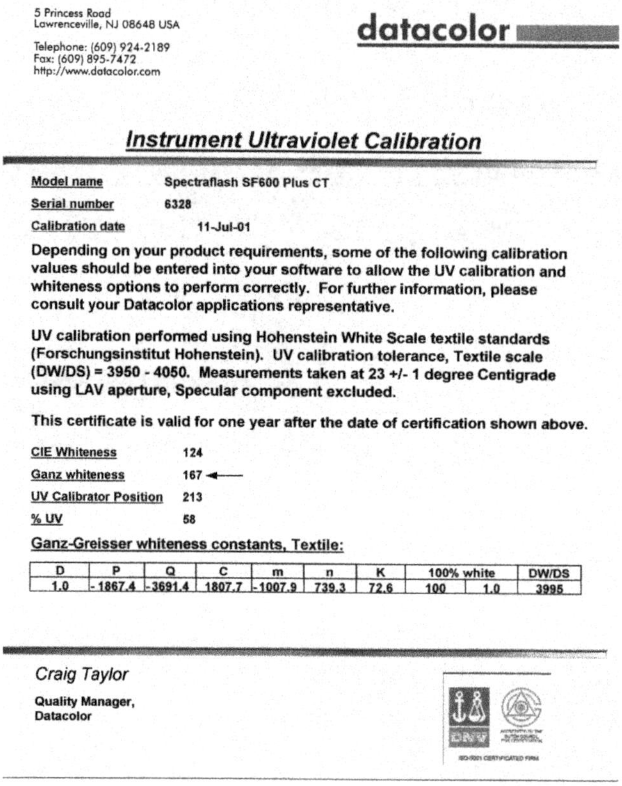

5 Princess Road
Lawrenceville, NJ 08648 USA
Telephone: (609) 924-2189
Fax: (609) 895-7472
http://www.datacolor.com

datacolor

Instrument Ultraviolet Calibration

Model name　Spectraflash SF600 Plus CT

Serial number　6328

Calibration date　11-Jul-01

Depending on your product requirements, some of the following calibration values should be entered into your software to allow the UV calibration and whiteness options to perform correctly. For further information, please consult your Datacolor applications representative.

UV calibration performed using Hohenstein White Scale textile standards (Forschungsinstitut Hohenstein). UV calibration tolerance, Textile scale (DW/DS) = 3950 - 4050. Measurements taken at 23 +/- 1 degree Centigrade using LAV aperture, Specular component excluded.

This certificate is valid for one year after the date of certification shown above.

CIE Whiteness　124

Ganz whiteness　167 ←

UV Calibrator Position　213

% UV　58

Ganz-Greisser whiteness constants, Textile:

D	P	Q	C	m	n	K	100% white		DW/DS
1.0	- 1867.4	-3691.4	1807.7	-1007.9	739.3	72.6	100	1.0	3995

Craig Taylor
Quality Manager,
Datacolor

图 8－8

（11）按下自动校正器的按钮之后，屏幕会出现如图 8－9 所示的窗口，按下“确定”按钮。

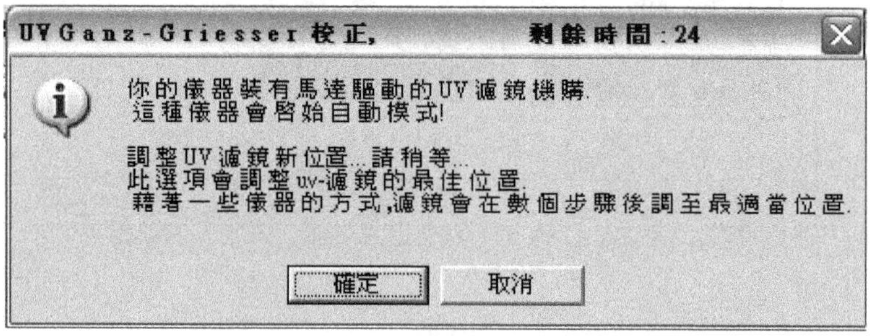

图 8－9

（12）此时分光光度仪会开始连续地测色，当计算机自动停止测色时，将目前分光光度仪所测量的白度值显示于白度实测值的字段内，计算机也会出现目前分光光度仪 UV 转盘的位置，请确认白度差为±0.4，完成之后按下［接受］的按钮（图 8－10）。

补充：如白度差超过±0.4，请再按下自动校正器的按钮，再校正一次 UV。

（13）完成之后，再一次进入校正窗口，图 8－11（a）所示按下 Instrument 选择 Calibrate 选项，即会出现校正条件［图 8－11（b）］的窗口，此时可以发现原本设定为 100%

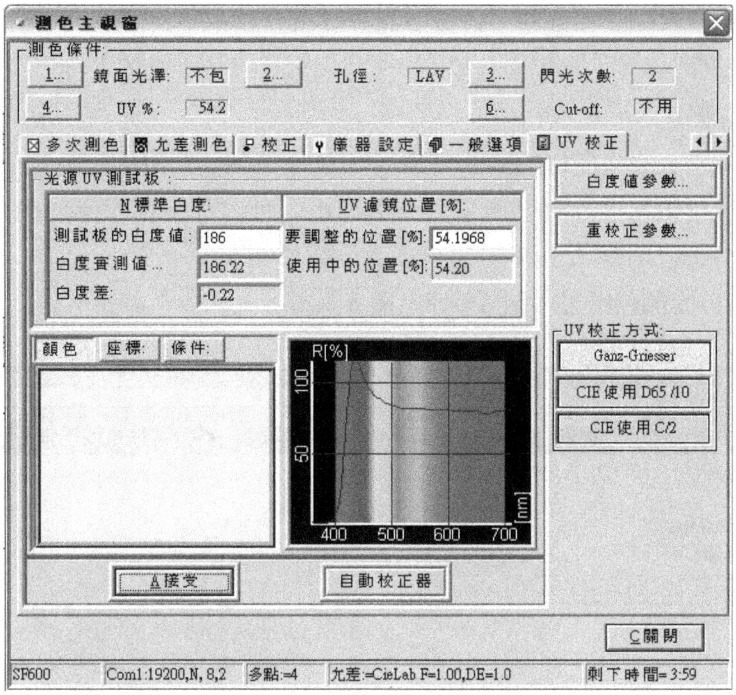

图 8－10

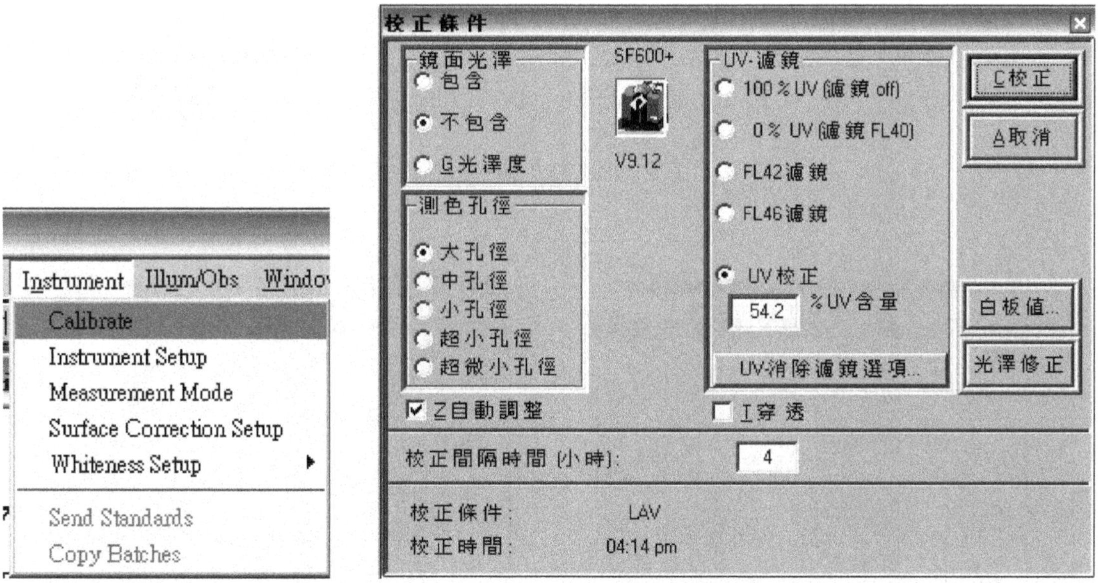

(a)　　　　(b)

图 8－11

UV，经 UV 校正之后计算机自动设定为 UV 校正。

（14）然后可以根据客户的要求或者色样的大小，进行调整或选择镜面光泽与测色孔径的选项，设定完成之后再一次进行校正，完成校正之后，即可进行测量色样的工作。此项校正工作，有效期限为一星期，如果超时请按照此步骤重新校正一次。

三、白度的测定

依次将织物放于分光光度仪的测试孔径上，点击“测色”按钮可分别对半漂织物、上蓝增白织物、荧光增白织物进行白度测定。依次调用三种白色织物的反射率曲线、*K*/*S* 曲线、CIE 白度指数和 Ganz-Griesser 白度等颜色参数，结果如下。

（一）半漂布白度测色结果（图 8－12～图 8－16）

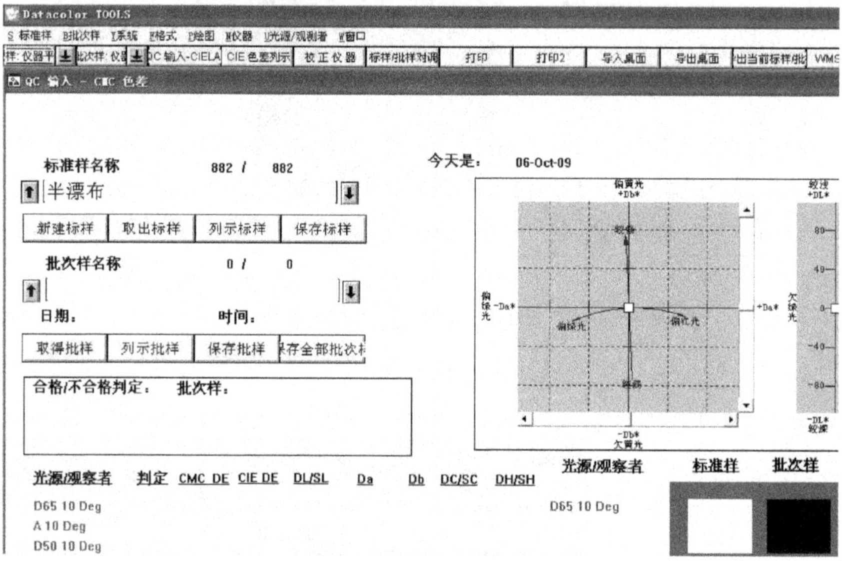

图 8－12　半漂布测色界面

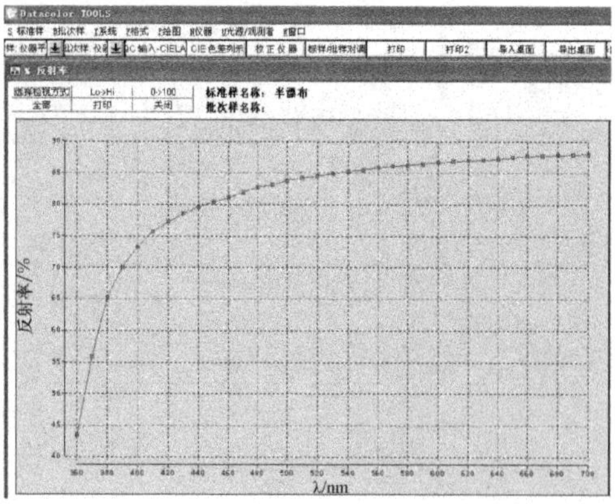

图 8－13　半漂布的反射率曲线

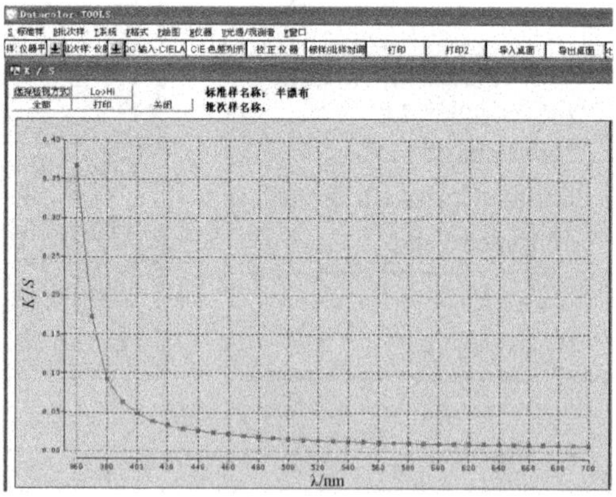

图 8－14　半漂布的 *K*/*S* 曲线

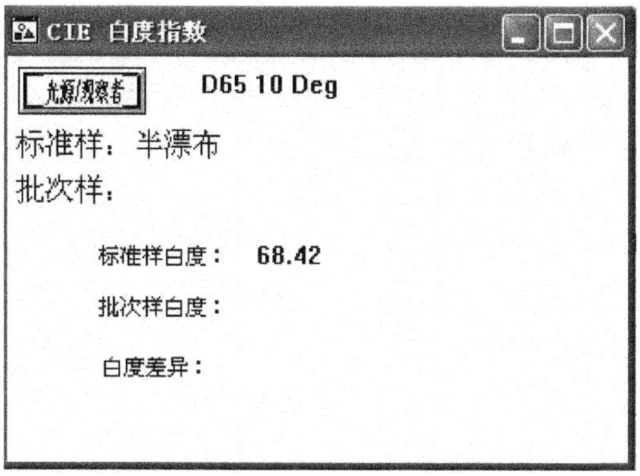

图 8－15　半漂布的 CIE 白度指数

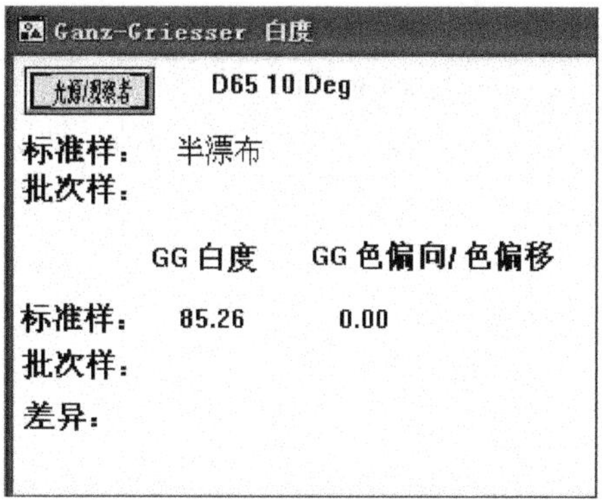

图 8－16　半漂布的 Ganz-Griesser 白度

（二）上蓝增白织物白度测色结果（图 8－17～图 8－21）

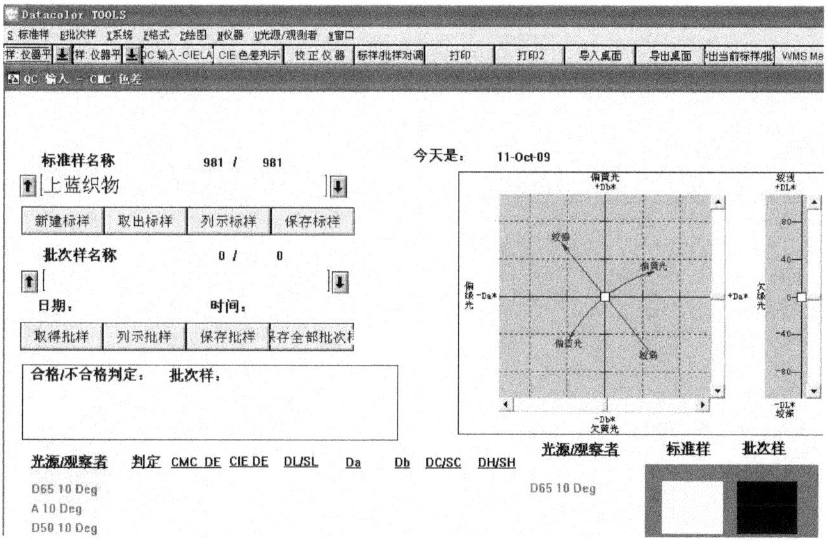

图 8－17　上蓝增白织物测色界面

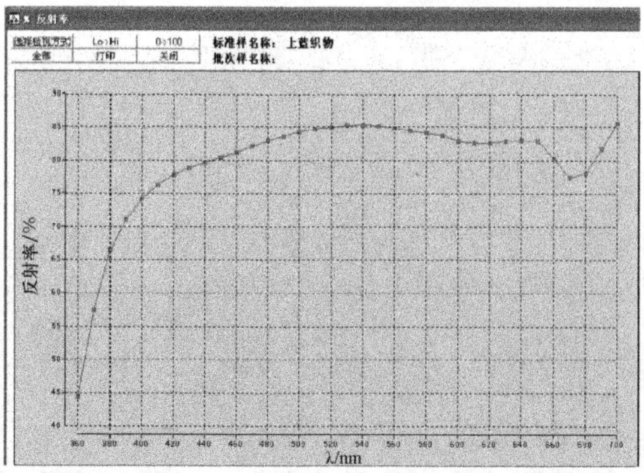

图 8－18　上蓝增白织物的反射率曲线

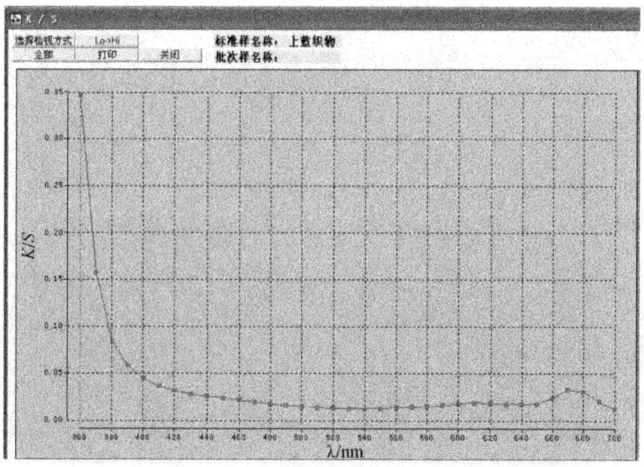

图 8－19　上蓝增白织物的 K/S 曲线

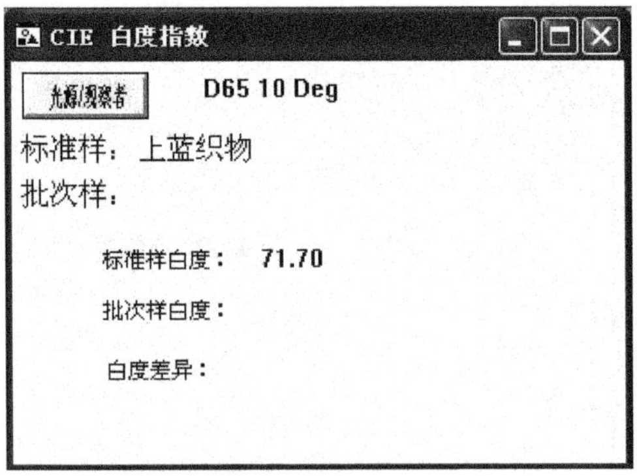

图 8－20　上蓝增白织物的 CIE 白度指数

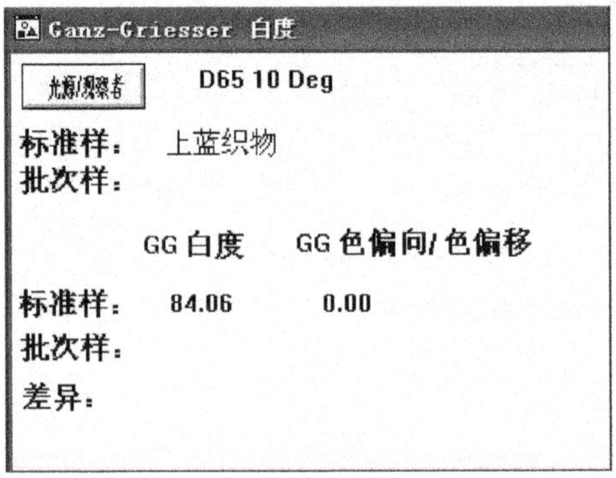

图 8－21　上蓝增白织物的 Ganz-Griesser 白度

(三) 荧光增白织物白度测色结果（图 8－22～图 8－26）

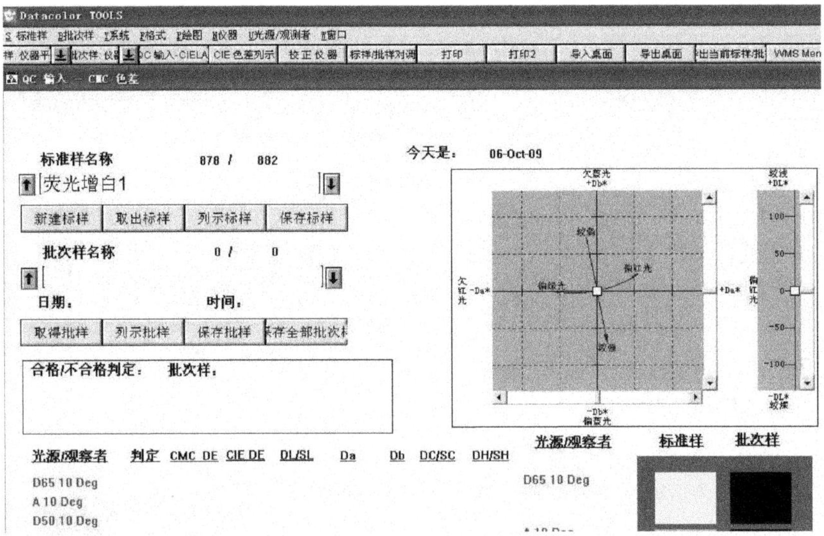

图 8－22　荧光增白织物测色界面

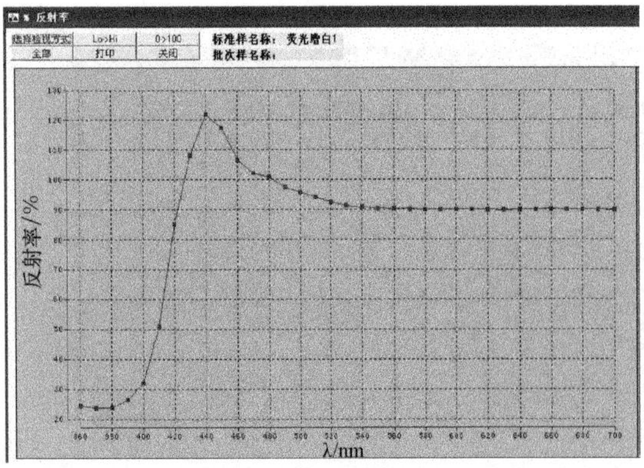

图 8－23　荧光增白织物的反射率曲线

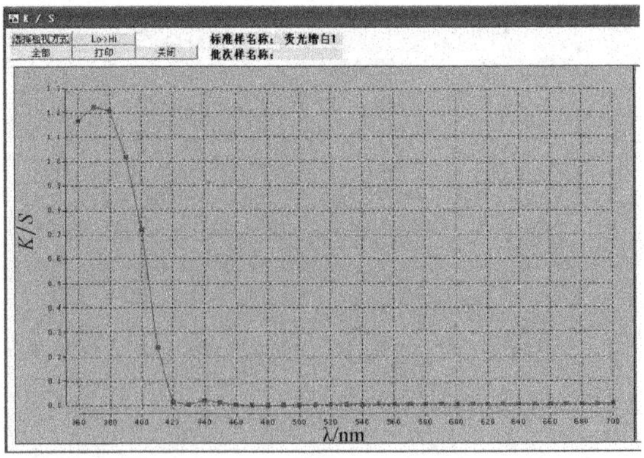

图 8－24　荧光增白织物的 K/S 曲线

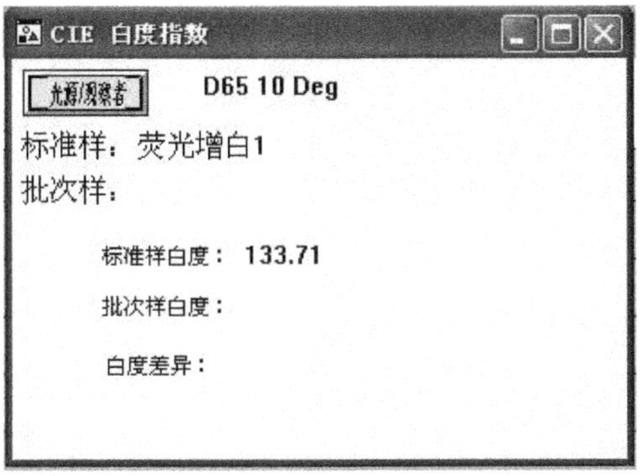

图 8-25 荧光增白织物的 CIE 白度指数

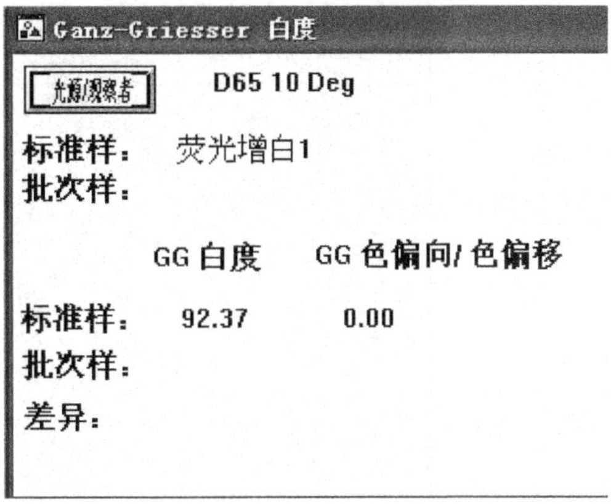

图 8-26 荧光增白织物的 Ganz-Griesser 白度

四、白度测定结果的分析

由测试结果可知，半漂布白色织物的反射率曲线在可见光区域具有比较高的反射率，只有在 440nm 以下的蓝紫光区域具有相对低的反射率，说明吸收了部分蓝紫光，所以半漂布具有微量的黄色。上蓝增白织物的反射率曲线在 580～690nm 之间有明显的吸收，从而反射出蓝绿光，说明上蓝增白整理后，整理剂吸收了部分黄光，使织物的白度得到提高。从荧光增白织物的反射率曲线可以看出在 430～480nm 之间的反射率大于 100%，在 410nm 以下同样具有较小的反射率，说明荧光增白织物通过荧光增白剂整理后，增白剂分子受激发后发射出蓝紫光，与原来织物上的黄光合成白光，织物显得白亮。通过三种织物的白度数值也进一步说明了上蓝和增白的原理，半漂布的 CIE 白度指数为 68.42，上蓝增白织物的 CIE 白度指数为 71.7，荧光增白织物的 CIE 白度指数为 133.71。

五、黄度的测定及分析

选定的漂白织物经柔软整理作为黄度测试，测试结果如图 8-27～图 8-31 所示。

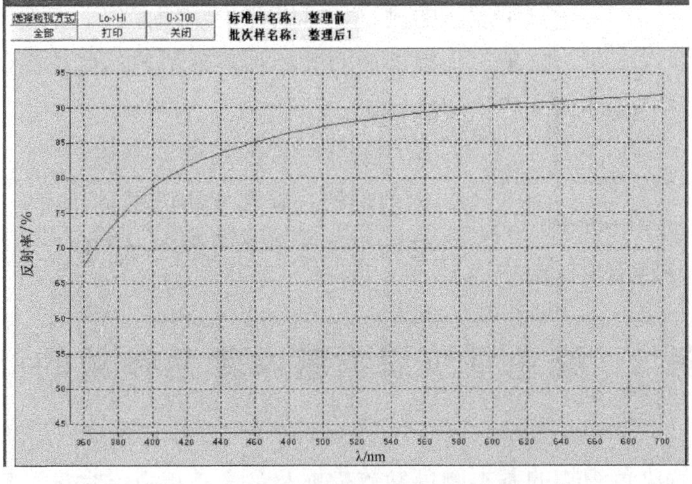

图 8-27 织物整理前后的反射率曲线

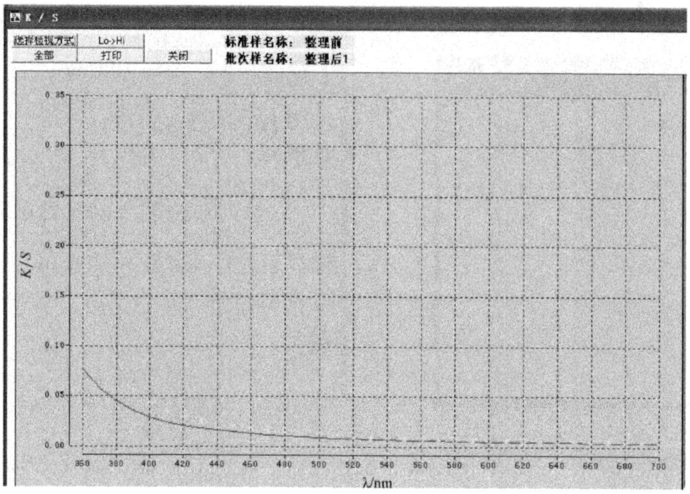

图 8-28　织物整理前后的 K/S 曲线

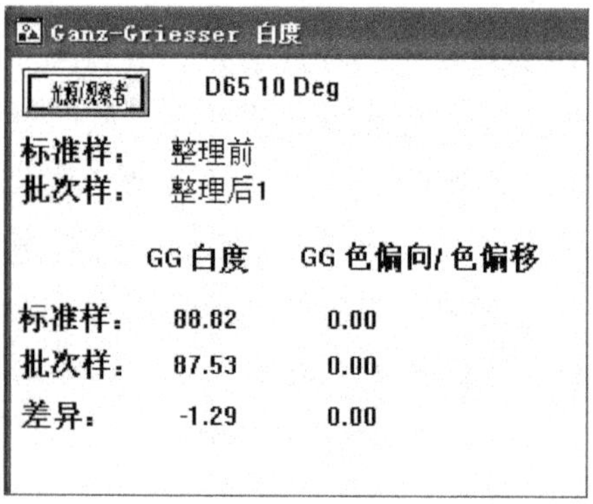

图 8-29　织物整理前后的 Ganz-Griesser 白度

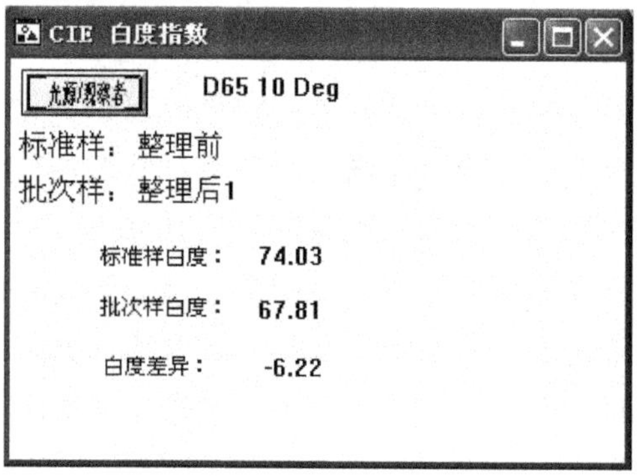

图 8-30　织物整理前后的 CIE 白度指数

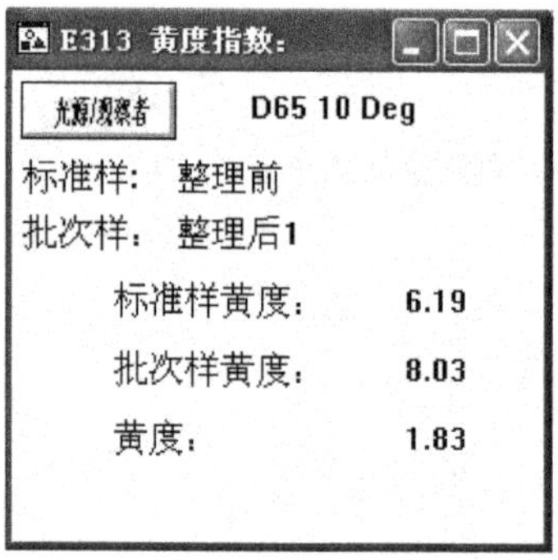

图 8-31　织物整理前后的黄度指数

从图中可以看出，织物经过柔软整理后，反射率曲线总体下降，K/S 值总体提高，白度值下降，黄度值提高。通过黄度值的测定，可以评价纺织品经过后整理加工后的黄变现象，为整理剂的选择和整理工艺的优化提供依据。

训练讨论：

1. 影响织物白度的因素有哪些？
2. 增白剂的选择和使用依据是什么？
3. 如何根据客户的要求选择不同色光的增白剂？

任务 2　染色平纹织物基本颜色参数的测定

训练目的：了解染色织物的基本颜色参数指标及含义，重点学会标准样颜色的测定方法，并对基本颜色参数进行分析。

训练项目： 汽巴克隆活性染料浅、中、深色染色平纹织物的基本颜色参数的测定，包括反射率曲线、K/S 值、色度图、标准色样的 X、Y、Z、x、y、L^*、a^*、b^*、C^*、H^* 值等。

训练步骤：

校正仪器→测定试样颜色→储存色样→建立色样储存文件夹→调用分析基本颜色参数

一、校正仪器

校正仪器步骤见任务 1。

二、测定试样颜色

（1）仪器校正后，在分光光度仪孔径上放上测色样。

（2）打开测色软件，出现图 8－32 界面，使用鼠标点选下图“标准样：仪器”旁的选项。

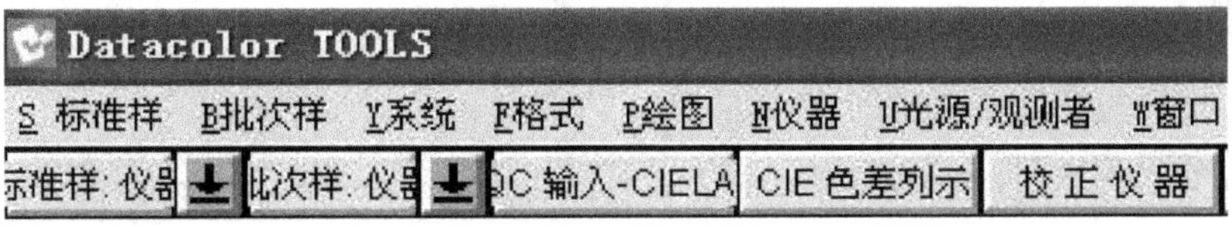

图 8－32

（3）此时即会出现如图 8－33（a）的窗口，再从窗口内选择“仪器平均值”选项。测定色样的设定可根据实际的需求，而采用不同的设定，设定选项具体见图 8－33（b）。建议尽量选用“仪器平均值”（多点、多位置测色），所测到的色样数据会较为客观。

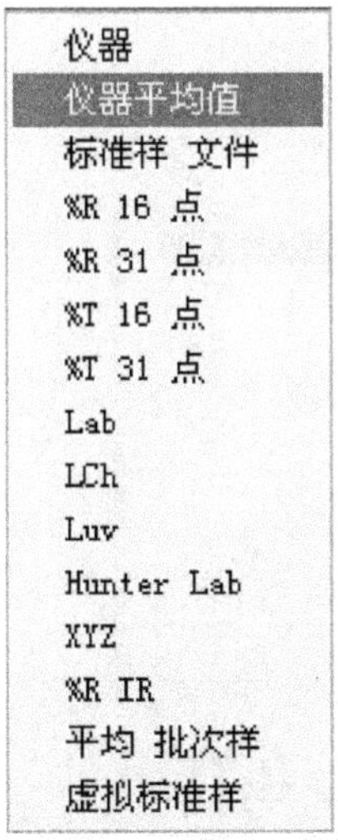

(a)

仪器	单点测色
仪器平均值	多点测色
标准样文件	标准样档案
%R16点	输入反射率数据 16点
%R31点	输入反射率数据 31点
%T16点	输入穿透率数据16点
%T31点	输入穿透率数据 31点
Lab	输入Lab
LCh	输入LCh

(b)

图 8－33

（4）点选上面窗口内的“仪器平均值”后，按钮画面会转变为如图 8－34 所示。

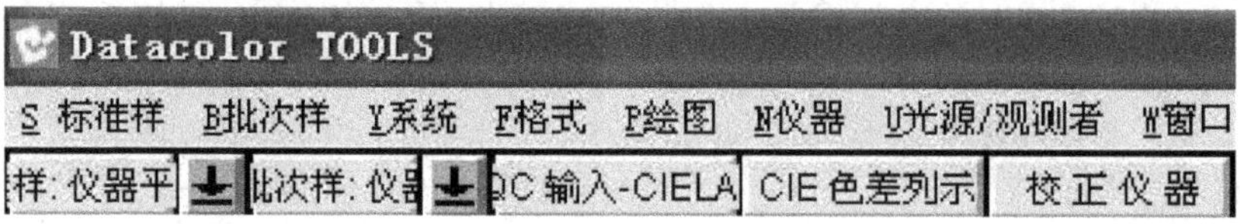

图 8－34

（5）如图 8－35 画面所示，在“标准样名称”方框中输入色样名称。

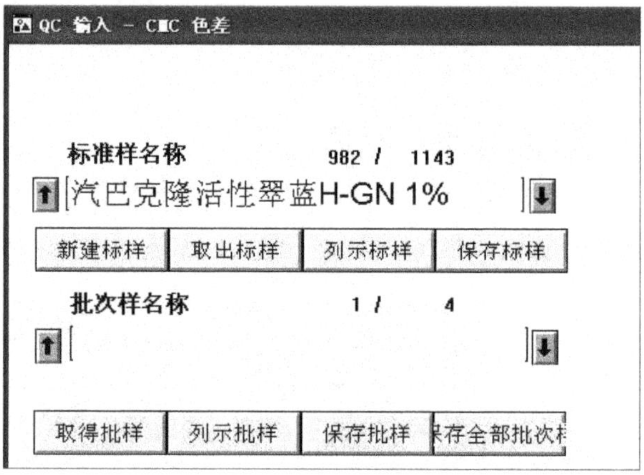

图 8－35

（6）输入标准样名称后，点选 样:仪器平 按钮后，即会出现测色窗口，再点选 M测色 按钮之后，即开始进行测量色样的动作，移动色样位置，更换测量点，再一次点选 M测色 按钮，如不需再测色时，请按 接受目前资料 按钮即完成测色工作。一般在安装软件与仪器时，会将测量的次数设定为 4 次，如果测量次数为第 4 次时， M测色 此按钮会转换成 A接受 。

（7）依次测色界面与结果如图 8－36～图 8－39 所示。

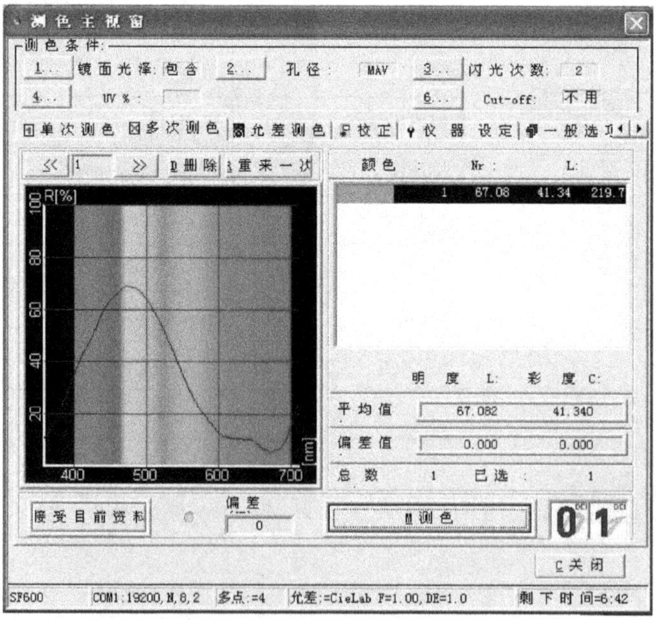

图 8－36　一次测色结果

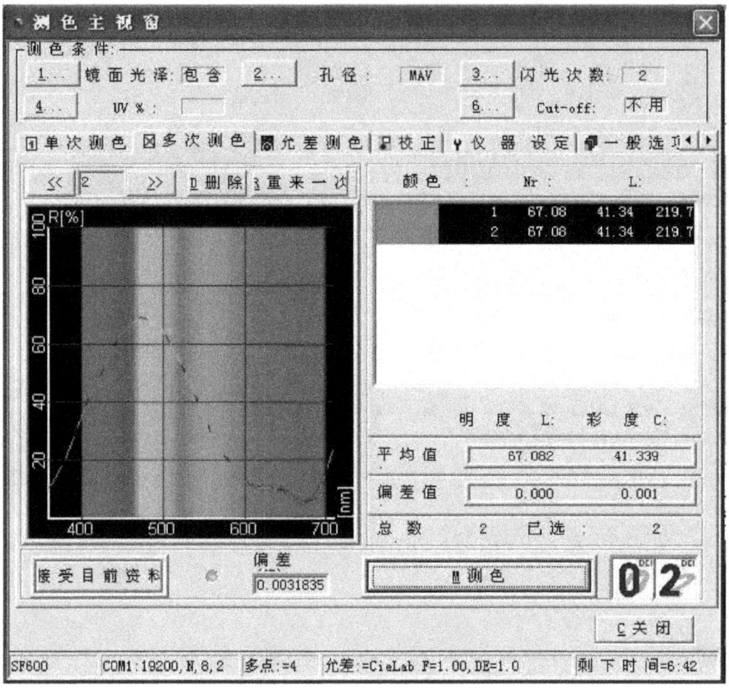

图 8－37　二次测色结果

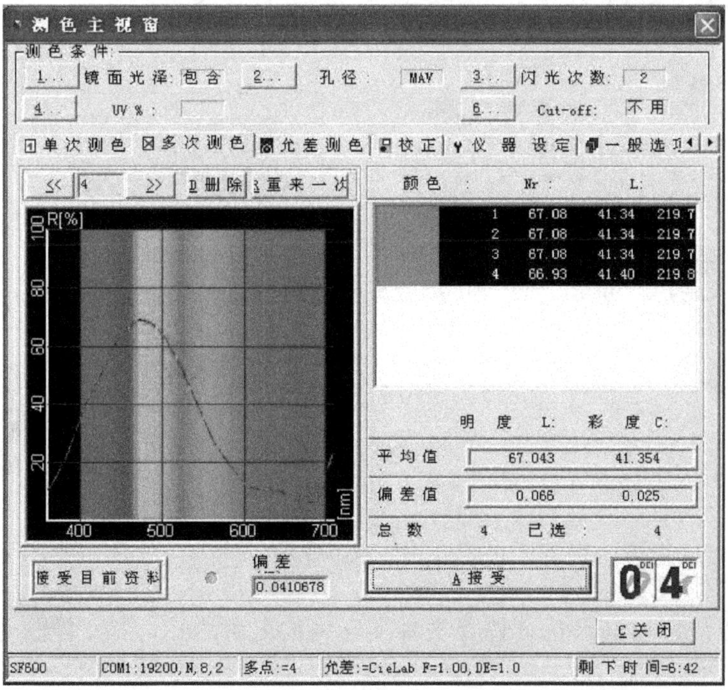

图 8－38　四次测色结果

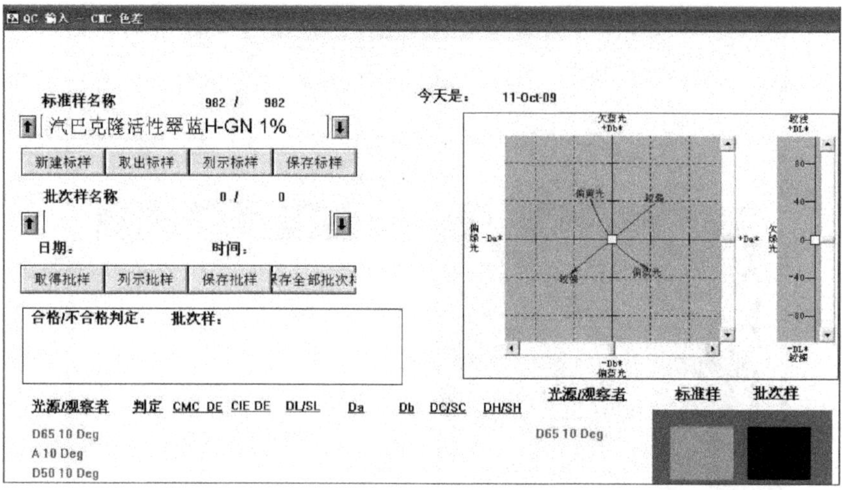

图 8-39 汽巴克隆活性翠蓝 H-GN 1%的颜色界面

三、储存色样

可以将每次的测色资料储存在计算机内，作为颜色资料保存。保存色样数据的步骤如下：

(1) 使用鼠标点选图 8-40 内的“保存标样”按键后，会出现如图 8-41 的窗口。

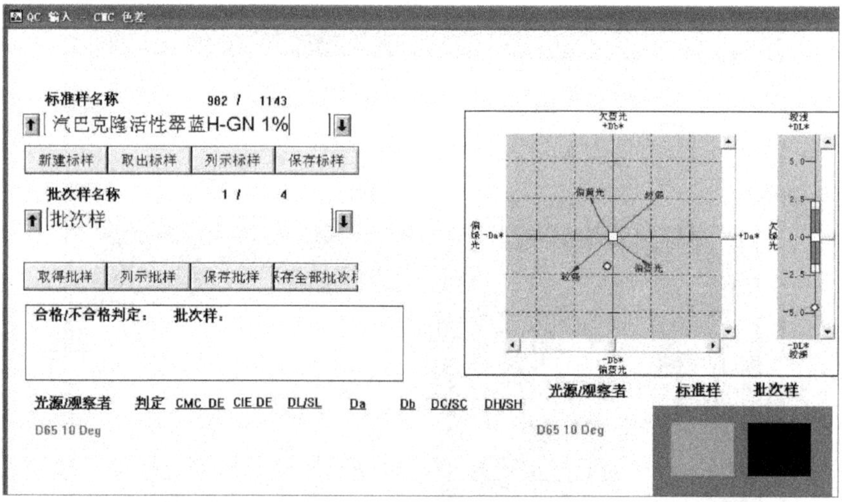

图 8-40

(2) 此时可以使用鼠标点选“选择文件夹”内的名称之后，按下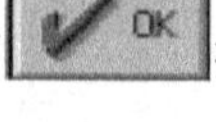按钮，即完成储存色样的操作。

(3) 也可以选择菜单“标准样”选项，选择“文件”然后找寻“保存”，如图 8-42 所示，也会出现如图 8-41 的窗口。

图 8－41

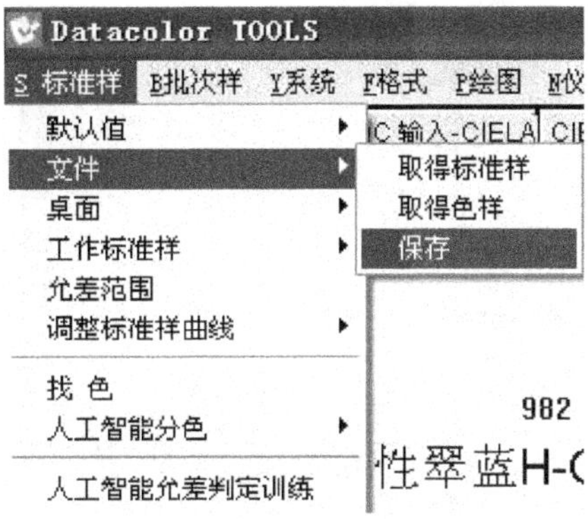

图 8－42

图 8－43

四、建立色样储存文件夹

（1）出现“选择文件夹”的窗口时，请将鼠标的光标置于此窗口内并按下鼠标右键，即会出现图 8－43 的窗口。

（2）选择“新根目录数据夹”建立新的根文件夹时，会出现图 8－44“新根目录数据夹”的窗口，在窗口中输入文件夹的名称之后按下 OK 按钮，则会在“选择文件夹”窗口内看到所建立的数据夹名称。如图 8－45、图 8－46 所示。

（3）当出现“选择文件夹”的窗口时，请选择根文件夹并按下鼠标右键，即会出现图 8－47 所示的视窗。

图 8－44

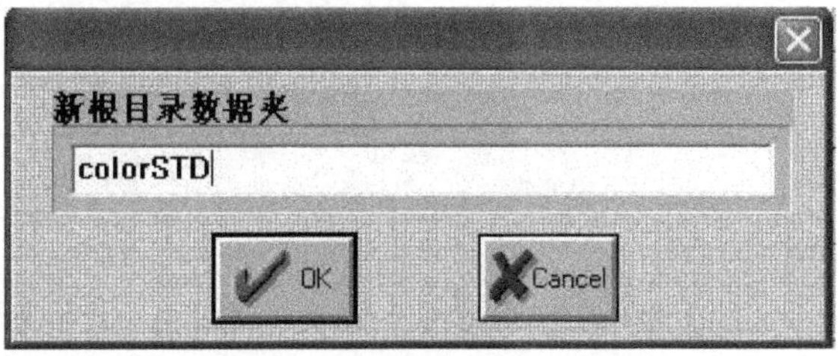

图 8－45

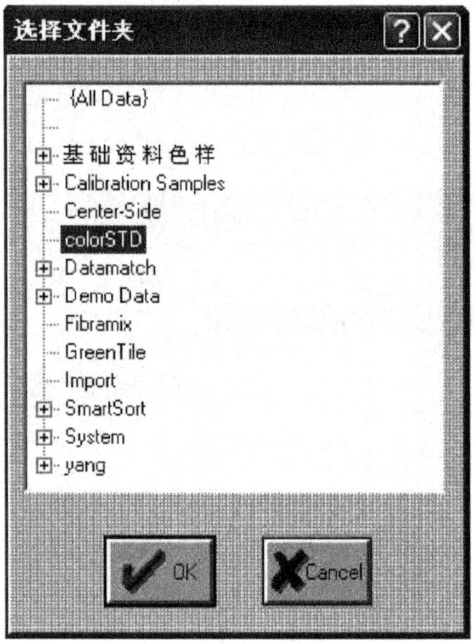

图 8 - 46

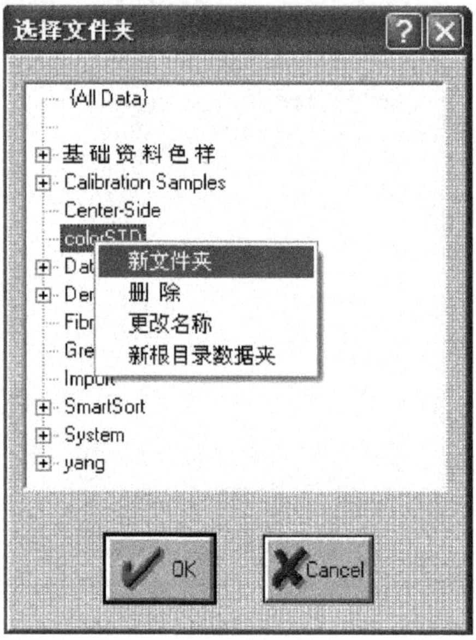

图 8 - 47

(4) 选择“新文件夹”建立新的子文件夹时，会出现图 8 - 48“新文件夹”的窗口，在窗口中输入数据夹的名称之后按下按钮。

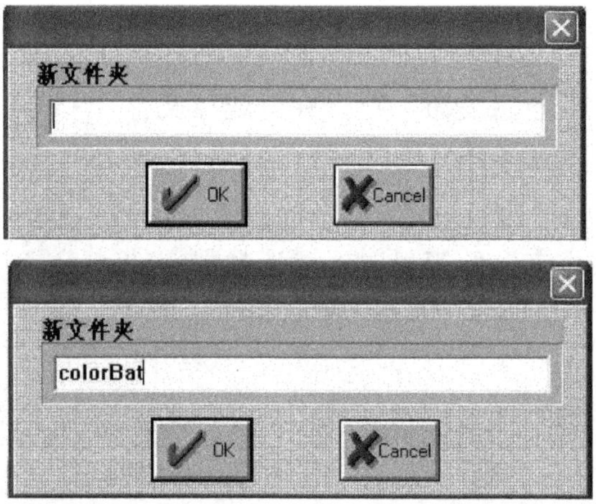

图 8 - 48

(5) 则会在“选择文件夹”窗口内看到所建立的文件夹名称（图 8 - 49)。

五、调用分析基本颜色参数

1. 获取反射率曲线　点击图 8－39 中的“取出标样”按钮，在所储存的文件夹中找到“汽巴克隆活性翠蓝 H－GN 1%”标准样，点击菜单“绘图”中的“曲线绘图”中的“%R/%T”，也可从菜单“格式”中的“屏幕格式”中点击“%R 反射率曲线”栏目（图 8－50 是依次把汽巴克隆活性翠蓝 H－GN 2%、3%、4%、5%颜色分别作为批次样测得的，批次样测定方法将在任务 3 中介绍）。

图 8－49

图 8－50 清晰地表明了汽巴克隆活性翠蓝 H－GN 单色样从浓度 1%、2%、3%、4%、5%依次递升，而反射率逐渐降低、颜色亮度降低的趋势。曲线反射率最高处的波长 470～480nm 表示颜色的色调是翠蓝色，曲线波峰的宽窄分别表示出颜色的纯度。

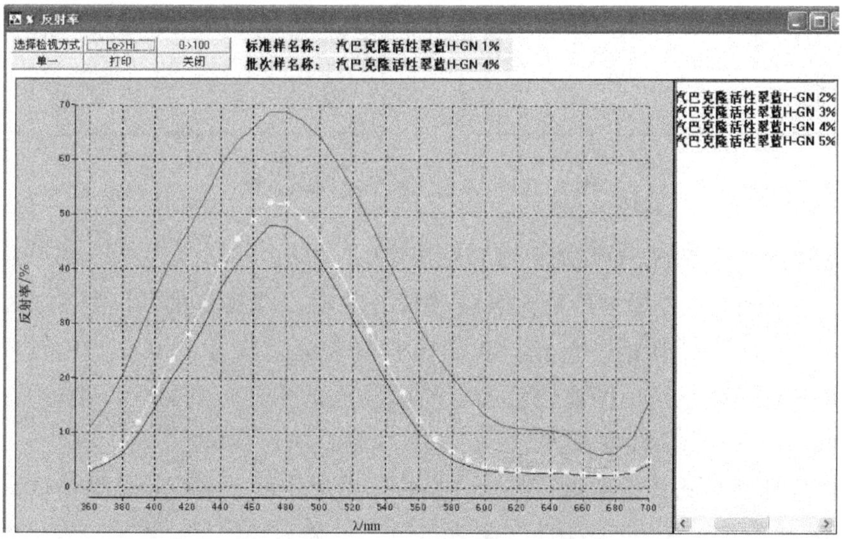

图 8－50　染色织物的反射率曲线

打开“格式”菜单中的“屏幕格式”，选择“%反射率 10nm 水平”，出现如图 8－51 的窗口，表示在 400～700nm 范围内每隔 10nm 的反射率具体数值。

2. 获取 K/S 值　点击图 8－51 中的“K/S（absorb）”按钮，出现如图 8－52 所示的窗

% 反射率 10nm 水平

%R / %T Plot　K/S (Absorb.)

标准样： %R
汽巴克隆活性翠蓝H-GN 1%

400-450 nm	35.08	41.90	46.91	52.61	59.07	63.24
460-510 nm	65.96	68.70	68.73	67.09	64.15	59.73
520-570 nm	54.49	48.66	42.49	35.92	29.48	24.33
580-630 nm	20.25	16.53	13.18	11.51	10.82	10.64
640-690 nm	10.53	9.64	7.22	5.96	6.36	9.18
700 nm	15.86					

批次样： %R
汽巴克隆活性翠蓝H-GN 2%

400-450 nm	26.45	33.00	37.95	43.73	50.66	55.30
460-510 nm	58.37	61.41	61.32	59.26	55.77	50.84
520-570 nm	45.26	39.29	33.21	26.94	20.94	16.34
580-630 nm	12.92	10.07	7.71	6.59	6.15	6.00
640-690 nm	5.90	5.47	4.19	3.63	3.87	5.36
700 nm	9.62					

% 反射率 10nm 水平

%R / %T Plot　K/S (Absorb.)

标准样： %R
汽巴克隆活性翠蓝H-GN 1%

400-450 nm	35.08	41.90	46.91	52.61	59.07	63.24
460-510 nm	65.96	68.70	68.73	67.09	64.15	59.73
520-570 nm	54.49	48.66	42.49	35.92	29.48	24.33
580-630 nm	20.25	16.53	13.18	11.51	10.82	10.64
640-690 nm	10.53	9.64	7.22	5.96	6.36	9.18
700 nm	15.86					

批次样： %R
汽巴克隆活性翠蓝H-GN 3%

400-450 nm	20.91	27.09	31.92	37.61	44.65	49.50
460-510 nm	52.72	56.01	55.85	53.55	49.71	44.51
520-570 nm	38.80	32.85	26.93	21.01	15.53	11.54
580-630 nm	8.76	6.65	5.06	4.33	4.05	3.95
640-690 nm	3.87	3.60	2.98	2.76	2.85	3.76
700 nm	6.52					

% 反射率 10nm 水平

%R / %T Plot　K/S (Absorb.)

标准样： %R
汽巴克隆活性翠蓝H-GN 1%

400-450 nm	35.08	41.90	46.91	52.61	59.07	63.24
460-510 nm	65.96	68.70	68.73	67.09	64.15	59.73
520-570 nm	54.49	48.66	42.49	35.92	29.48	24.33
580-630 nm	20.25	16.53	13.18	11.51	10.82	10.64
640-690 nm	10.53	9.64	7.22	5.96	6.36	9.18
700 nm	15.86					

批次样： %R
汽巴克隆活性翠蓝H-GN 4%

400-450 nm	17.58	23.39	28.06	33.64	40.64	45.56
460-510 nm	48.84	52.18	51.98	49.58	45.55	40.31
520-570 nm	34.60	28.73	23.00	17.43	12.45	8.98
580-630 nm	6.68	5.04	3.89	3.41	3.19	3.13
640-690 nm	3.08	2.96	2.55	2.40	2.50	3.23
700 nm	5.10					

% 反射率 10nm 水平

%R / %T Plot　K/S (Absorb.)

标准样： %R
汽巴克隆活性翠蓝H-GN 1%

400-450 nm	35.08	41.90	46.91	52.61	59.07	63.24
460-510 nm	65.96	68.70	68.73	67.09	64.15	59.73
520-570 nm	54.49	48.66	42.49	35.92	29.48	24.33
580-630 nm	20.25	16.53	13.18	11.51	10.82	10.64
640-690 nm	10.53	9.64	7.22	5.96	6.36	9.18
700 nm	15.86					

批次样： %R
汽巴克隆活性翠蓝H-GN 5%

400-450 nm	14.73	20.07	24.47	29.76	36.47	41.27
460-510 nm	44.53	47.90	47.86	45.54	41.58	36.40
520-570 nm	30.79	25.10	19.64	14.50	10.05	7.08
580-630 nm	5.23	4.00	3.19	2.89	2.72	2.69
640-690 nm	2.67	2.57	2.36	2.27	2.38	2.82
700 nm	4.23					

图 8－51　染色织物的反射率数据

口，即汽巴克隆活性翠蓝 H－GN 单色样依浓度 1%、2%、3%、4%、5%依次递升，其 K/S 值依次递升。考察表面色深通常取最大吸收波长处的值，即具有最低反射率波长处的值，在 670nm 处，同时试样应具有相同色相，我们比较其表面色深才有意义。比较反射率曲线和 K/S 曲线，可知这个颜色是一种比较纯的、亮度较大的翠蓝色，最大反射率在 470～480nm 处，亮度较大，波峰突出，纯度较大。

3. 获取标准色样的色度学参数　点击“格式”菜单中的“屏幕格式”，选择“COLOR 色度学参数”，出现图 8－53 一系列的色度学参数，主要有 X、Y、Z、x、y、L^*、a^*、b^*、C^*、H^* 值。

参数 L^*、a^*、b^*、C^*、H^*[❶]是 CIELAB 色差公式基于建立的颜色空间中的参数，L^* 值表示颜色的明度，表中 L^* 值随色样浓度的增加而明度降低。a^* 值表示红绿轴，a^* 表示颜

❶　色差公式中规定用 H^* 表示色相角，仪器中设置也用 h^* 表示色相角。

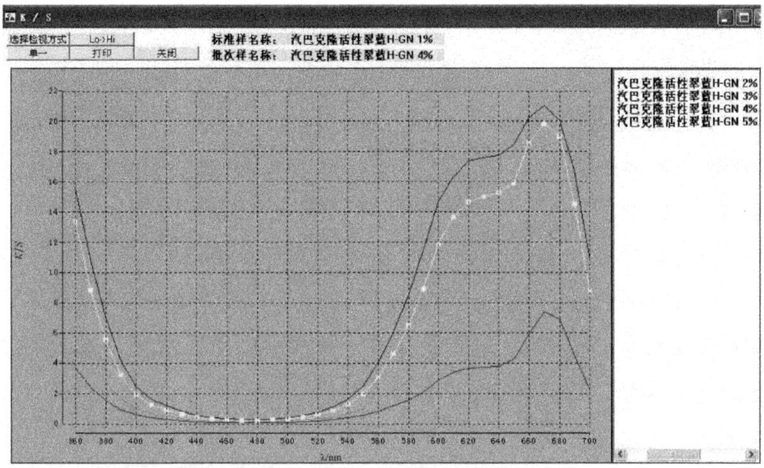

图 8－52　染色织物的 *K*/*S* 曲线

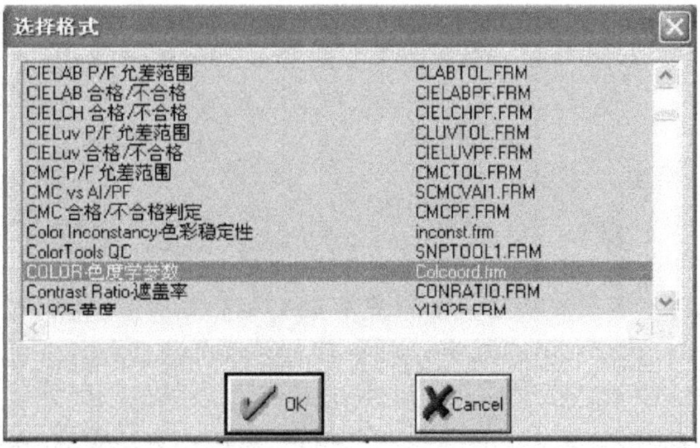

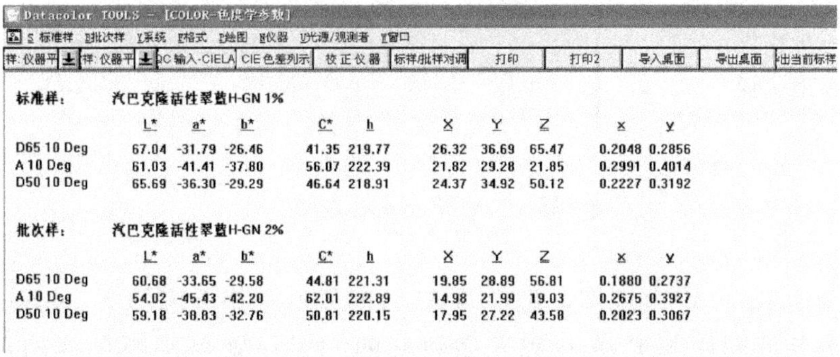

色样＼参数	L^*	a^*	b^*	C^*	h^*	X	Y	Z	x	y
汽巴克隆活性翠蓝H-GN 1%	67.04	−31.79	−26.46	41.35	219.77	26.32	36.69	65.47	0.2048	0.2856
汽巴克隆活性翠蓝H-GN 2%	60.68	−33.65	−29.58	44.81	221.31	19.85	28.89	56.81	0.1880	0.2737
汽巴克隆活性翠蓝H-GN 3%	55.98	−33.99	−31.55	46.38	222.87	15.99	23.89	50.58	0.1768	0.2641
汽巴克隆活性翠蓝H-GN 4%	52.84	−33.46	−32.52	46.66	224.19	13.84	20.90	46.37	0.1706	0.2577
汽巴克隆活性翠蓝H-GN 5%	49.90	−32.70	−32.63	46.20	224.93	12.05	18.34	41.96	0.1665	0.2535

图 8－53　色样的色度学参数

色的红绿色调，a^* 为负，表示偏绿光。b^* 表示黄蓝色调，b^* 为负，表示偏蓝光。C^* 为彩度坐标，表示颜色的鲜艳程度，与 a^*、b^* 之间的关系为：$C^*=(a^{*2}+b^{*2})^{1/2}$。$H^*$ 为色相角，指颜色的相貌，与 a^*、b^* 之间的关系为：$H^*=\tan^{-1}(b^*/a^*)$，试样的色相角均为 220°左右，表明色样处于第三象限，为蓝绿色。

以汽巴克隆活性翠蓝 H-GN 1%为例进行有关颜色参数的计算：

$C^*=(a^{*2}+b^{*2})^{1/2}=[(-31.79)^2+(-26.46)^2]^{1/2}=41.35$

$H^*=\tan^{-1}(b^*/a^*)=\tan^{-1}[(-26.46)/(-31.79)]=219.77$

4. 色度坐标和色度图 打开“绘图”菜单中的“色度图”栏目，出现如图 8-54 所示的窗口，即为该色样在色度图中的位置。

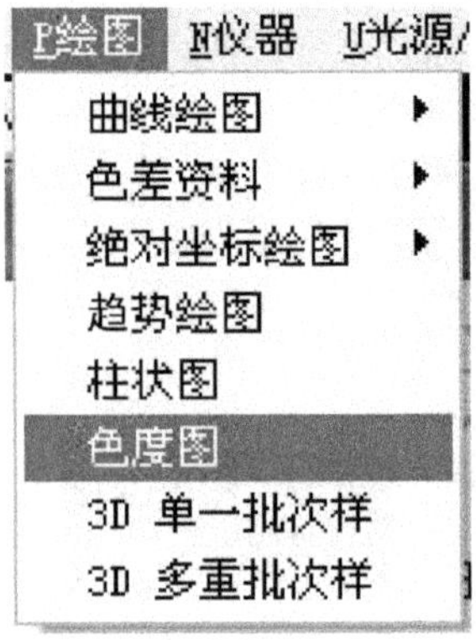

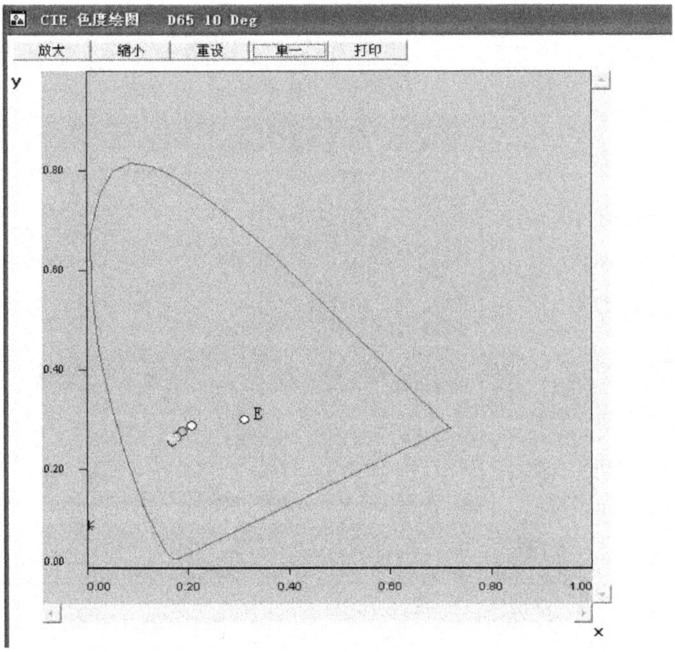

图 8-54 色样的色度图

色度图是 CIE1931-xy 色度图，色样的 X、Y、Z 值和相对应的 x、y 坐标值如上表所示，根据色样在色度图中与光源 E 和光谱轨迹的相对位置可判断色样的色调、亮度和纯度。

训练讨论：

1. 简述反射率曲线和颜色的三个属性之间的关系？
2. K/S 值的含义及其在染整加工中的应用？

任务3　染色纱线色差的测定

训练目的： 能够对纱线的标准样和批次样进行色差测定，并对色差结果进行分析和对色光进行调整。

训练项目： 对染色纱线色差进行测定，并利用色差公式参数和颜色方位图进行调色。

训练步骤：

仪器校正→测定标准样颜色→测定批次样颜色→储存批次样→色差计算和分析→判断调色方法

一、校正仪器

校正仪器的步骤见任务1。

二、测定标准样颜色

测定并储存标准样颜色的步骤见任务2。标准样建立后，当每次批次样与之比对色差时，首先从标准样库中找出标准样，再进行批次样颜色测定进而进行色差的评定。

（1）使用鼠标点选中“取出标样”，即会出现如图8-55的窗口。

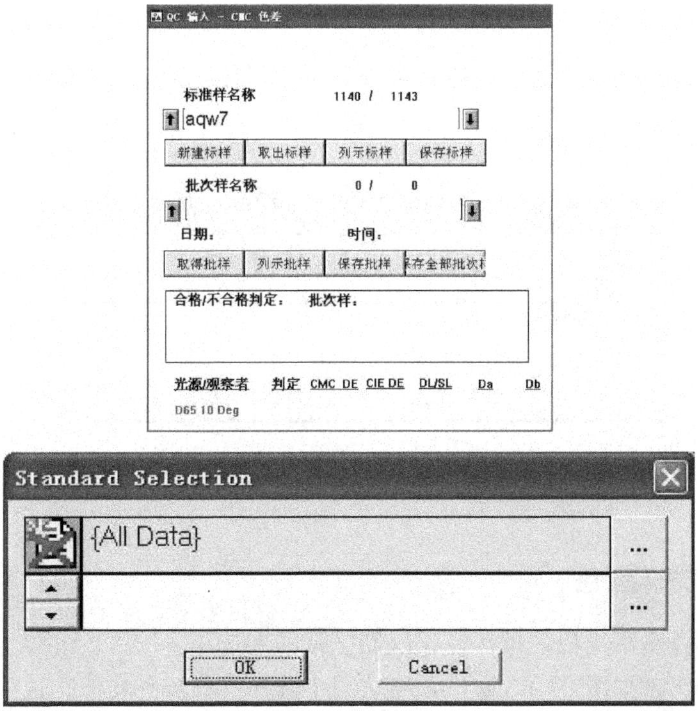

图8-55

（2）按下“浏览数据”按钮，此时会出现图 8－56 的窗口，首先选择标准样储存文件夹的位置，然后在窗口的右方找寻标准样的名称，并使用鼠标点选标准样，完成之后按下“确定”按钮。

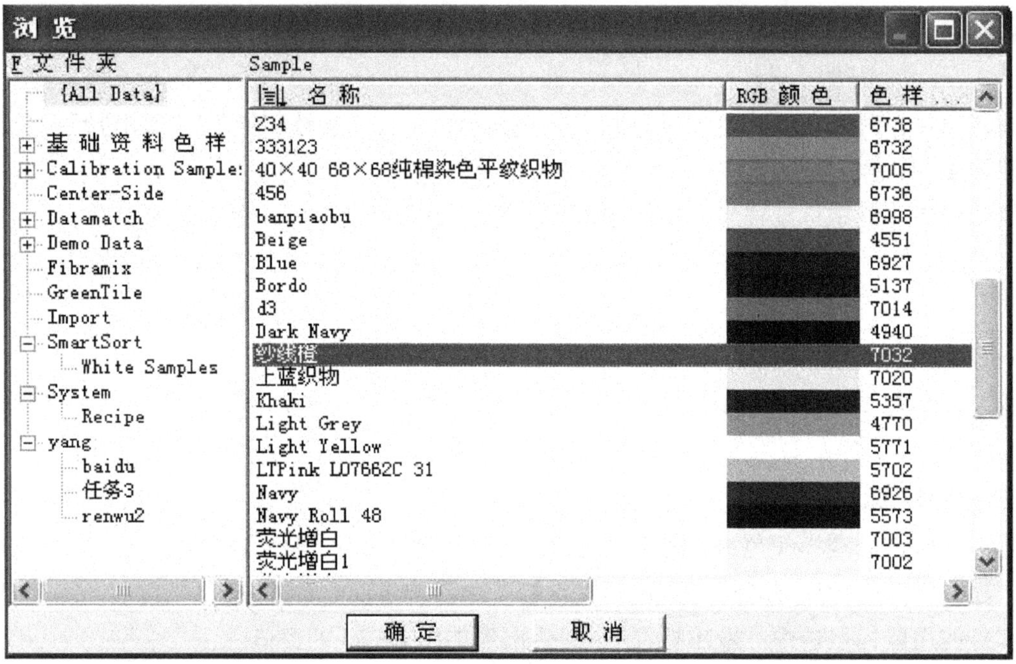

图 8－56

（3）之后会出现图 8－57 窗口，然后再按下“OK”按钮，所选择的标准样即会出现在桌面上（图 8－58）。

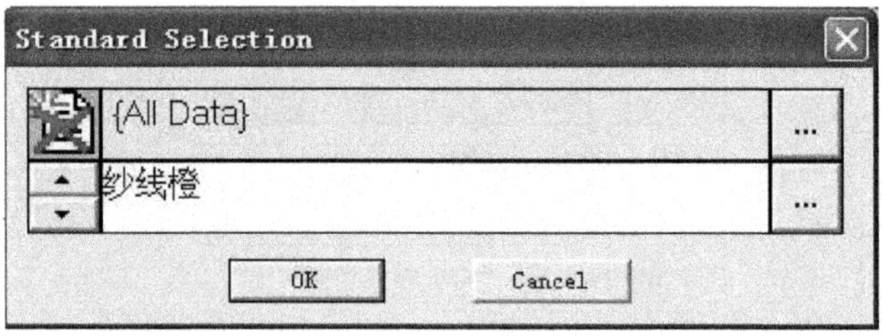

图 8－57

三、测定批次样颜色

（1）使用鼠标点选菜单栏“批次样：仪器”旁的选项（图 8－59）。

（2）此时即会出现如图 8－60 窗口，再从图中选择“仪器平均值”选项。

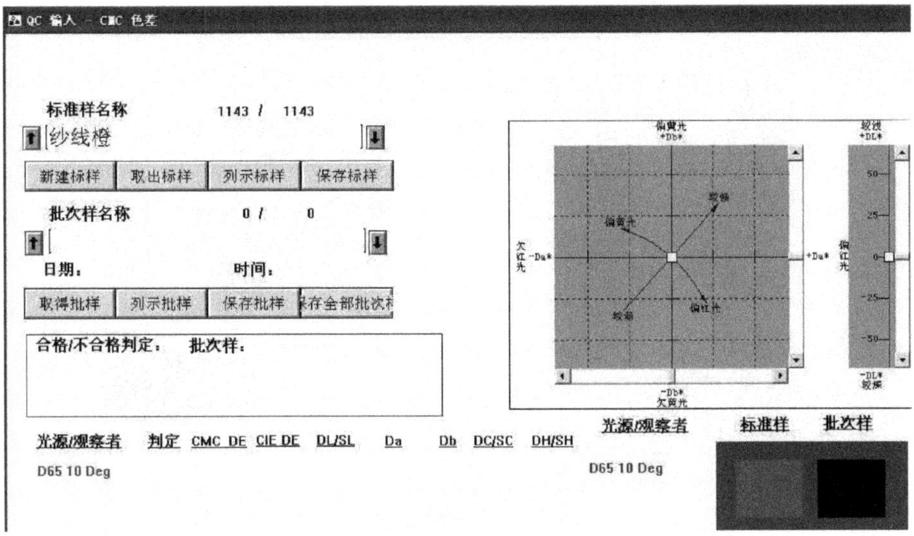

图 8-58

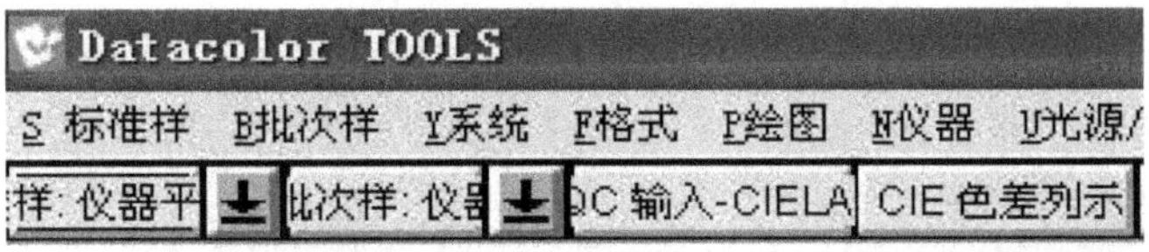

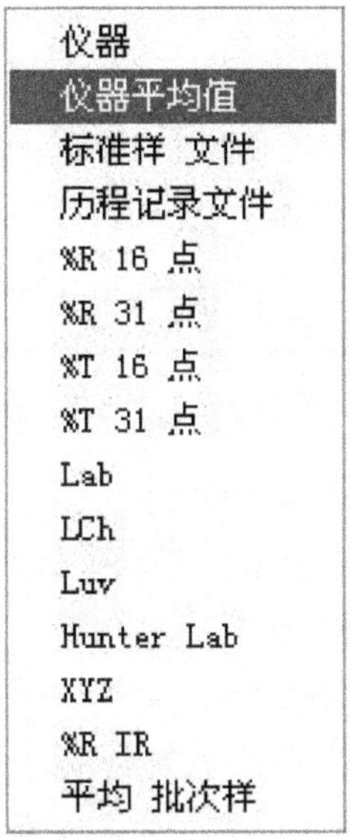

图 8-59　　　　图 8-60

(3) 点选图 8-60 窗口内的“仪器平均值”后，按钮画面会转变为如图 8-61 所示。

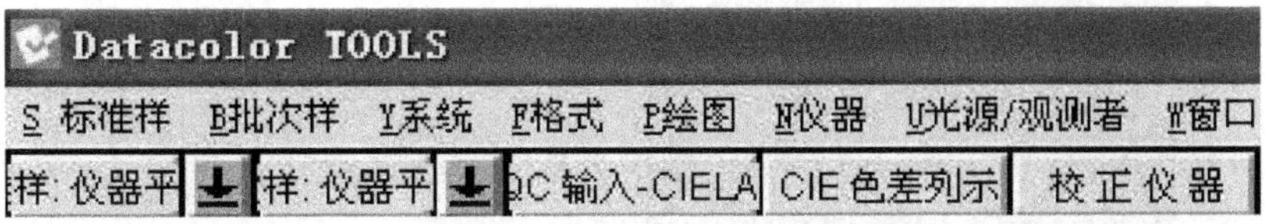

图 8-61

(4) 请先输入批次样名称，如图 8-62 画面在“批次样名称”方框中输入批次样名称。

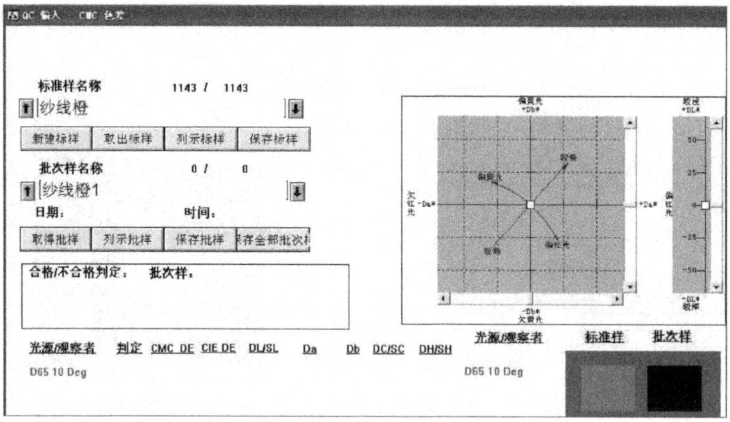

图 8－62

（5）输入批次样名称后，点选 样: 仪器平 按钮后，即会出现测色窗口画面，再点选 M 测色 按钮之后，即开始进行测量色样的动作，如要再测量色样时，请移动色样位置，再一次点选按钮 M 测色 ，如不需再测色时，请按 接受目前资料 按钮即完成测色工作。（一般在安装软件与仪器时，会将测量的次数设定为4次，如果测量次数为第4次时， M 测色 此按钮会转换成 A 接受 。）

（6）图 8－63～图 8－66 是批次样测色过程界面及测色结果。

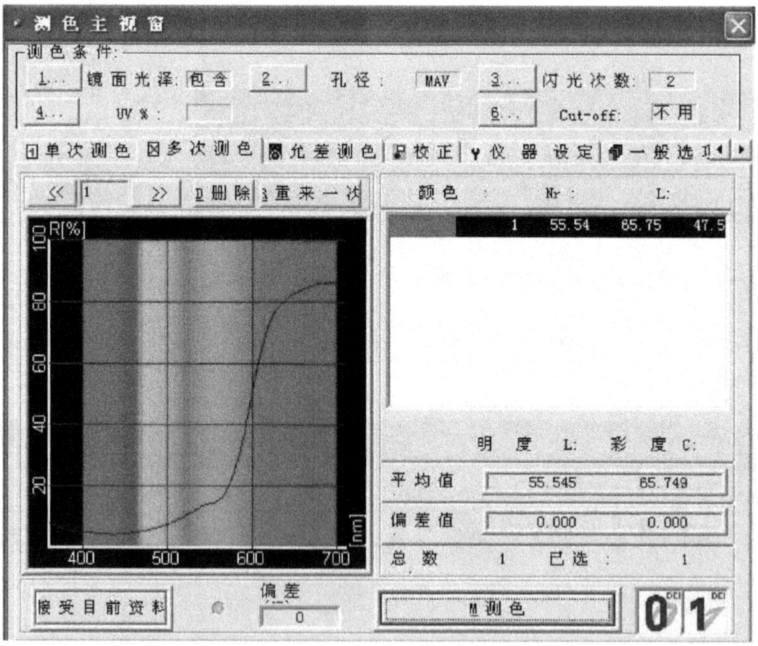

图 8－63　一次测色结果

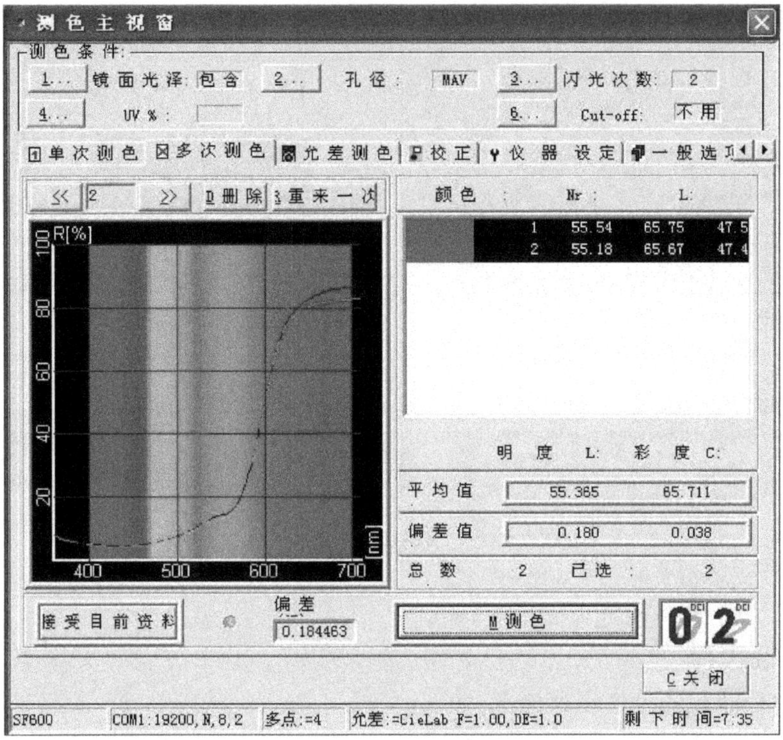

图 8-64　二次测色结果

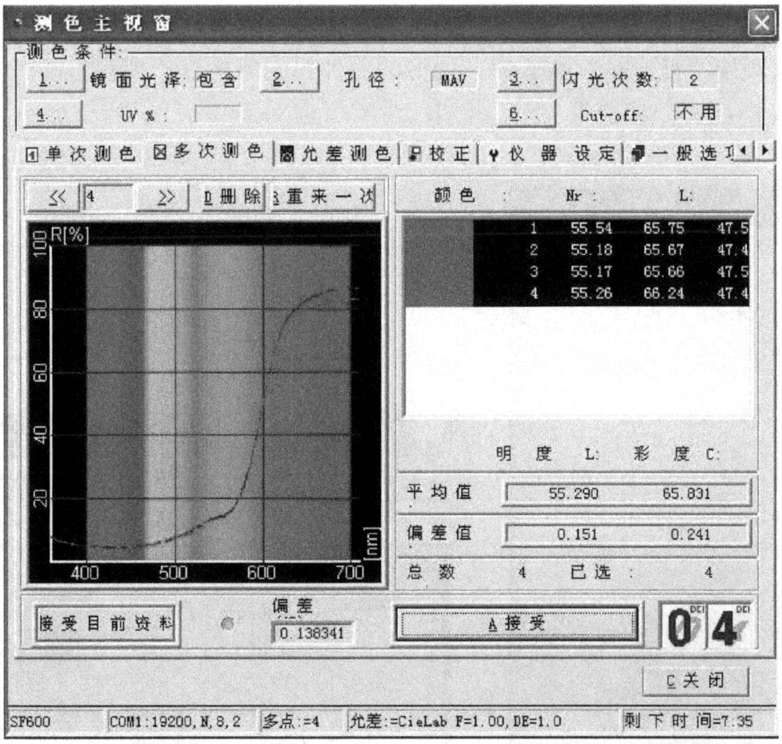

图 8-65　四次测色结果

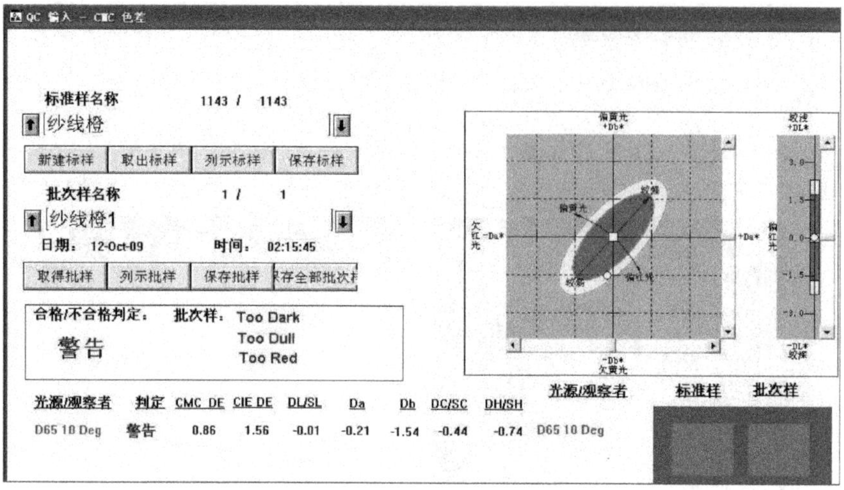

图 8-66　纱线橙色差测定界面

四、储存批次样

将批次样进行储存的操作步骤如下：

（1）使用鼠标点选图 8-66 内的“保存批样”按键后，会出现图 8-67 的窗口。

（2）此时可以使用鼠标点选文件夹内的名称之后，按下 OK 之按钮，即完成储存标准样之动作。

（3）也可以利用“批次样”的选项，选择“文件”然后找寻“保存目前”，如图 8-68 所示，也会出现图 8-67 的窗口。

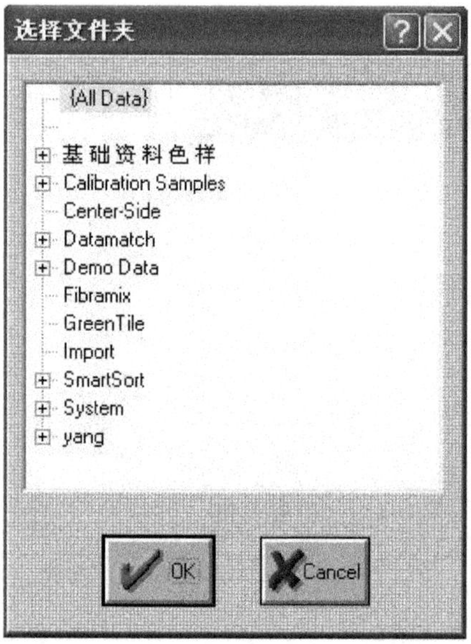

图 8-67

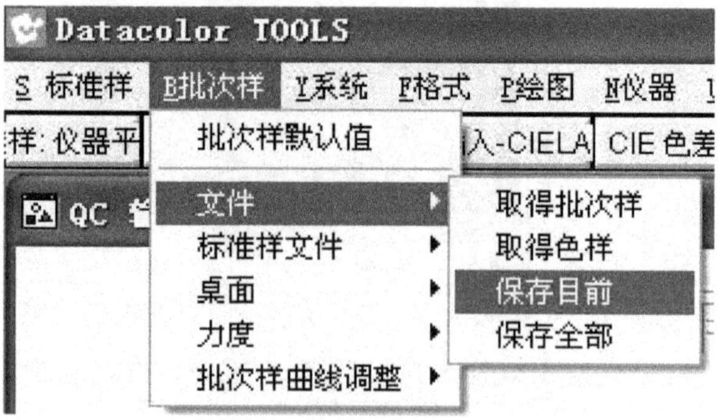

图 8-68

五、色差计算和分析

首先分析橙色色样的标准样和批次样的各项基本颜色参数。

1. 反射率曲线（图 8 - 69）

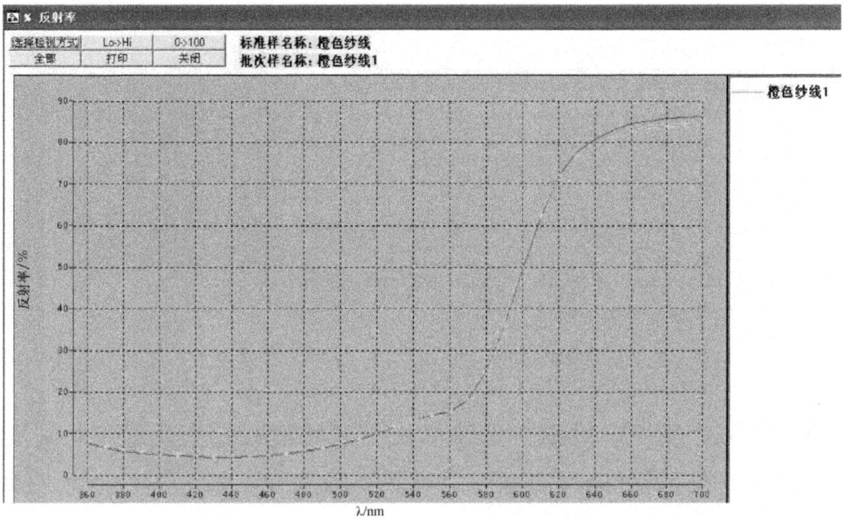

图 8 - 69　橙色纱线的反射率曲线

2. *K/S* 值曲线（图 8 - 70）

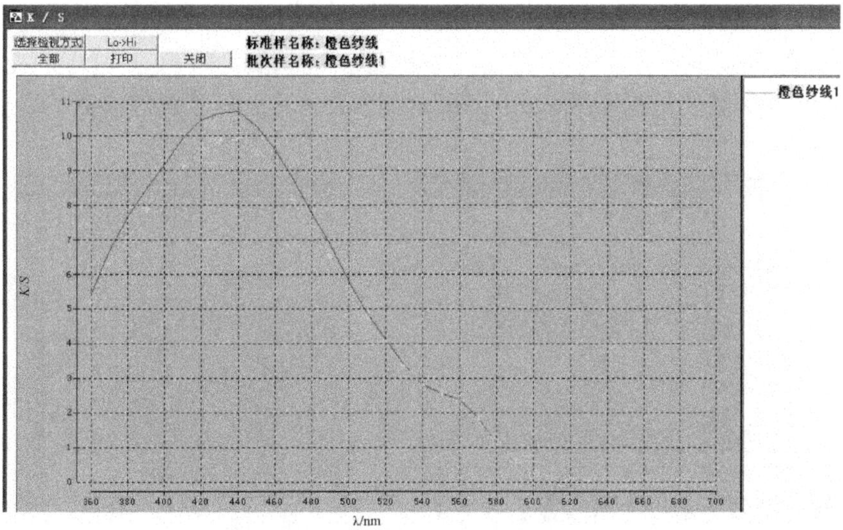

图 8 - 70　橙色纱线的 K/S 曲线

3. 色度学参数（图 8 - 71）

4. 色度坐标和色度图（图 8 - 72）

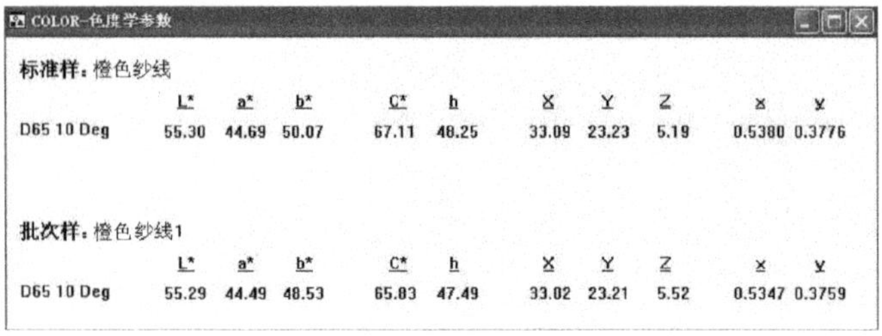

图 8-71　橙色纱线的色度学参数

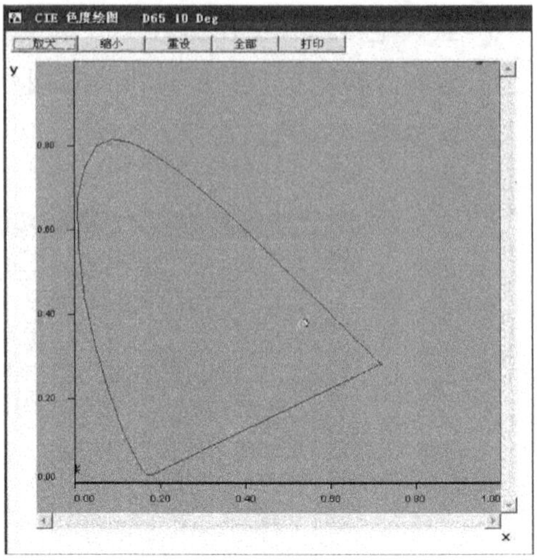

图 8-72　橙色纱线的色度图

以上基本颜色资料表明，该试样在橙红色波长区域具有较大反射率，最大反射率波长 λ_{max} 为 700nm，批次样和标准样的反射率曲线有微小的差异。试样在 440nm 处具有最大吸收和最大 K/S 值，批次样的 K/S 值在最大吸收波长临近区域比标准样低。试样颜色处于颜色空间的第一象限，色度图的橙色区域，为橙色色样。而从 L、a、b、C、H 值来看，批次样偏绿和偏蓝和略浓。

5. 色差值 DE　图 8-73、图 8-74 为测色系统给出的批次样和标准样的色差判定，包括 Da*、Db*、DL*、DC*、DH*、DL*/SL、DC*/SC、DH*/SH 值和 CMC DE、CIE DE 值和合格/不合格判定等。

上述有关参数是系统依据相关公式计算得出色差结果，有关颜色参数的计算过程如下：

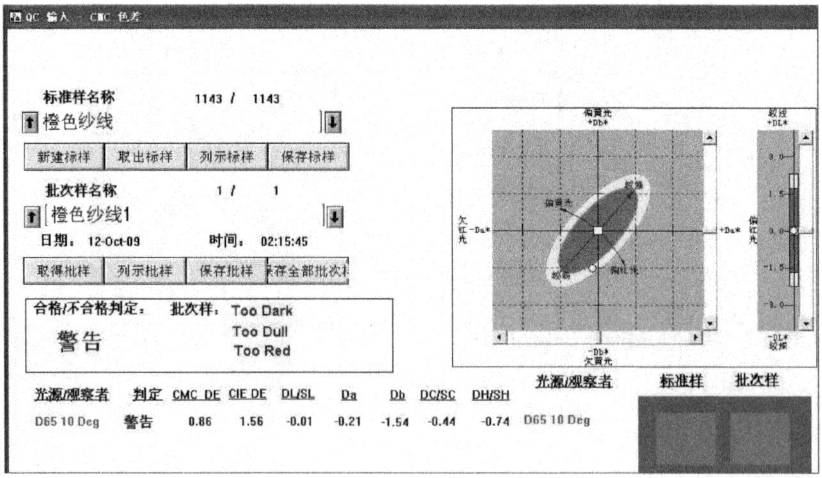

图 8-73　色差判定及结果

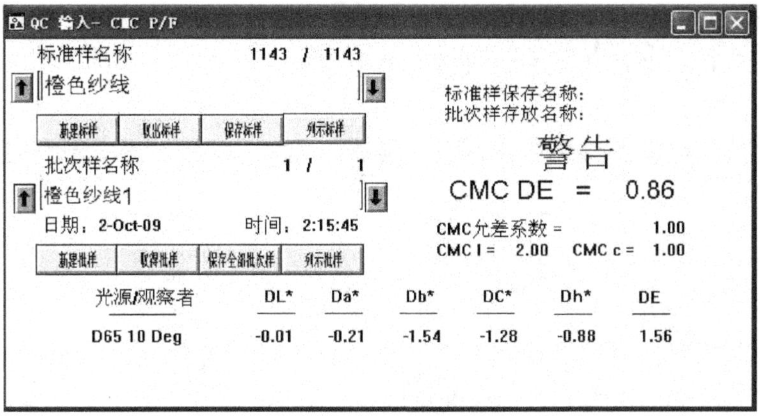

图 8-74　CMC P/F 判定

$DE=(DL^{*2}+Da^{*2}+Db^{*2})^{1/2}=[(-0.01)^2+(-0.21)^2+(-1.54)^2]^{1/2}=1.56$

$DE=(DL^{*2}+DC^{*2}+Dh^{*2})^{1/2}=[(-0.01)^2+(-1.28)^2+(-0.88)^2]^{1/2}=1.56$

$DE=[(DL^*/L\cdot S_L)^2+(DC^*/c\cdot S_c)^2+(Dh^*/S_h)^2]^{1/2}=[(-0.01/2)^2+(-0.44)^2+(-0.74)^2]^{1/2}=0.86$

标准样和批次样的CMC DE色差为0.86，CIE DE色差为1.56，而系统设定CMC（2∶1）色差公式为第一色差公式且其色差允差范围是1.00，实际色差值0.86小于1.00但接近于1.00，因此系统合格/不合格判定为警告（系统将色差值处于设定允差范围的75%～100%范围内的色差判定为警告）。

6. 颜色方位图　图8-75、图8-76分别是纱线橙CMC（2∶1）色差公式和CIELAB色差公式的颜色方位图，通过颜色方位图可以直观地显示出评定结果。CMC（2∶1）色差颜色

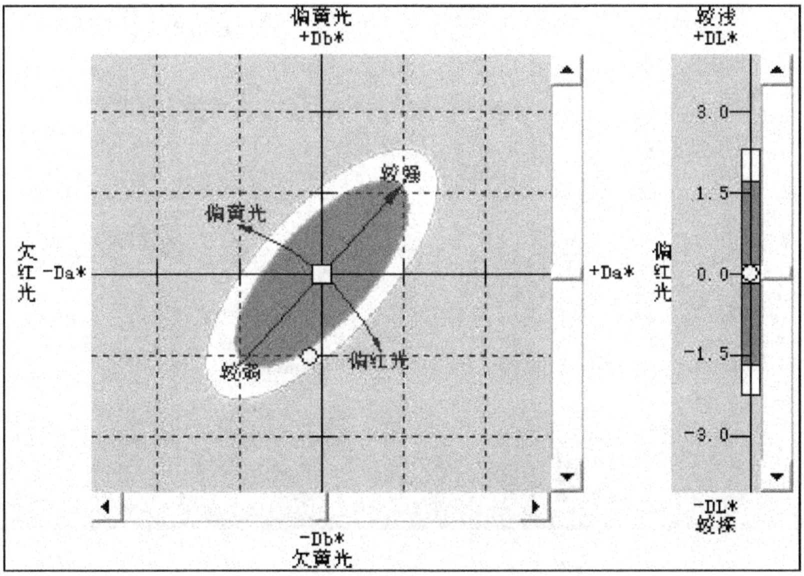

图 8-75　橙色纱线 CMC（2∶1）色差颜色方位图

方位图中，批次样处于图中的黄色区域，因此结论为警告，而 CIELAB 色差判定中给定的允差范围是 1.00，实际色差值达 1.56，所以颜色判定为不合格。

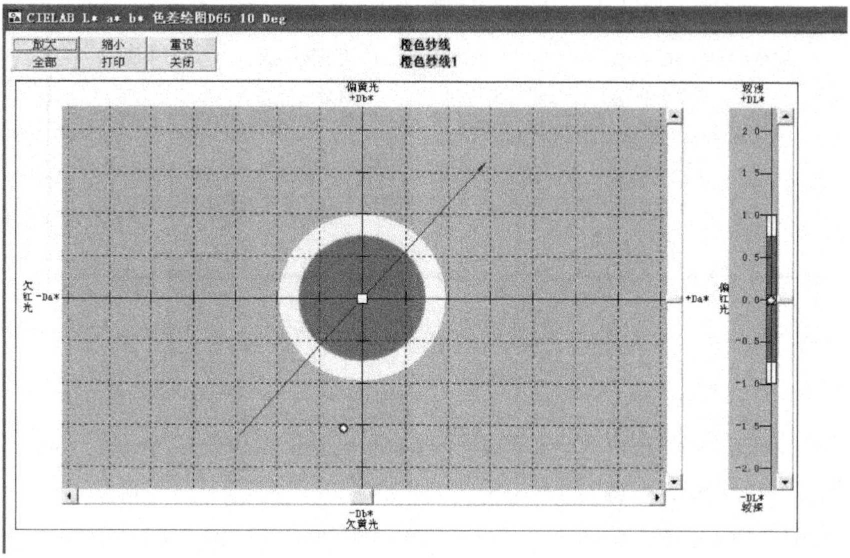

图 8－76　橙色纱线 CIELAB 色差颜色方位图

7. 变褪色色卡色差级数　点击“格式”菜单中的“屏幕格式”，选择“变褪色色卡评级”，可以对批次样进行色差评级（图 8－77）。批次样和标准样的色差评级结果为 4.55，即 4－5级（图 8－78）。

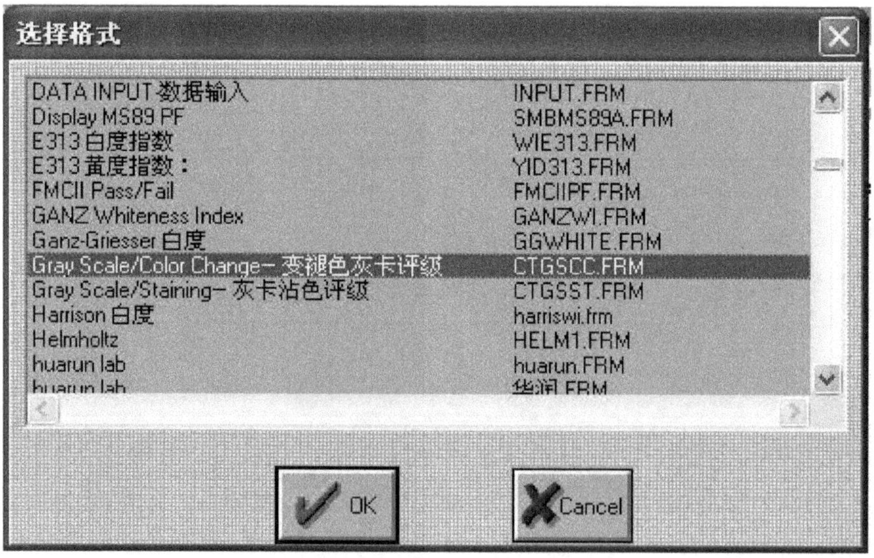

图 8－77

六、确定调色方法

根据图中 DL*、Da*、Db* 数值且均为负值，我们可以确定批次样稍浓，且偏绿偏蓝，所以批次样的调色可以减少蓝绿色光染料的用量。

训练讨论：

纱线染整中对颜色影响的因素和织物染整有什么不同?

图 8-78 色差级别的判定

任务 4 染色针织物色差的测定

训练目的： 能对染色针织物的色差进行测定，并对测试结果进行分析。重点学会用反射率 31 点或 16 点输入法设定颜色。

训练项目： 针织罗纹织物色差的测定，反射率 31 点法输入颜色，设定色差公式参数，并利用色差公式参数和颜色方位图进行调色。

训练步骤：

仪器校正→读入标准样颜色→设定色差公式和允差值→测定和储存批次样颜色→色差计算和分析→判断调色方法

一、校正仪器

校正仪器步骤见任务 1。

二、读入标准样颜色

设定输入标准样为 31 点反射率值的操作步骤如下：

(1) 使用鼠标点选图 8-79“标准样：仪器”按钮旁的按钮。

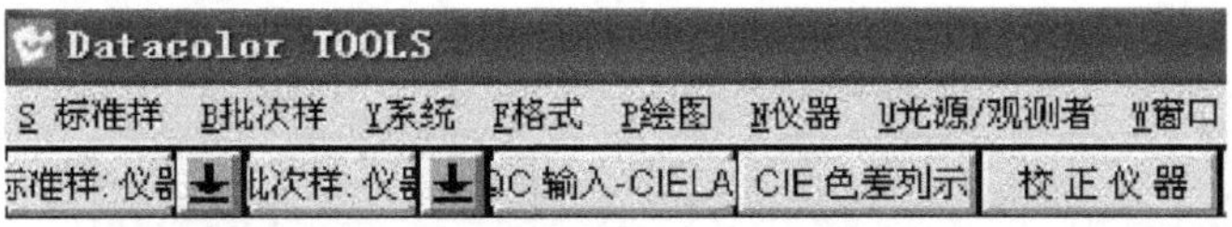

图 8-79

（2）点选“标准样：仪器”选择按钮后，即会出现如图 8－80 的窗口，此时在图中内选择“％R 31 点”选项，按钮列画面如图 8－81 所示：

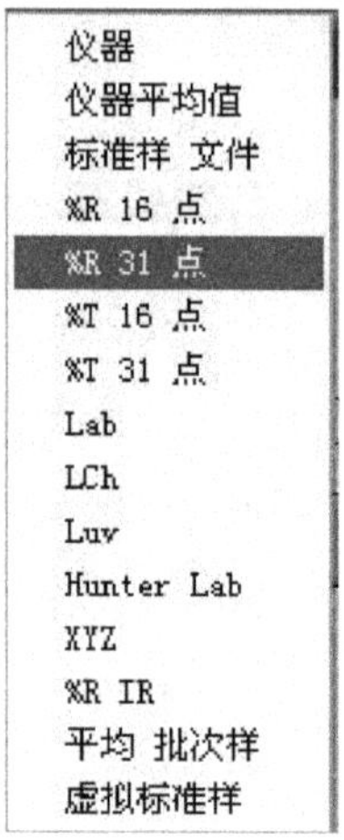

图 8－80

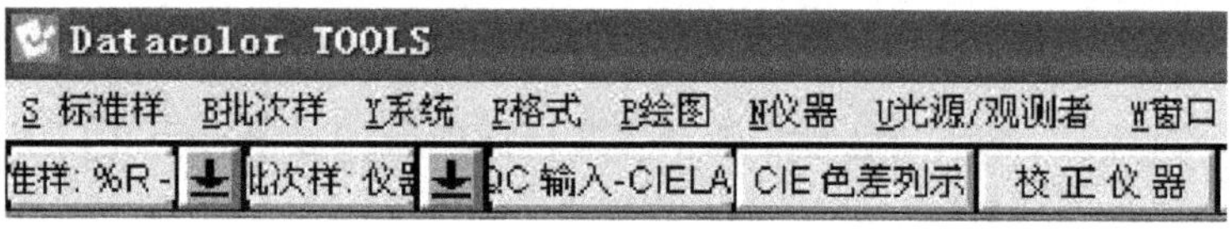

图 8－81

（3）在图 8－82 内的“标准样名称”方框中输入标准样名称“针织罗纹蓝色”。

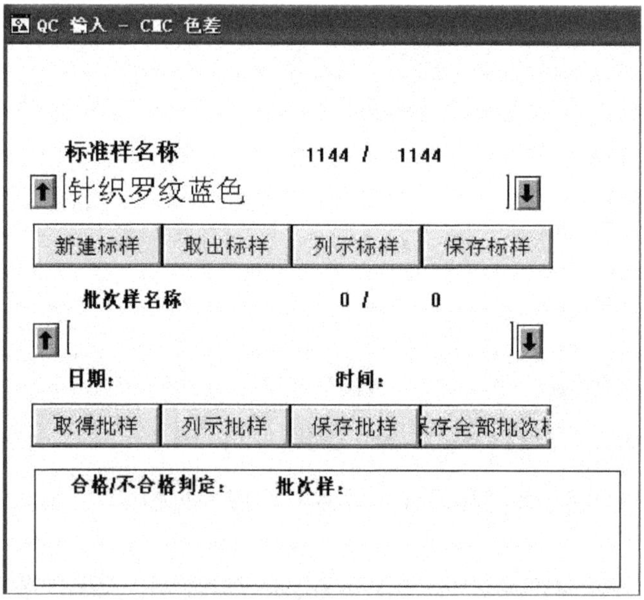

图 8－82

（4）当输入标准样名称后，请点选“标准样：％R”按钮，即会出现如图 8－83 窗口，再将反射率数据一一填入，完成后请按，即完成输入 31 点反射率值（图 8－84）。

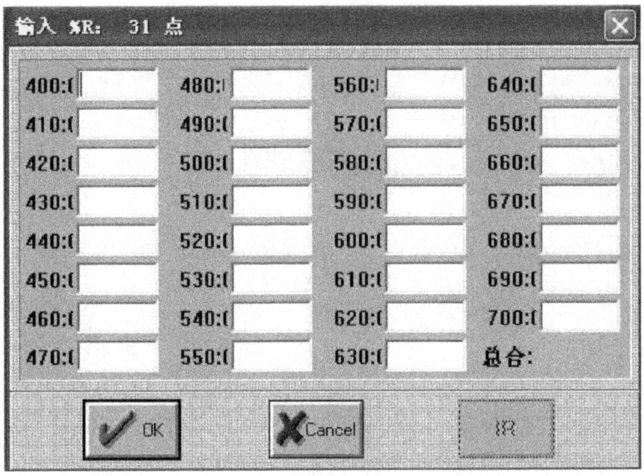

图 8 - 83

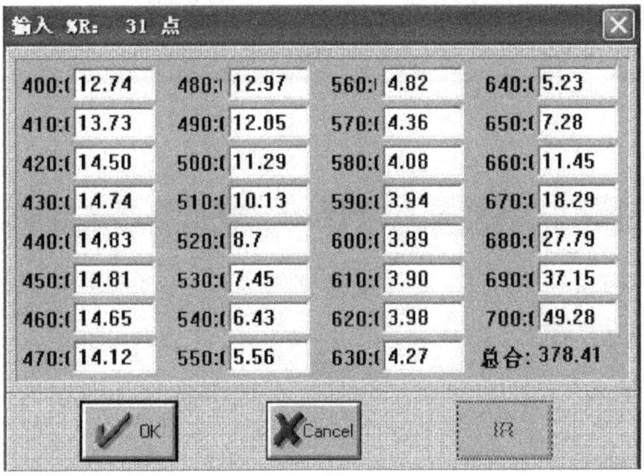

图 8 - 84

三、设定色差公式和允差值

（1）点击测色软件菜单“系统”中的“系统允差值”设定，出现图 8 - 85 窗口，选择 CMC2：1 色差公式，点击“编辑”按钮，出现图 8 - 86 窗口。

（2）点击“编辑评估”按钮，出现图 8 - 87 窗口。根据客户要求设定适当的允差值，如 CMC 2：1 色差值为 DE 为 2.00。点击按钮。

（3）依次点击按钮后，出现图 8 - 88 框，点击“是（Y）”。则系统内关于 CMC 2：1 的色差允差值 DE 已经设置为 2.00。系统将根据这个允差值判定标准样和批次样的色差合格与否。

（4）类似地，关于色差公式 CIELAB 的允差值的设定依次按以下步骤完成，设置完成后，系统内关于 CIELAB 的色差允差值 DE 已经设置为 1.00。如图 8 - 89～图 8 - 92 所示。

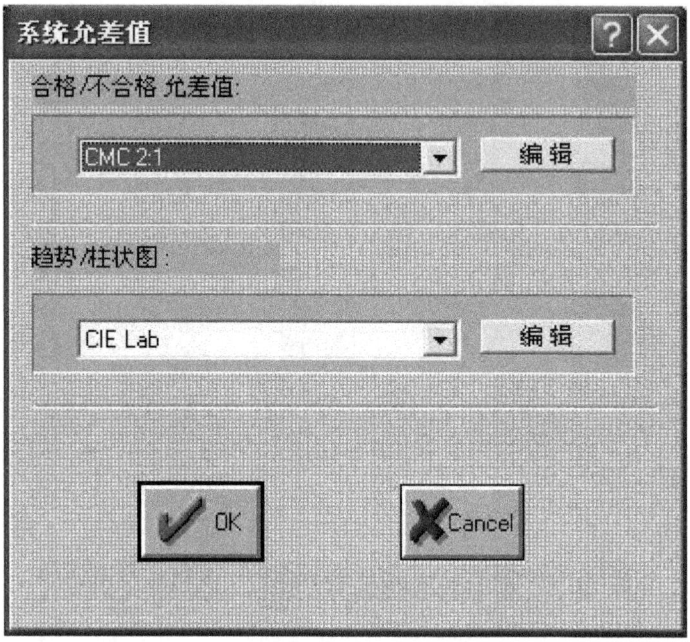
系统允差值
合格/不合格 允差值:
CMC 2:1
编辑
趋势/柱状图:
CIE Lab
编辑
OK
Cancel

图 8-85

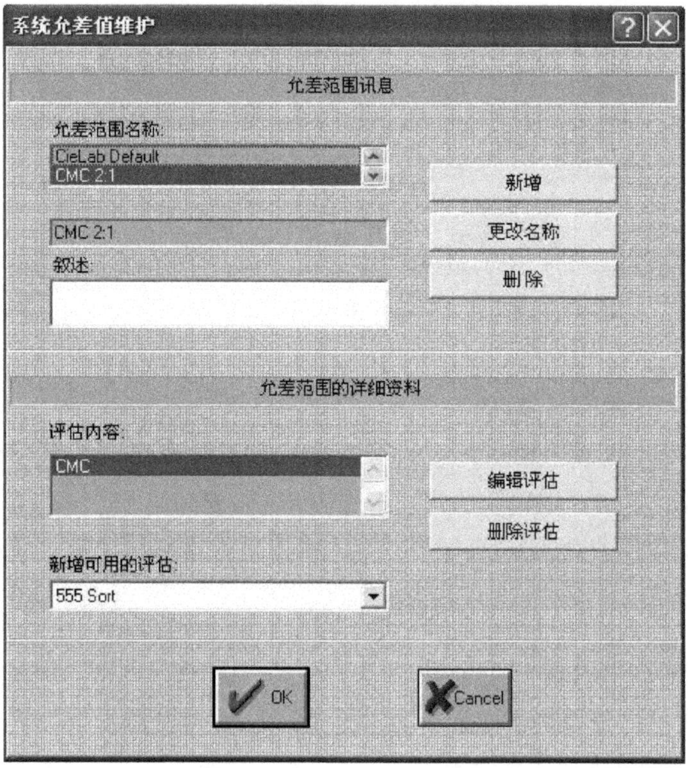
系统允差值维护
允差范围讯息
允差范围名称:
CieLab Default
CMC 2:1
新增
CMC 2:1
更改名称
叙述:
删除
允差范围的详细资料
评估内容:
CMC
编辑评估
删除评估
新增可用的评估:
555 Sort
OK
Cancel

图 8-86

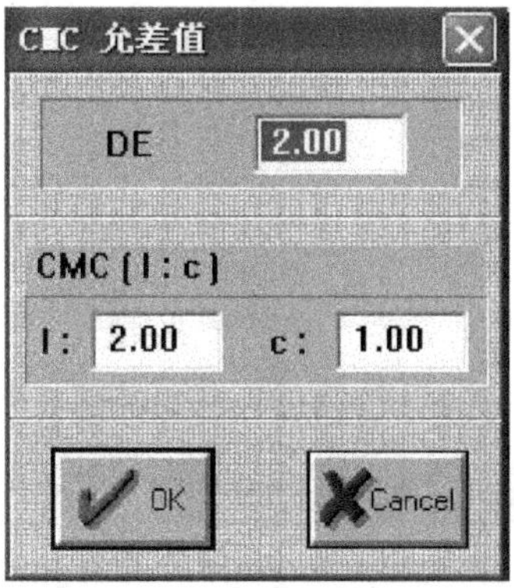

图 8 - 87

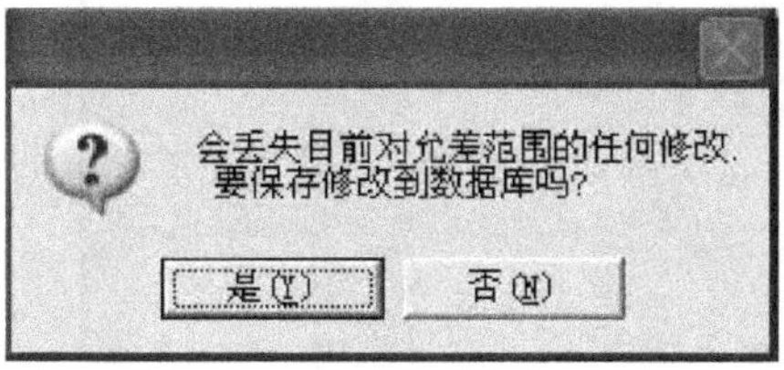

图 8 - 88

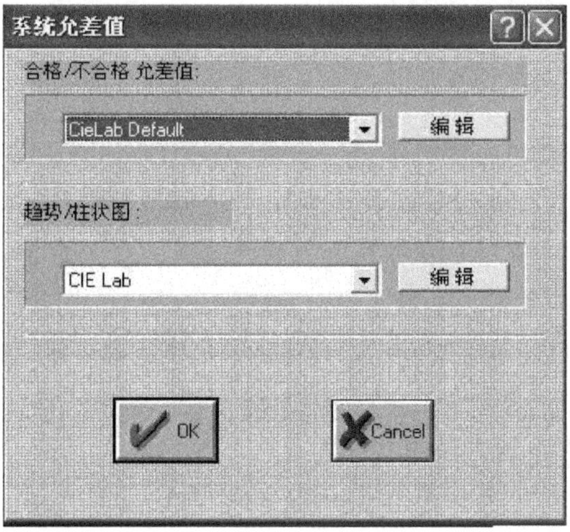

图 8 - 89

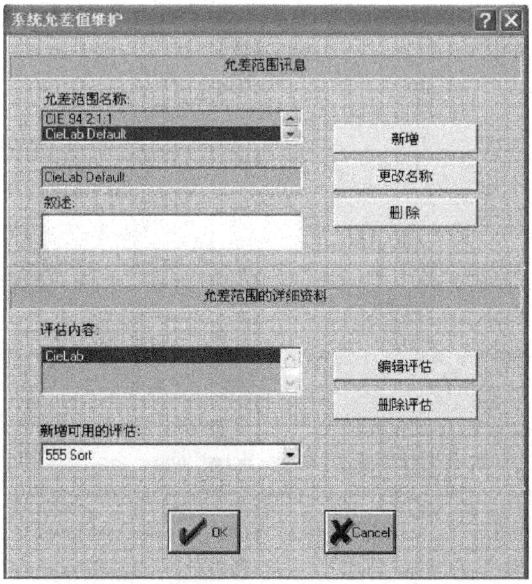

图 8 - 90

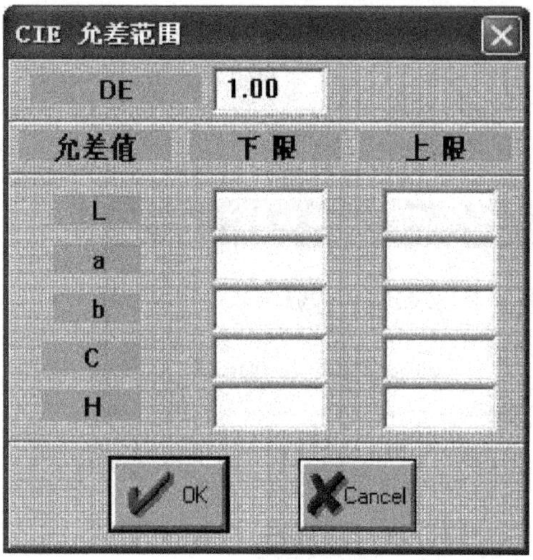

图 8－91

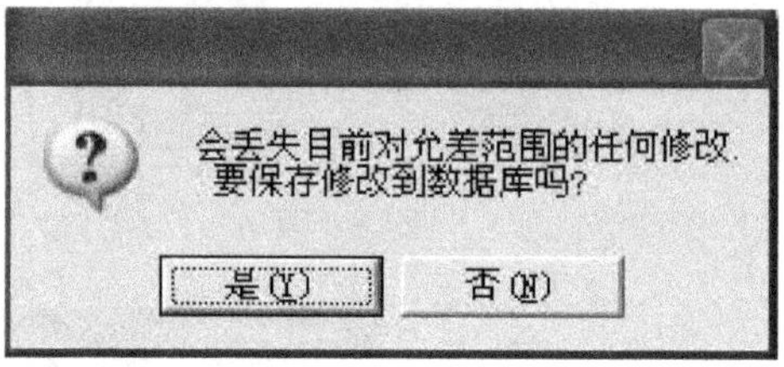

图 8－92

（5）图 8－91 中 CIE 允差范围除了可以设定 DE 值以外，还可以分别设定 L^* 、a^* 、b^* 、C^* 、h^* 的上限值和下限值，也就是说除了设定总色差值外，还可以分别对色相（偏红、偏绿）、亮度、彩度提出具体要求，如某些色样只允许偏淡、偏红等特殊要求。我们也可编辑复合色差公式来综合评定试样的色差。一般来讲，系统做出试样色差合格与否的判定依据是第一色差公式，第一色差公式可以通过系统设定，排在色差报告的第一栏，第二栏为第二色差公式。

四、测定和储存批次样颜色

测定和储存批次样颜色见任务 3，针织罗纹蓝色色差测定界面如图 8－93 所示。

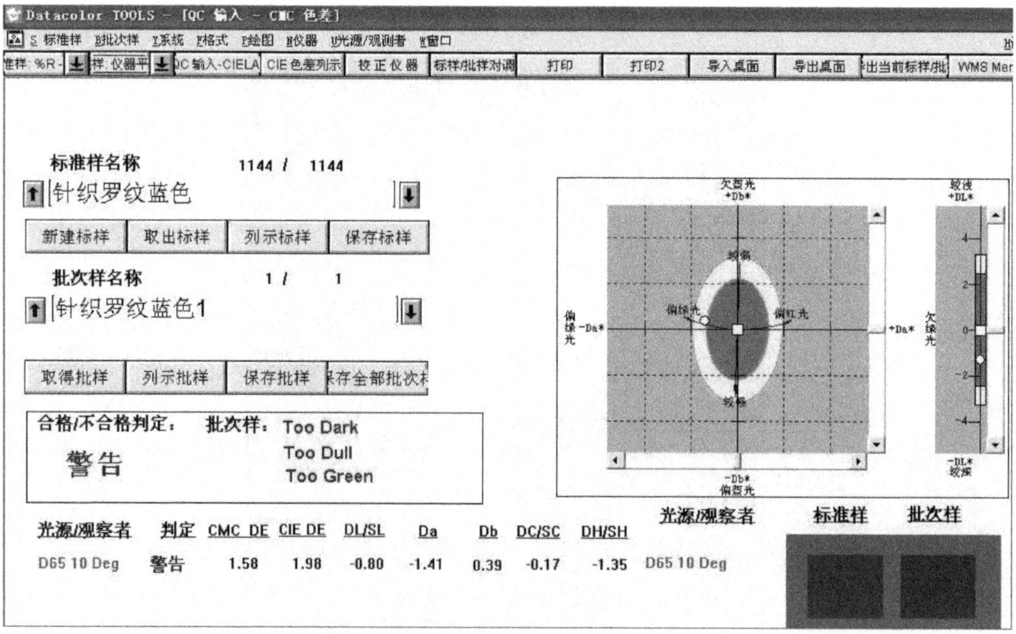

图 8－93　针织罗纹蓝色色差测定界面

五、色差计算和分析

首先分析蓝色色样的标准样和批次样的各项基本颜色参数。

1. 反射率曲线（图 8－94）

2. *K/S* 值曲线（图 8－95）

3. 色度学参数（图 8－96）

4. 色度坐标和色度图（图 8－97）

以上基本颜色资料表明，该试样在蓝色波长区域具有较大反射率，批次样和标准样的反射率曲线有微小的差异。试样在 610nm 处具有最大吸收和最大 *K/S* 值，批次样的 *K/S* 值在最大吸收波长临近区域比标准样大。试样颜色处于颜色空间的第三象限，色度图的蓝色区域，为蓝色色样。而从 L*、a*、b*、C*、h* 值来看，批次样偏绿、偏黄和略浓。

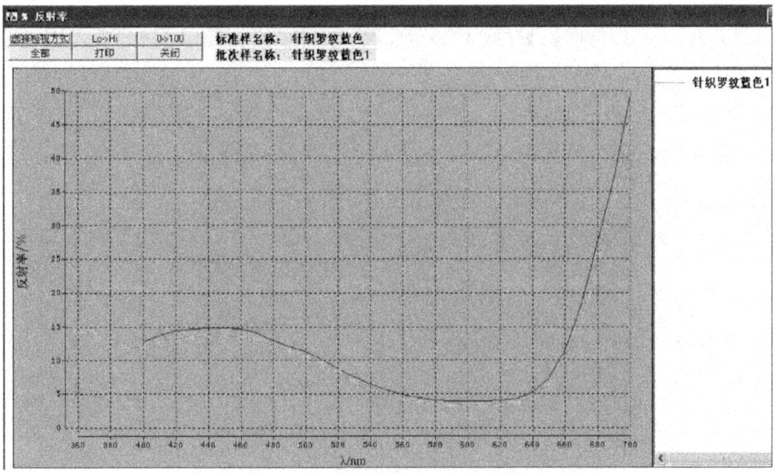

图 8－94　针织罗纹蓝色色样的反射率曲线

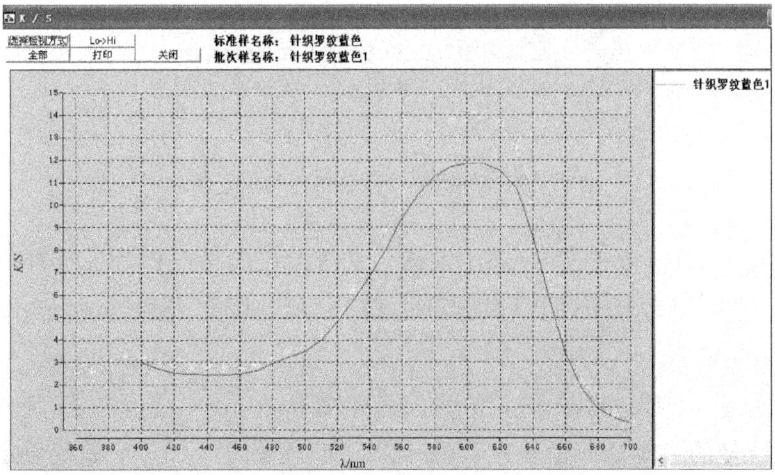

图 8－95　针织罗纹蓝色色样的 *K/S* 曲线

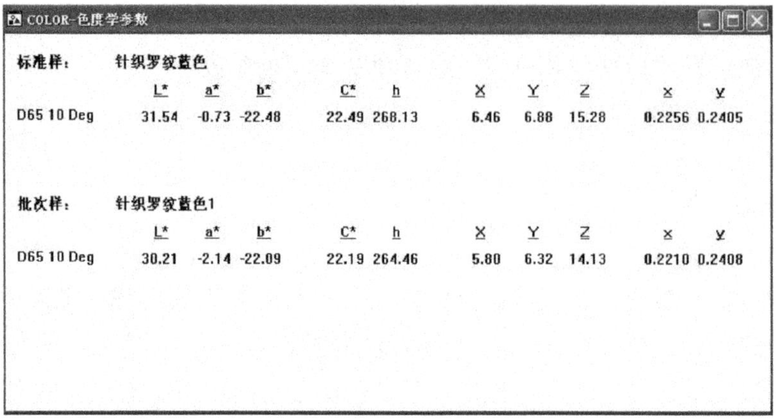

图 8－96 针织罗纹蓝色色样的色度学参数

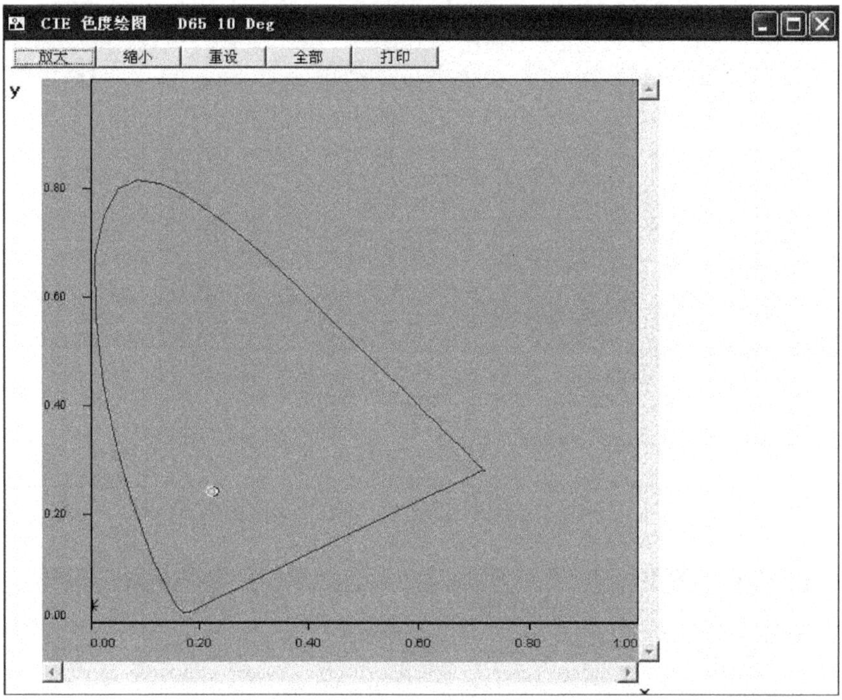

图 8－97 针织罗纹蓝色色样的色度图

5. 色差值 DE 图 8－98～图 8－101 为测色系统给出的批次样和标准样的色差判定，包括 Da*、Db*、DL*、DC、DH*、DL*/SL、DC*/SC、DH*/SH 值和 CMC DE、CIE DE 值和合格/不合格判定等。

上述有关参数系统依据相关公式计算得出色差结果。

标准样和批次样的 CMC DE 色差为 1.58，CIE DE 色差为 1.98，而系统设定 CMC（2∶1）色差公式为第一色差公式且其色差允差范围是 2.00，实际色差值 1.58 小于 2.00 但接近于 2.00，因此系统合格/不合格判定为警告。

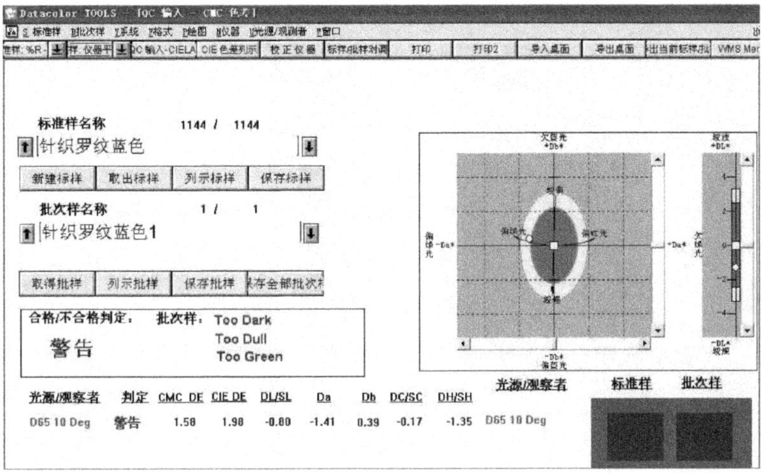

图 8-98

图 8-99

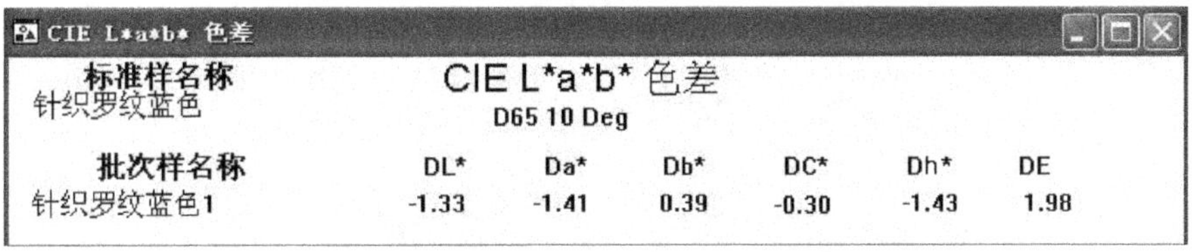

图 8-100 针织罗纹蓝色 CIELAB 色差测定界面

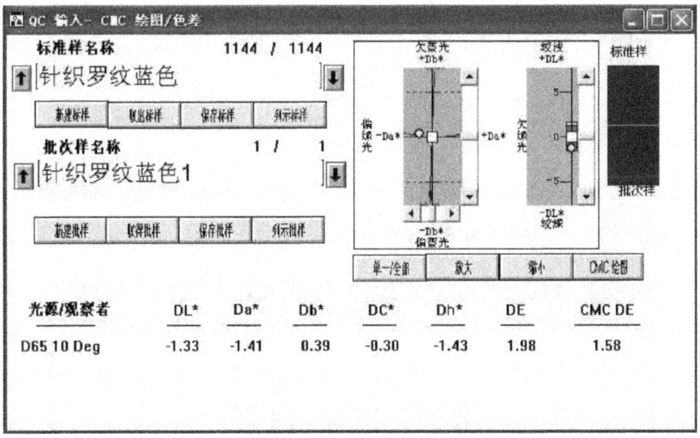

图 8-101 针织罗纹蓝色 CMC 色差测定界面

6. ***颜色方位图*** 图 8-102、图 8-103 分别是 CMC（2∶1）色差公式和 CIELAB 色差公式的颜色方位图，通过颜色方位图可以直观的显示出评定结果。CMC（2∶1）色差颜色方位图中，批次样处于图中的黄色区域，因此结论为警告，而 CIELAB 色差判定中给定的允差范围是 1.00，实际色差值达 1.98，所以颜色判定为不合格。

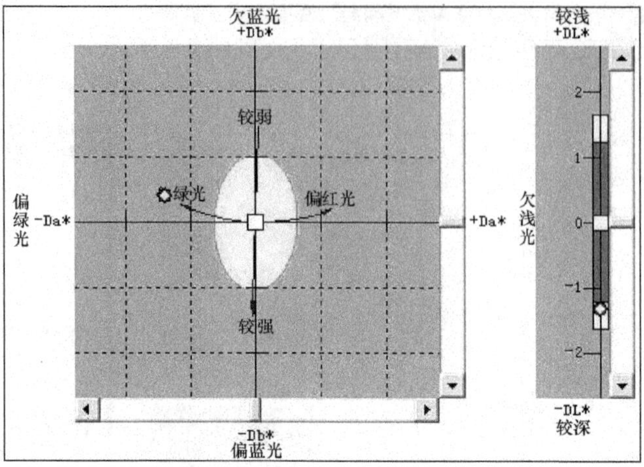

图 8－102　针织罗纹蓝色 CMC 色差颜色方位图

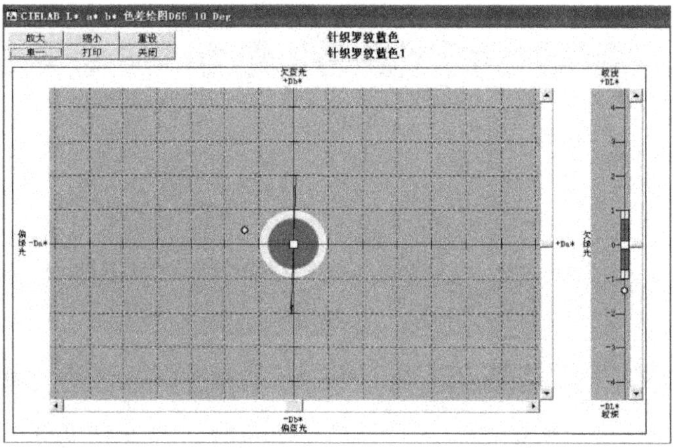

图 8－103　针织罗纹蓝色 CIELAB 色差颜色方位图

7. 变褪色色卡色差级数　点击“格式”菜单中的“屏幕格式”，选择“变褪色色卡评级”，可以对批次样进行色差评级。批次样和标准样的色差评级结果为 3.90，即 4 级（图 8－104）。

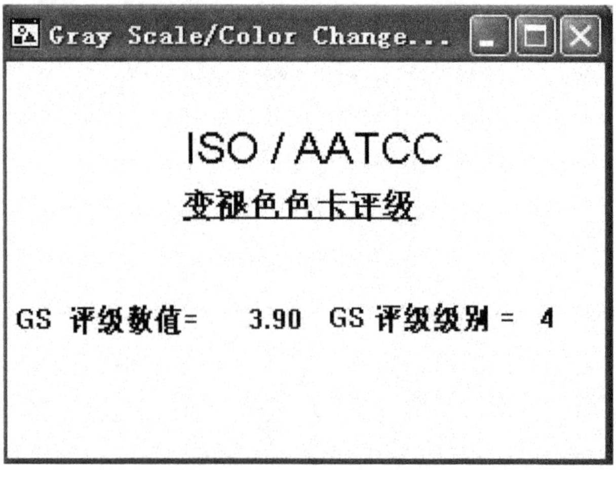

图 8－104　针织罗纹蓝色色样色差级别的判定

8. CMC 允差值的改变　若将 CMC（2∶1）色差公式的色差允差值改为 1.00，那么关于原有两个色样的 CMC 色差值 1.58 将大于新允差值 1.00，因此关于两个色样的合格/不合格判定结果将变为不合格（图 8－105～图 8－108）。

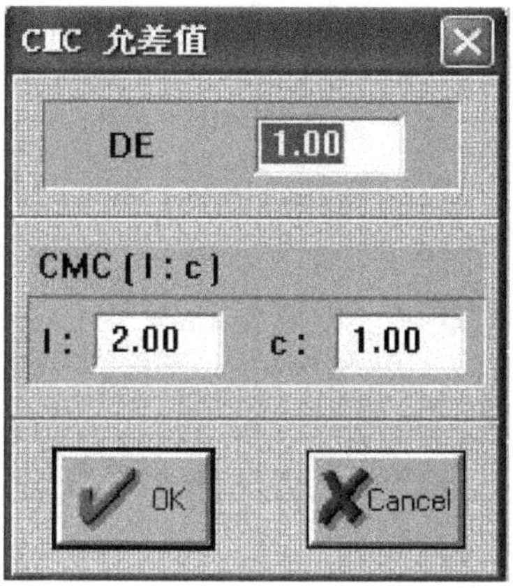

图 8－105

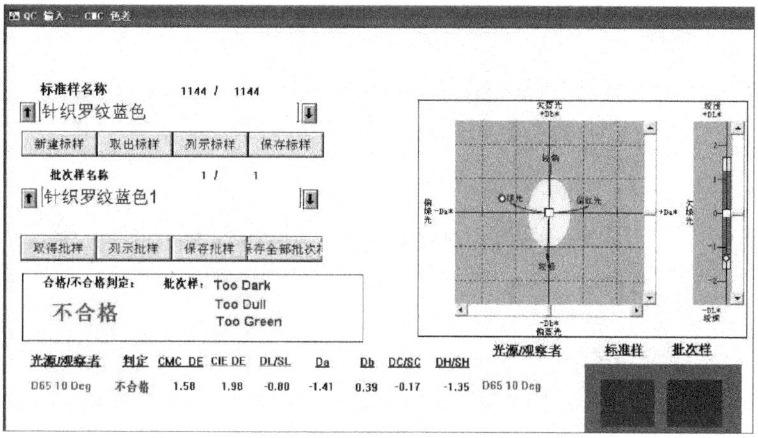

图 8－106

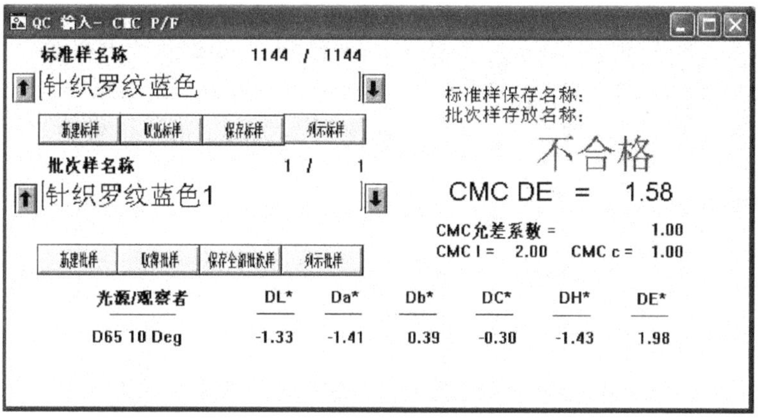

图 8－107

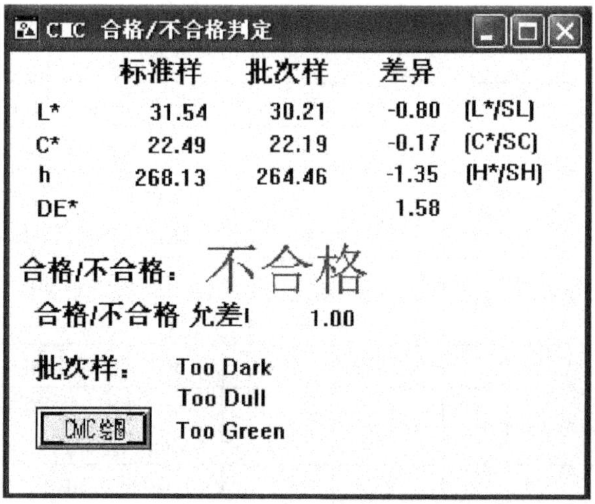

图 8－108　针织罗纹蓝色色样色差测定界面（CMC 允差值为 1.00）

六、判断调色方法

根据图中 DL*、Da*、Db* 数值，可以确定批次样稍浓，且偏绿偏黄，所以批次样的调色可以减少黄绿色光染料的用量。

训练讨论：

1. 针织物染整加工的特点是什么？
2. 针织物的组织结构对颜色差异的判定有什么影响？

任务 5　同色异谱现象的测定

训练目的：学会测色光源的设定方法，学会用 qtx 文件输入颜色，了解同色异谱现象，并对颜色同色异谱程度进行评定和分析。

训练项目：测色光源的设定，同色异谱程度的测定。

训练步骤：

校正仪器→设定测色光源→qtx 文件读入标准样颜色→测定批次样颜色→同色异谱程度评定和分析→导出 qtx 文件并 Email 客户

一、校正仪器

校正仪器步骤见任务 1。

二、设定测色光源

由于织物在不同光源下会显示不同的颜色，测色时一般根据客户合同要求设定测色光源。国际上通用的主要光源及其资料见表 8－1。

表 8－1　国际主要通用光源资料

光源	灯的类型	色温	颜色指数	内容及用途
D75	过滤钨灯（专利）	7500K	95＋	模拟北天空日光，符合美国视觉颜色评定
D65	过滤钨灯（专利）	6500K	95＋	模拟平均北天空日光，光谱值符合欧洲、太平洋周边国家视觉颜色标准
D50	过滤钨灯（专利）	5000K	95＋	模拟中午天空光，在形象艺术中颜色品质、一致性好
D75	含荧光的平均日光（专利）	7500K	94	符合美国视觉颜色标准，模拟北天空日光
D65	含荧光的平均日光（专利）	6500K	93	符合欧洲、太平洋周边地区视觉颜色标准，模拟平均北天空日光
D50	含荧光的平均日光（专利）	5000K	92	模拟北天空日光，在形象艺术中颜色品质、一致性好

续表

光源	灯的类型	色温	颜色指数	内容及用途
Horizon	卤钨灯（白炽灯）	2300K	95+	模拟早晨日升、下午日落时之日光，同色异谱测试
Inca A	卤钨灯（白炽灯）	2856K	95+	同色异谱测试的典型白炽灯，家庭或商场重点使用的光源
CWF（F02）	美国商业荧光	4150K	62	典型的美国商场和办公室灯光，同色异谱测试
WWF	美国商业荧光	3000K	70	典型的美国商场和办公室灯光，同色异谱测试
U30 {F12}	美国商业荧光	3000K	85	稀土商用荧光灯，用于商场照明。等同于 TL83
U41	美国商业荧光	4100K	85	稀土商用荧光灯，用于商场照明。等同于 TL84
TL83	欧洲商业荧光	3000K	85	稀土商用荧光灯，在欧洲和太平洋周边地区用于商场和办公室照明
TL84（F11）	欧洲商业荧光	4100K	85	稀土商用荧光灯，在欧洲和太平洋周边地区用于商场和办公室照明
UV	“黑光灯”，紫外光	BLB	N/A	近紫外线不可视，用于检视增白剂效果、荧光染料等
MV	高强度商业灯	4100K	70	水银灯，用于一些商场、工厂、街道照明
MH	高强度商业灯	3100K	65	金属卤化灯，用于商场
HPS	高强度商业灯	2100K	50	高压钠灯，用于工厂

设定使用光源的操作步骤如下：

（1）使用鼠标点选图 8-109 内的菜单项“光源/观测者”中的“选择”。

图 8-109

（2）出现的对话框，表示目前在 D65 10Deg、A10Deg、F02 10Deg 三种光源下测色，且 D65 10Deg 为第一光源［图 8-110（a）］。

（3）要删除“目前光源/观测者”下的光源方法是使用鼠标点选需要删除光源的左边的按钮，此时这按钮内会自动出现黑点，接下来再按“删除”按钮即可完成删除此光源操作［图 8-110（b）］。

（4）要增加“目前光源/观测者”下的光源方法是使用鼠标点选在“可用的组合”下的光源，再按下“增加”键即会出现如图 8-111 所示的画面。

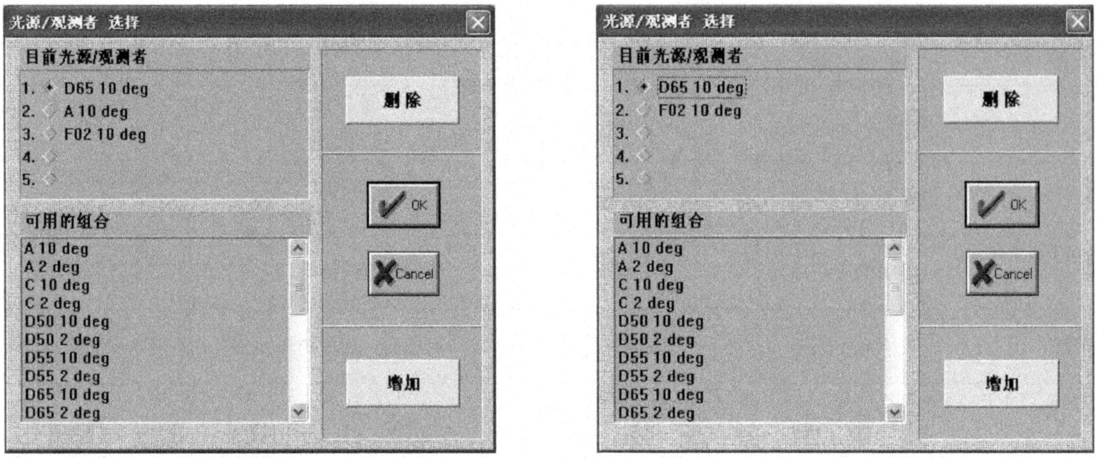

(a) (b)

图 8－110

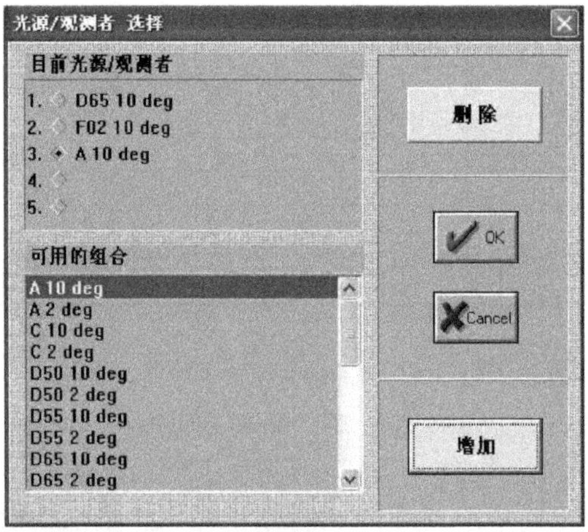

图 8－111

（5）出现图 8－111 窗口即表示所选择的光源已设定完成，最后再按 OK 键结束设定光源工作。当将光源设定图 8－111 时，在色差窗口表格内会将 A 10 Deg 光源排在第一个顺位，因为目前的黑点在 A 10 Deg 光源，如需 D65 10 Deg 光源排在第一顺位，请将黑点变更至 D65 10 Deg 光源的左边即可。

三、qtx 文件读入标准样颜色

点击测色软件界面中的“导入桌面”按钮（图 8－112），则出现图 8－113 对话框，选中所需的 qtx 文件，点击“打开”，则完成 qtx 文件读入标准样颜色。qtx 文件一般由客户通过 Email 发送，只能在测配色软件环境中打开和导入。

图 8 - 112

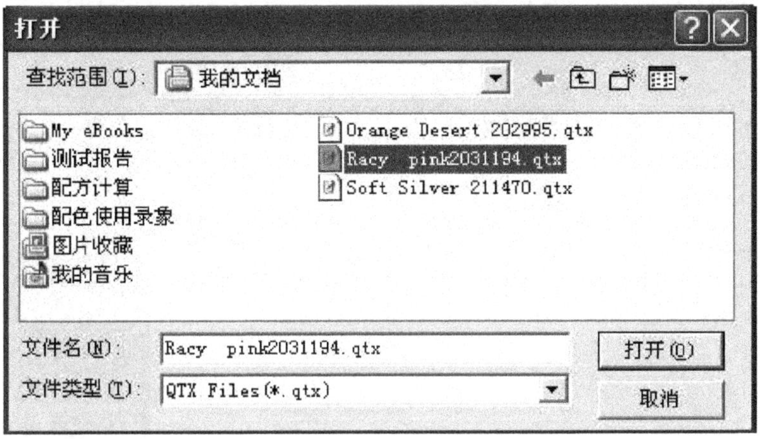

图 8 - 113

四、测定批次样颜色

按照任务 3 的方法和步骤分别测定了 A、B、C 三个批次样的颜色，测色结果如图 8 - 114～图 8 - 116 所示。当前设定的 CMC（2∶1）DE 和 CIE DE 都是 1.00，三个批次样中 B 颜色样最为接近 1.00，虽然判定结果是不合格。

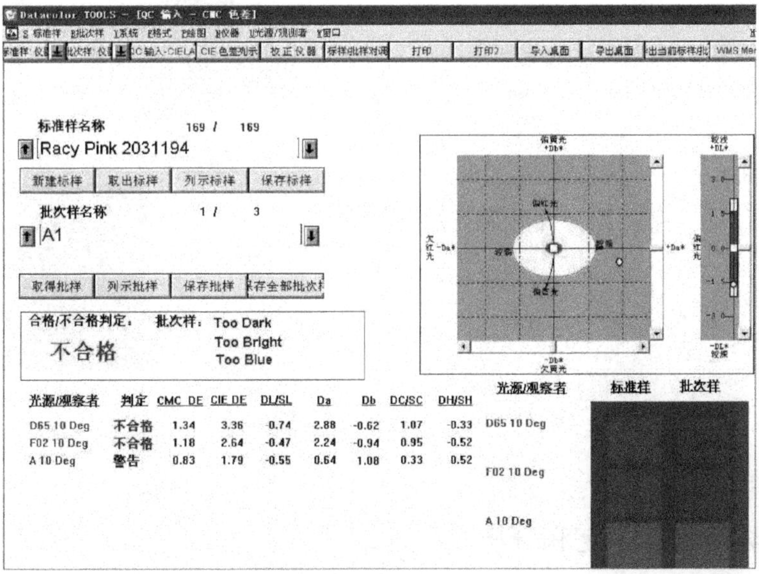

图 8 - 114　A1 色样的色差测定界面

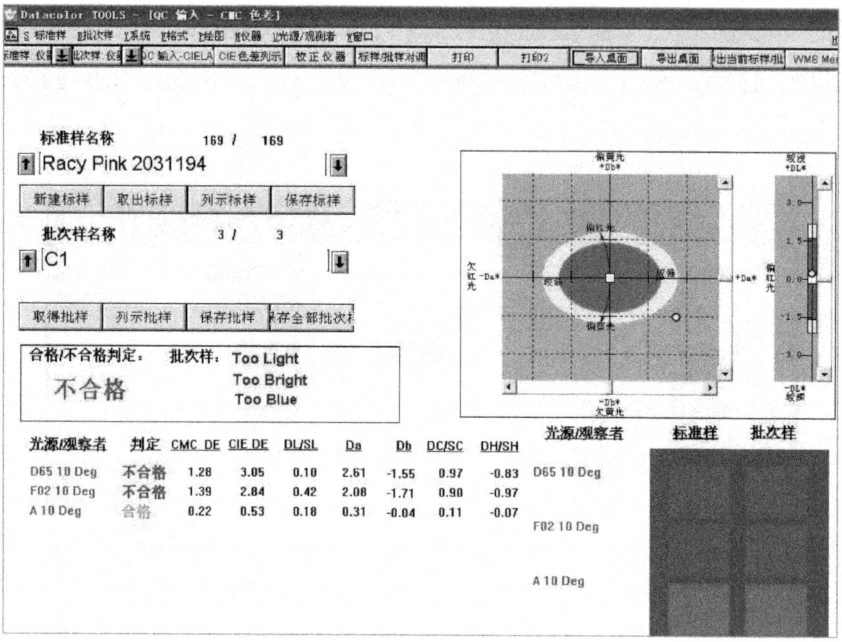

图 8－115　C1 色样的色差测定界面

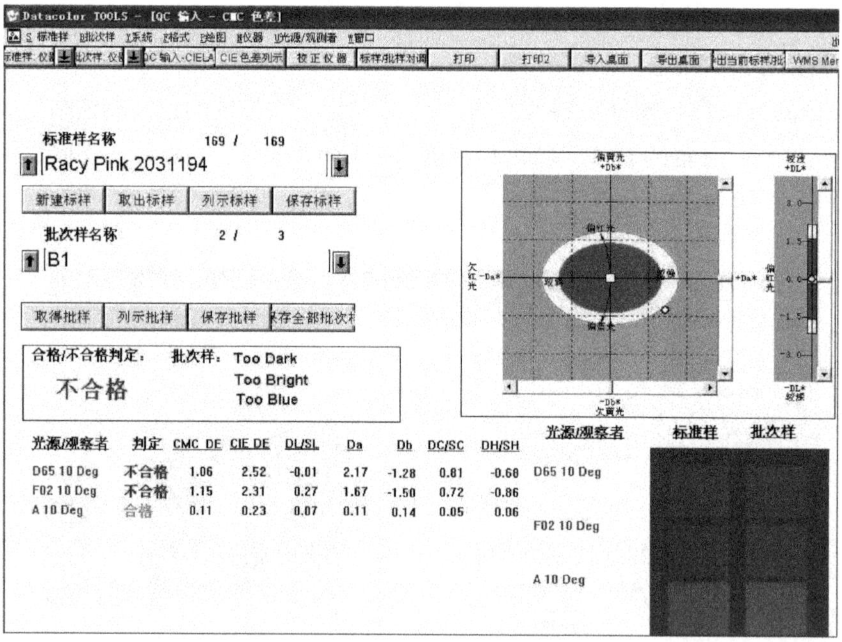

图 8－116　B1 色样的色差测定界面

五、同色异谱程度评定和分析

本任务设定了 D65、F02 和 A 三种光源进行测色，色样在不同光源下显示了不同的颜色，以 B 色样为例，在 A 光源下的标准样和 B 色样的 CMC（2∶1）色差值仅为 0.11，色差值最小，而在 D65 和 F02 光源下分别为 1.06 和 1.15，说明改变了光源，标准样和批次样的同色性降低，不再呈现等色现象，通过反射率曲线又可观察到标准样和 B 色样光谱分布不同，所以这对色样存在同色异谱或条件等色（图 8－117）。

同色异谱程度通过反射率曲线定性分析，反射率曲线形状相似，同色异谱程度低。同色异谱指数定量分析结果是，以 D65 为参照光源，以 F02 和 A 光源为待测光源，同色异谱指数（条件等色指数）分别为 0.76 和 2.65。标准样与 A1 和 C1 色样的条件等色指数分别如图 8－118和图 8－120 所示。

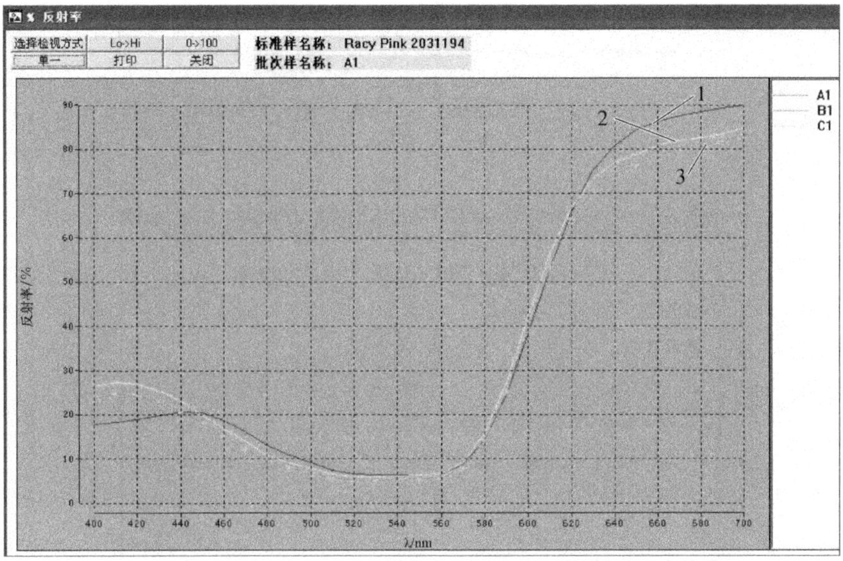

图 8－117　A1、B1、C1 色样的反射率曲线
1—A1　2—B1　3—C1

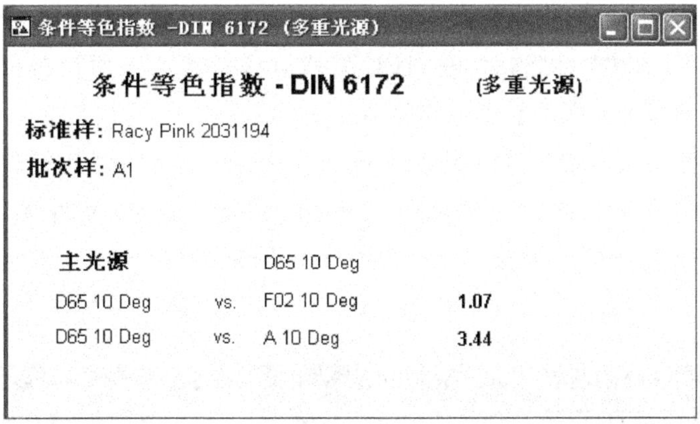

图 8－118　A1 色样与标准样的条件等色指数

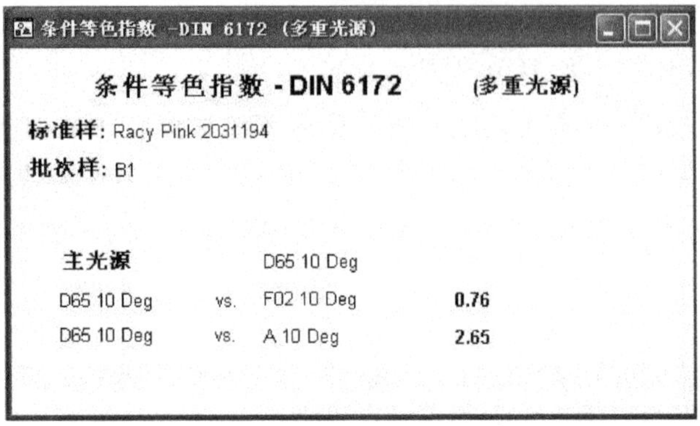

图 8 - 119　B1 色样与标准样的条件等色指数

图 8 - 120　C1 色样与标准样的条件等色指数

六、导出 qtx 文件并 Email 给客户

随着计算机网络的发展，传统的颜色确认的途径发生了根本性的变化，颜色可以以数据文件的形式通过 INTERNET 网络方便快捷地发送到客户手中，再通过软件转化成颜色，大大提高了颜色确认的效率。这种数据文件即 qtx 文件。

1. 导出 qtx 文件　点击测色软件界面中的“导出桌面”按钮图 8 - 121，则出现图 8 - 122 对话框，选择合适的路径，在“文件名”栏中输入导出的 qtx 文件名，如“批次样 Racy pink2031194”，点击“打开”，则完成 qtx 文件导出步骤，并可通过 Email 发送，如图 8 - 123 所示。

图 8 - 121

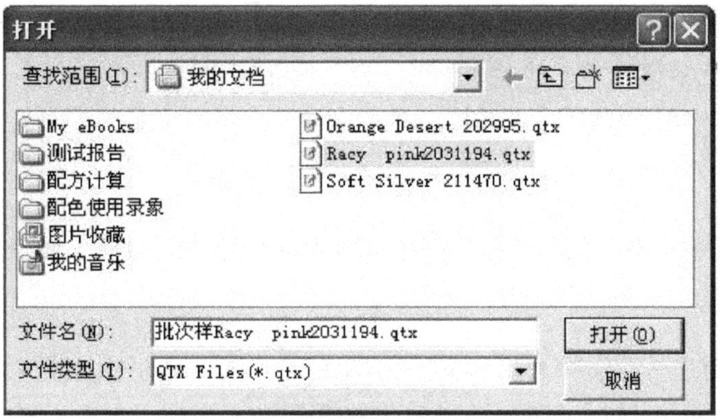

图 8-122

2. 利用 Email 传送 qtx 文件 使用鼠标选择图 8-122 的“系统”选项，再选择窗口画面内的“电子邮件”。

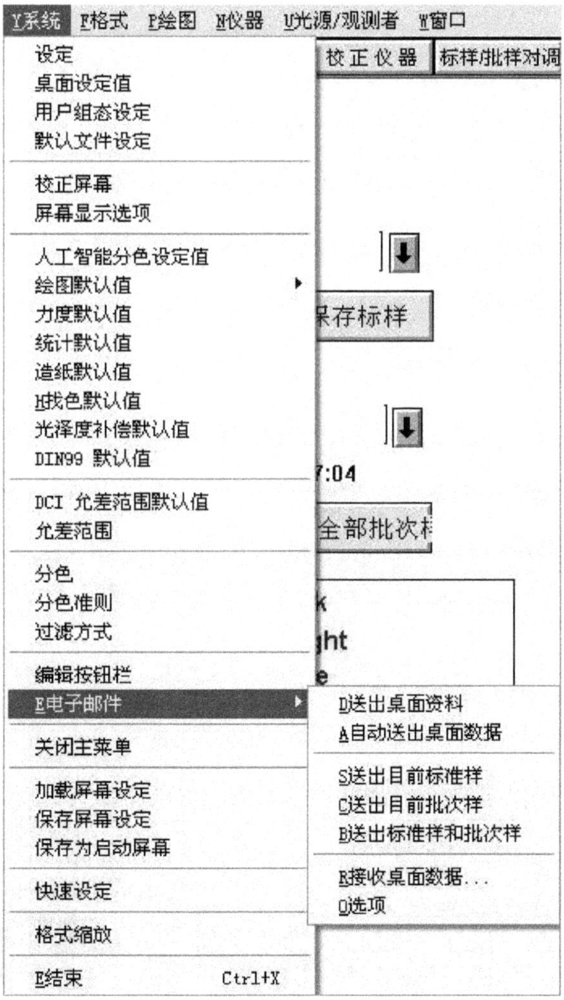

图 8-123

训练讨论：

1. 如何减少同色异谱现象的产生？
2. 如何减小同色异谱程度？

任务 6　活性染料力份和提升力的测定

训练目的： 学会对活性染料力份和提升力的测定方法，并根据染料力份和提升力的测试结果选择染料、匹配染料和调整染色工艺。

训练项目： 测定批次染料的力份和制作染料的提升力曲线。

训练步骤：

校正仪器→读入标准染料颜色样→读入批次染料颜色样→计算力份

校正仪器→依次读入各染料浓度梯度的染色样颜色→调用各色样的 K/S 值→制作提升力曲线

一、染料力份的测定

（一）校正仪器

校正仪器的步骤见任务 1。

（二）读入标准染料颜色样

读入标准染料颜色样的方法见任务 2。

（三）读入批次染料颜色样

读入批次染料颜色样的方法见任务 3。

（四）力份计算

在测色的界面下点击“格式”菜单中的“屏幕格式”，选择“力度”，出现图 8－124、图 8－125关于色力度界面。批次染料的得色浓于标准染料，批次染料的力份为 111.05%。

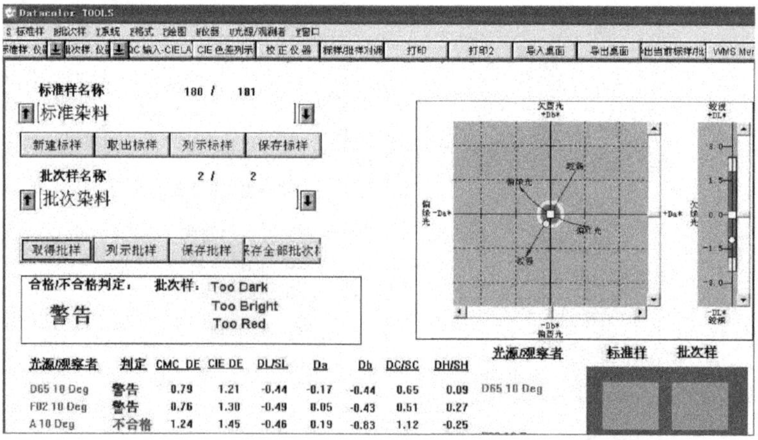

图 8－124　染料力度测试样的色差界面

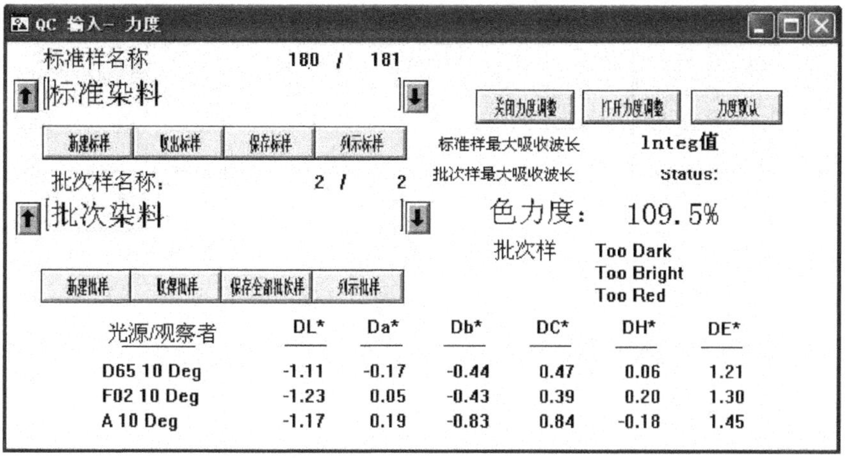

图 8－125　力度测定

本例色力度的测定是以固定吸收波长 550nm 处的计算得到。

图 8－126 表示根据批次染料的力度值，输入色料重、载体重量计算色料的追加量。

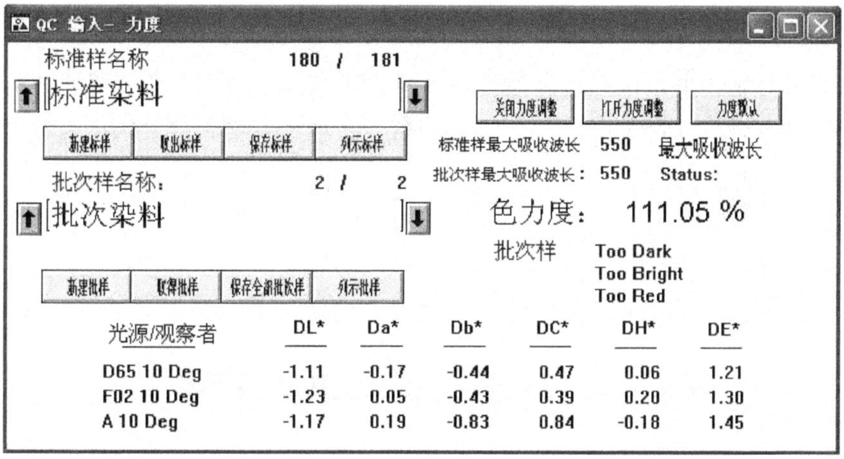

图 8－126　力度追加

二、染料提升力的测定

对直接耐晒大红与直接湖蓝的提升能力作比较时，可以分别用两种染料按照常规工艺进行染色，染色浓度为 0.3%、0.6%、0.9%…3.0%，之后分别测试所染试样的 K/S 值，其数据见表 8－2。

表 8－2 中的数据表明，随着染色浓度的增加，不同染料染色深度的增加值不同，为了更明显地看出直接耐晒大红与直接湖蓝提升力的差异，我们可以以染料浓度为横坐标，以 K/S 值为纵坐标作图，得到图 8－127 所示的提升力曲线。

表 8-2 直接耐晒大红与直接湖蓝的提升力测试数据

染色浓度/%		0.3	0.6	0.9	1.2	1.5	1.8	2.1	2.4	2.7	3.0
K/S 值	直接耐晒大红	9.5	14.2	15.2	16.8	17.8	18.9	19.6	19.8	19.9	20.0
	直接湖蓝	2.9	5.5	7.4	9.8	10.6	12.8	14.2	15.0	16.5	18.2

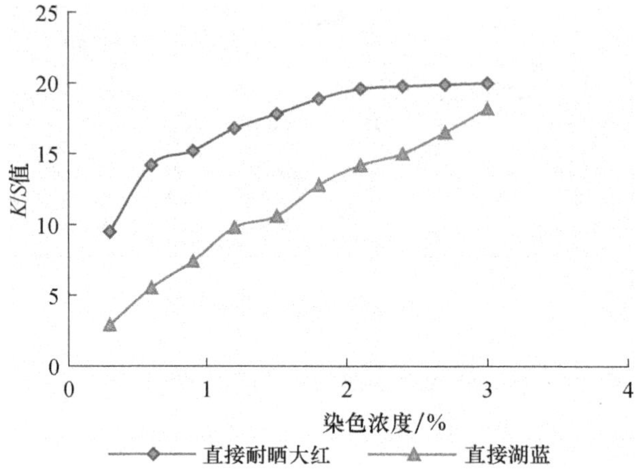

图 8-127 直接耐晒大红和直接湖蓝的提升力曲线

由图 8-127 明显看出，相同染色浓度下，直接耐晒大红的 K/S 值要比直接湖蓝高，但随着浓度的增加，直接耐晒大红的 K/S 值增加幅度却小于直接湖蓝，因此直接耐晒大红的提升力不及直接湖蓝的提升力高。

训练讨论：

如何根据染料的力份和提升力参数调整染色工艺？

任务 7 基础色样数据库的建立

训练目的： 学会建立基础色样数据库的方法，并对所建立的数据库进行检验和修正。

训练项目： 基础色样的染色，色样资料夹的建立，基础色样数据库的建立和验证。

训练步骤：

建立色样资料夹→制备染色组数据库→建立 Cotton65% 60C/Polyester35% 130C 的品种/类型资料

一、建立色样资料夹

1. 颜色测定输入法 选择工厂常用的染料品种、常用的纤维和织物品种以及恰当的染色工艺，进行单色染料按浓度梯度染色，将所得的染色样建立色样资料夹，具体步骤如图 8-128～图 8-133 所示。

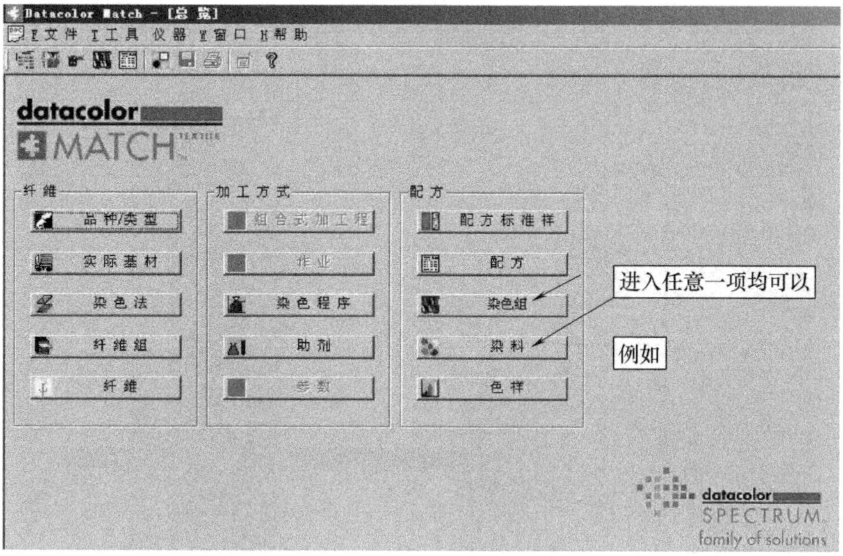

图 8－128

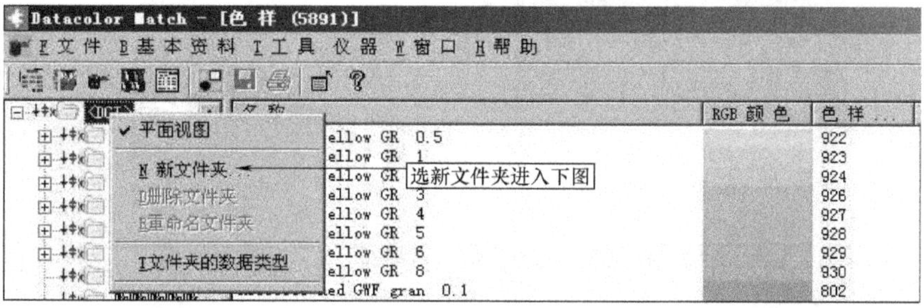

图 8－129

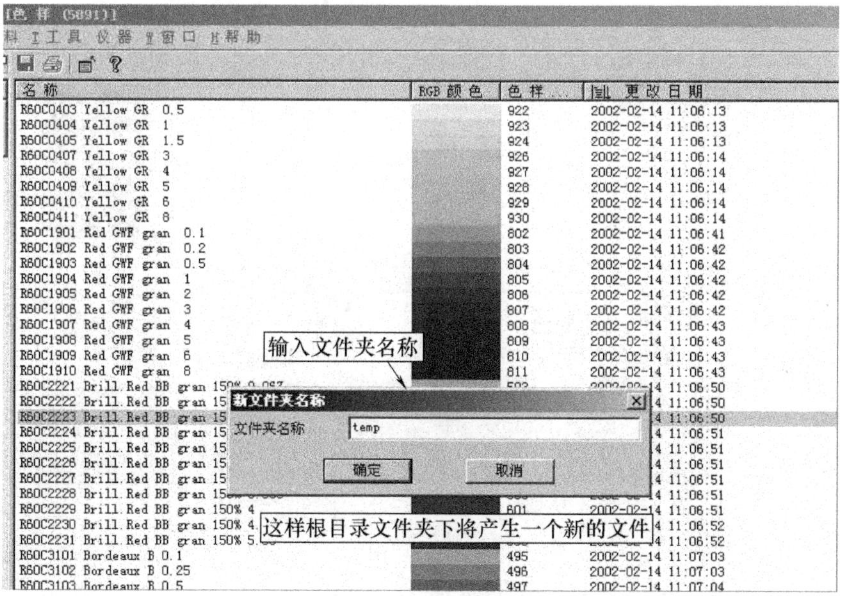

图 8－130

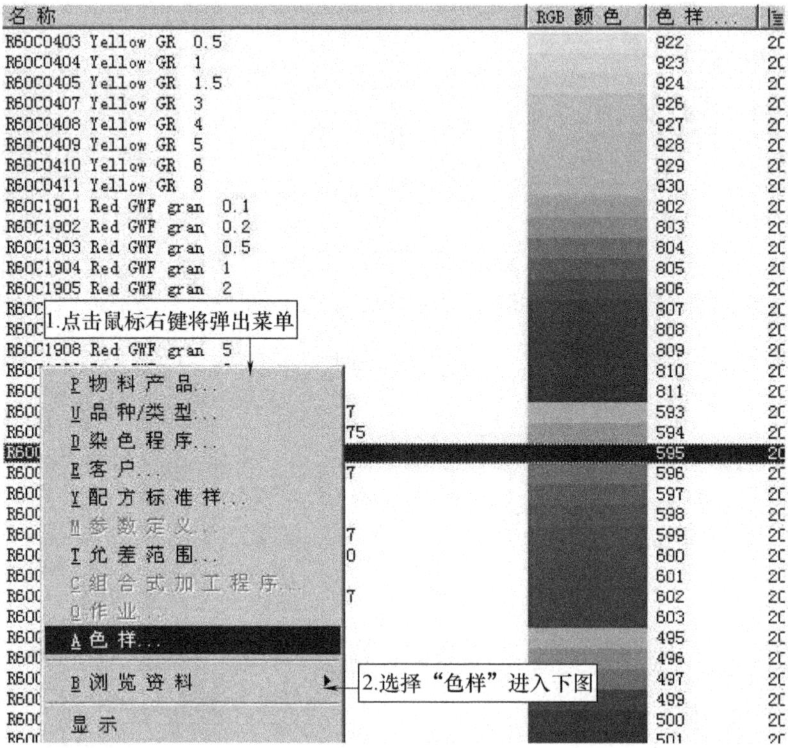

图 8-131

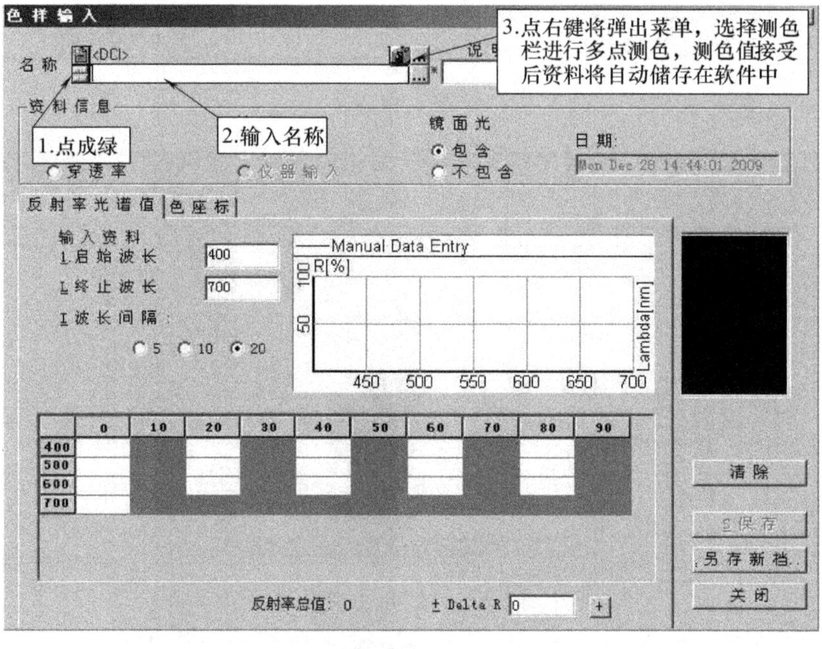

图 8-132

重复以上步骤，可以将所有色样测色数据存入电脑。

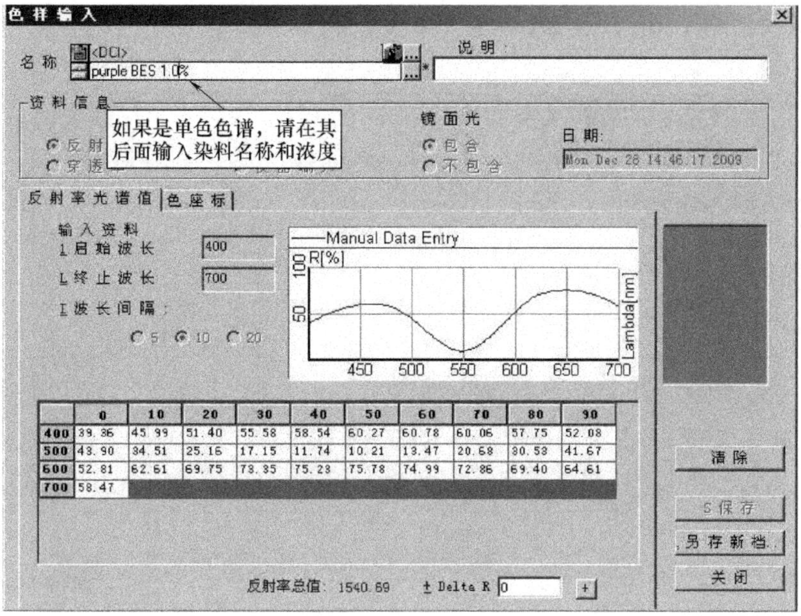

图 8－133

2. *颜色反射率数据输入法* 将客户提供的颜色反射率数据输入色样（图 8－134）。

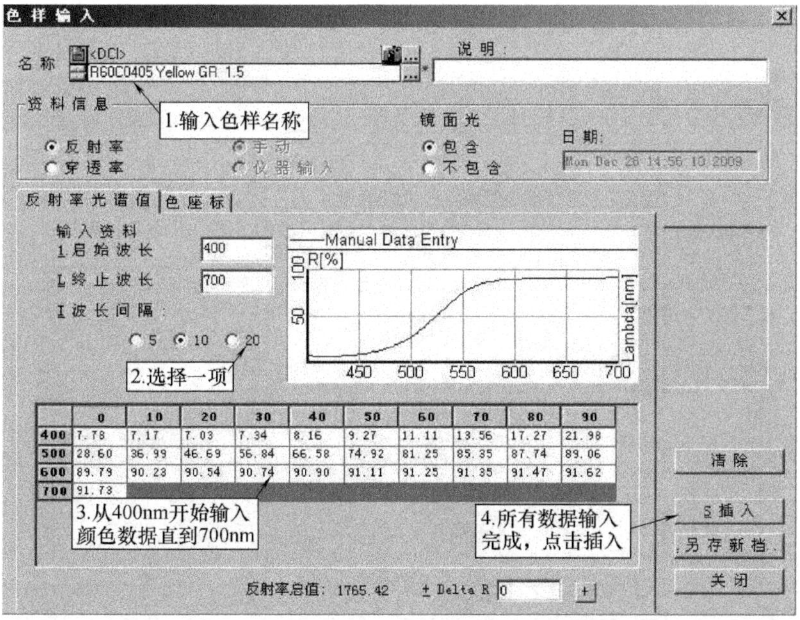

图 8－134

二、制备染色组数据库

按以下步骤（第一步纤维品种/类型的建立、第二步染色程序的建立、第三步染色组的建立）建立染色组数据库，作为配色数据库使用（图 8－135）。

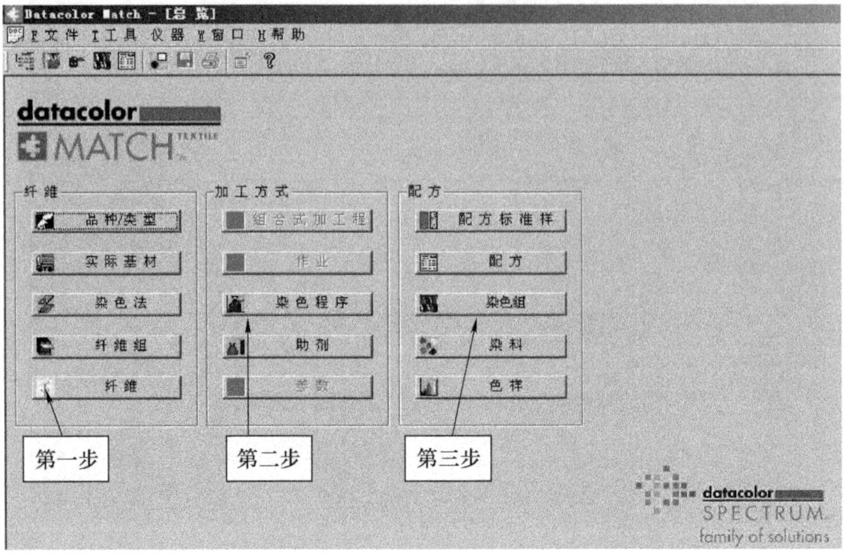

图 8－135

（一）品种/类型的建立

1. 纤维的建立（图 8－136）

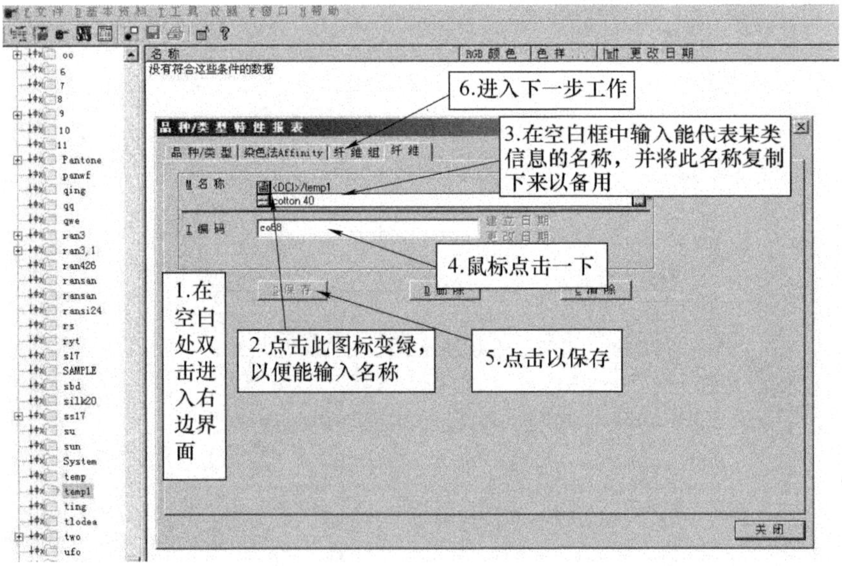

图 8－136

名称复制下来后，以后就不用再输入名称，粘贴即可。

2. 纤维组的建立（图 8－137）

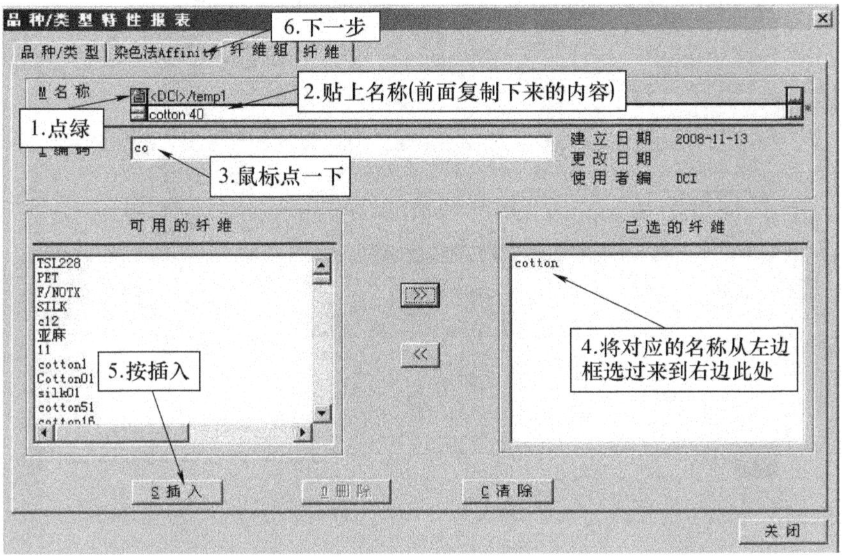

图 8-137

3. 染色法的建立（图 8-138）

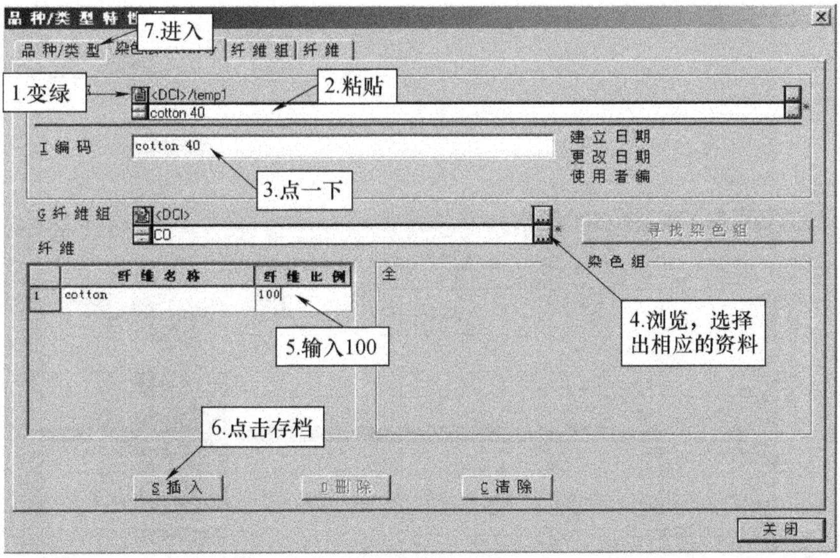

图 8-138

4. 品种/类型的建立（图 8-139～图 8-142）

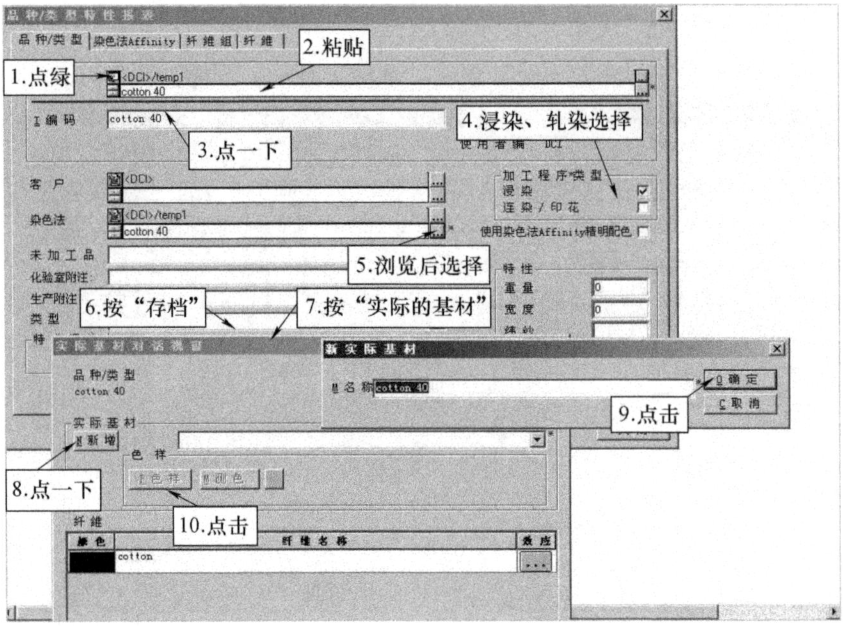

图 8－139

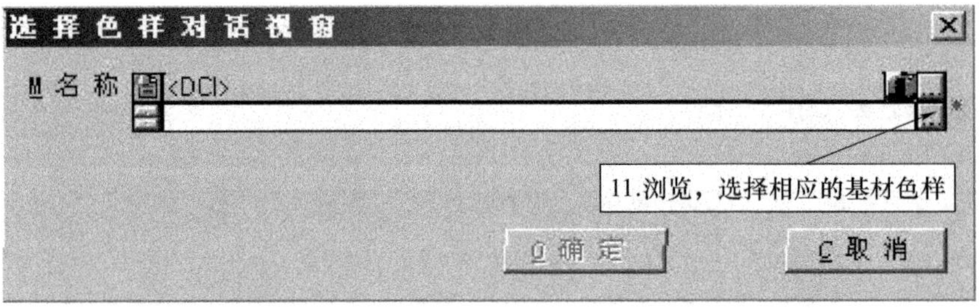

图 8－140

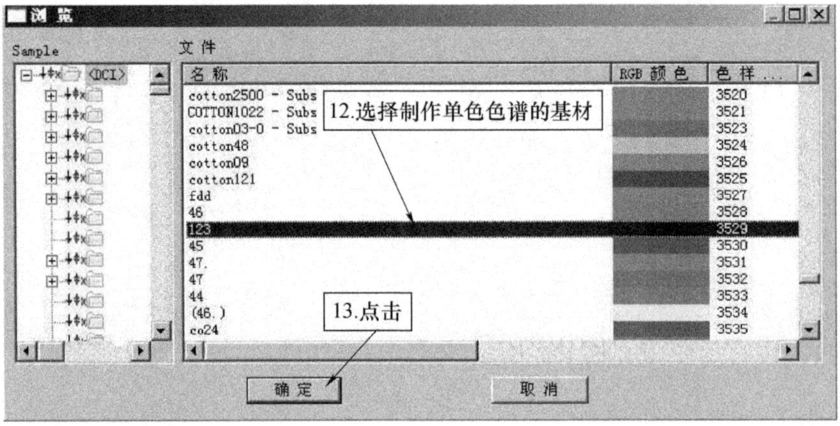

图 8－141

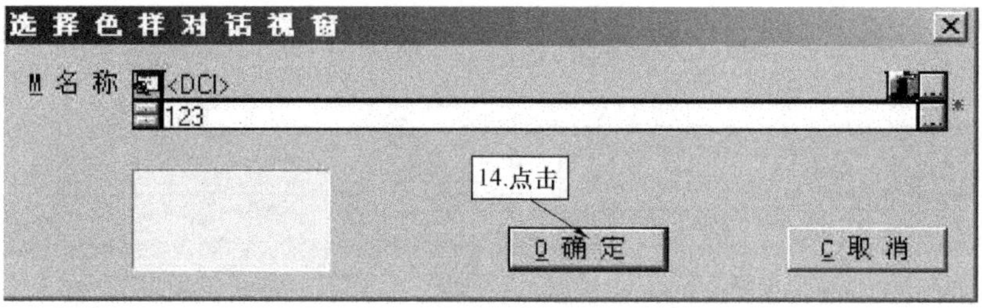

图 8 - 142

（二）染色程序的建立（图 8 - 143 和图 8 - 144）

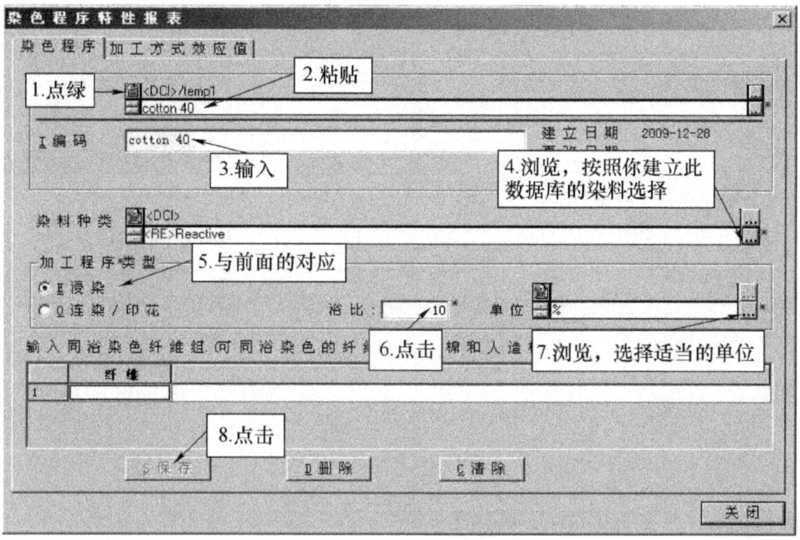

图 8 - 143

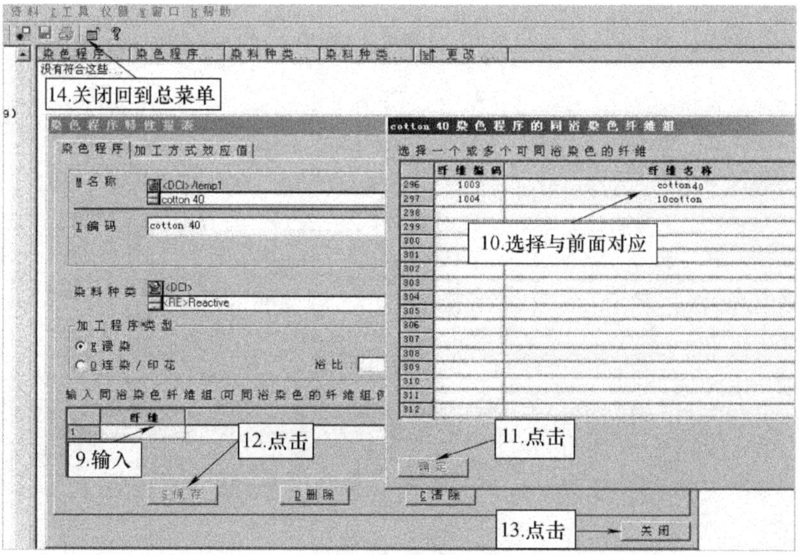

图 8 - 144

（三）染色组的建立（图 8－145～图 8－150）

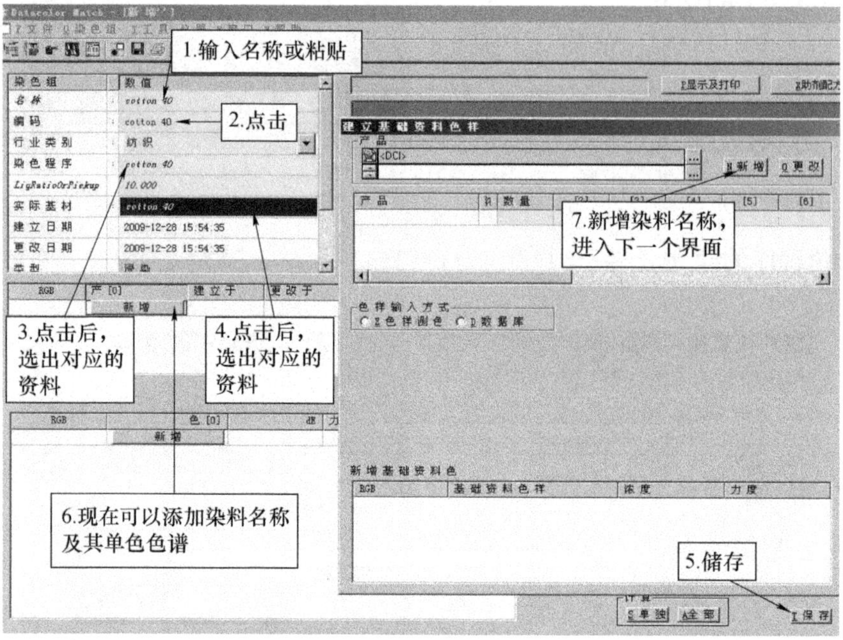

图 8－145

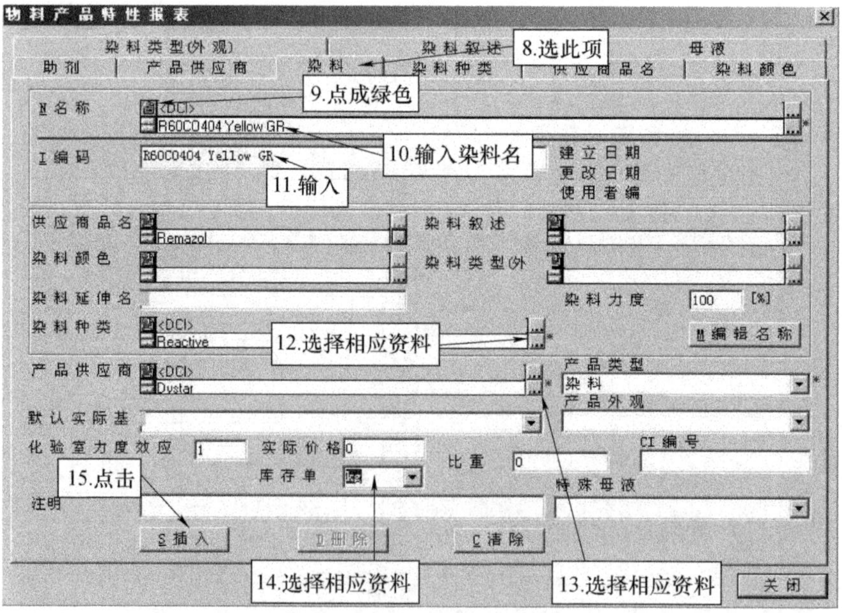

图 8－146

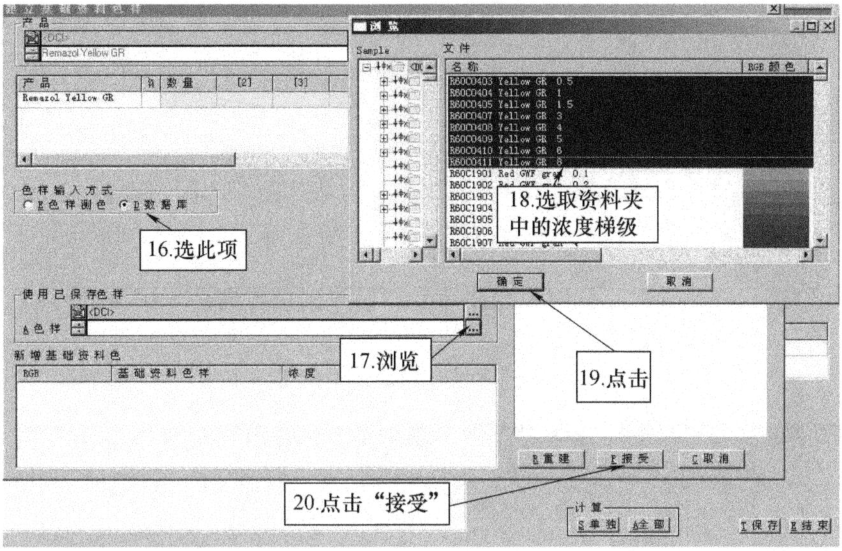

图 8-147

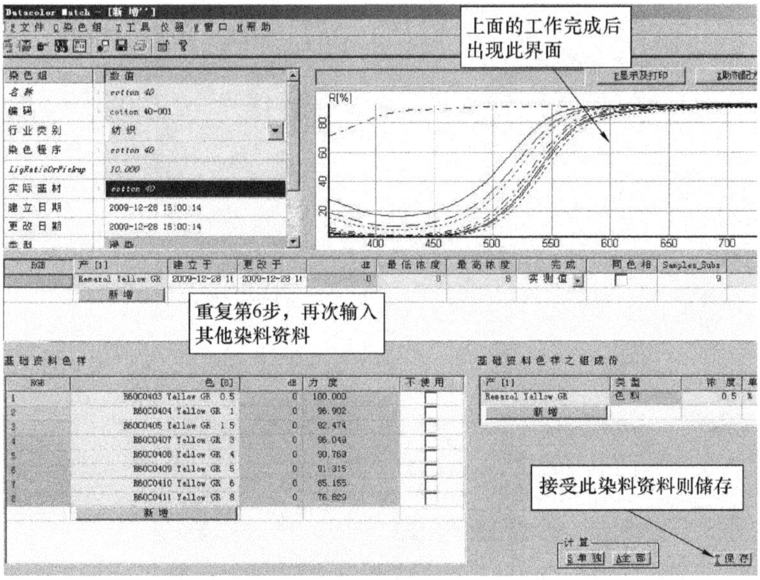

图 8-148

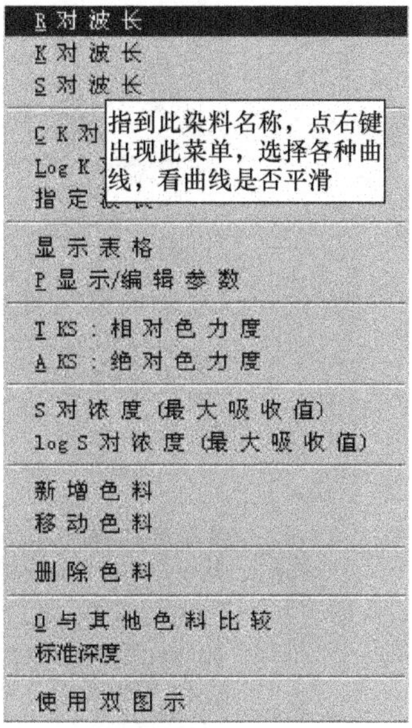

图 8-149

染料“Remazol Yellow GR”的 K/S 值对浓度的曲线如图 8-150 所示。

三、建立 Cotton65% 60C/Polyester35% 130C 混纺织物的品种/类型资料

先将 Cotton65% 60C 的染色组建好，再将 Polyester35% 130C 的染色组建好，方法相同，然后再建立混纺织物的品种/类型。

1. 纤维组的建立（图 8-151）

2. 染色法的建立（图 8-152）

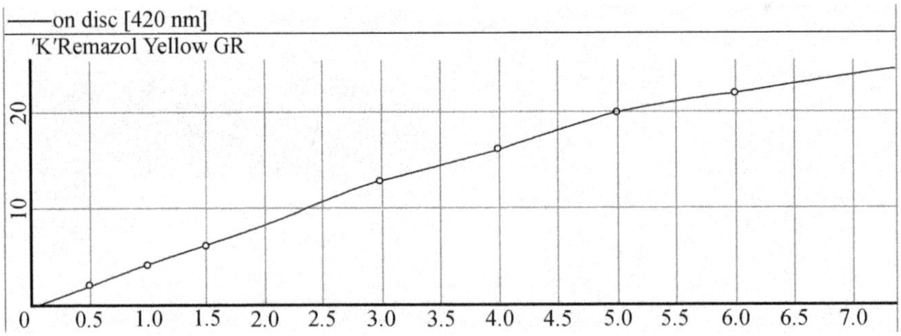

图 8－150

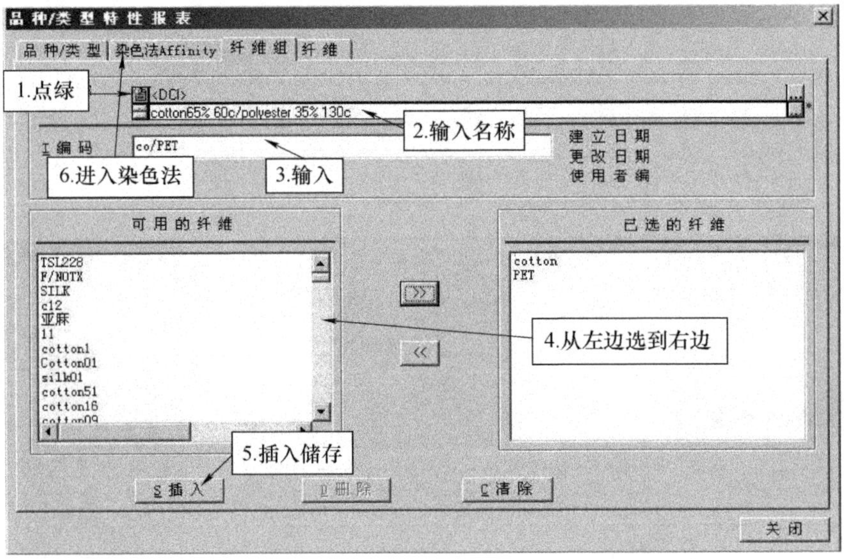

图 8－151

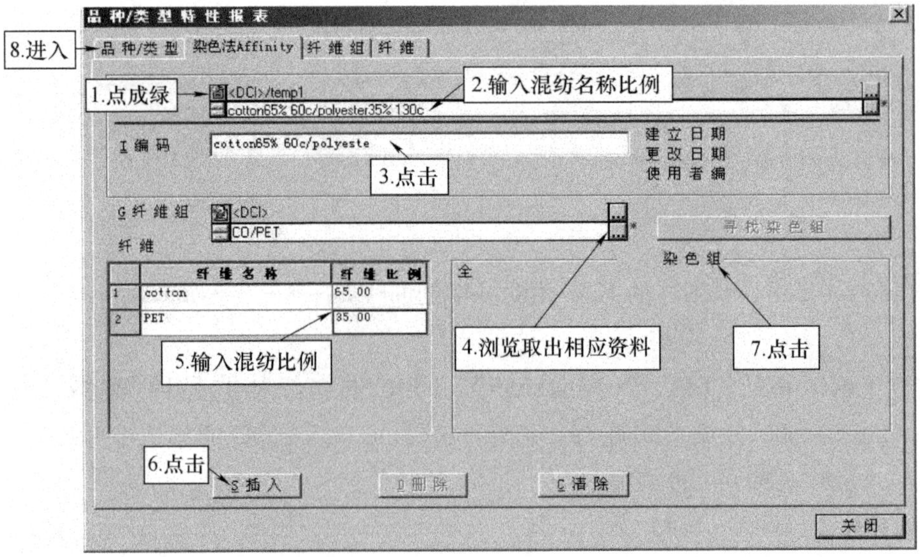

图 8－152

3. 品种/类型的建立（图 8－153 和图 8－154）

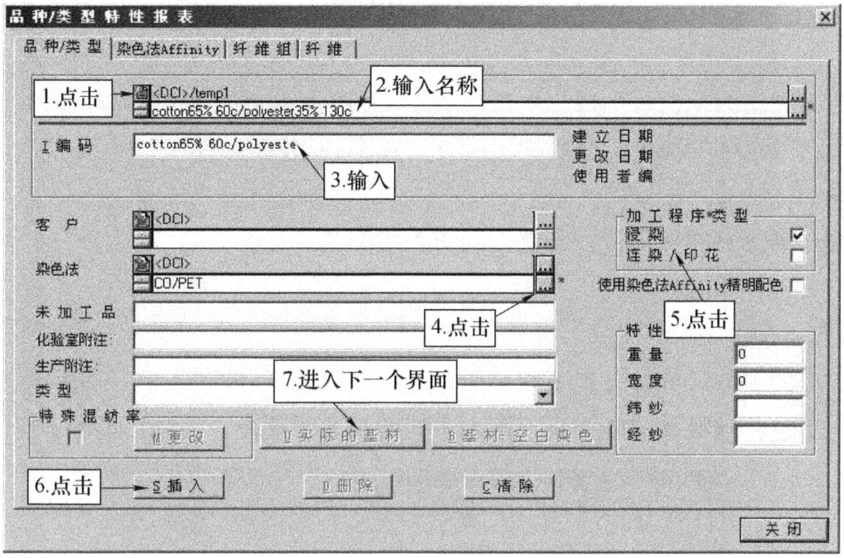

图 8－153

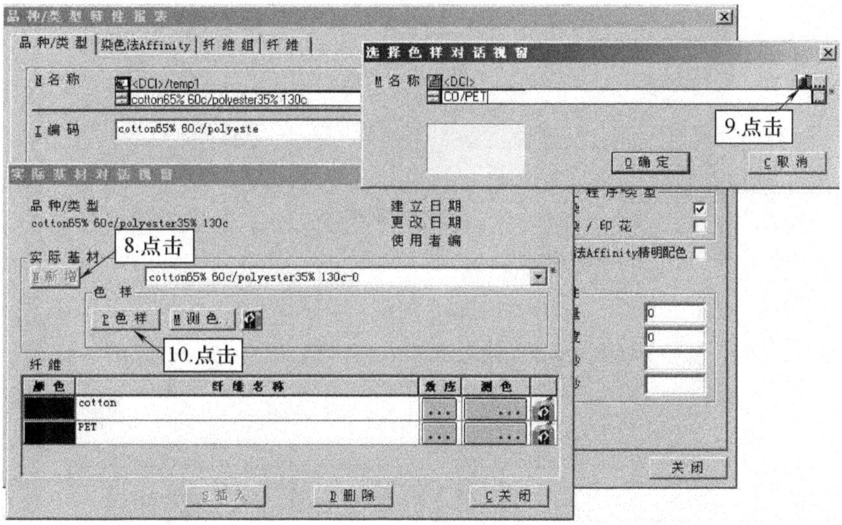

图 8－154

至此，建立一个混纺织物的品种/类型资料已经完成。

训练讨论：

如何准确配色？数据库对配色有什么影响？

任务 8　纺织品颜色配色

训练目的： 利用测配色系统数据库进行纺织品颜色的简单配色、打样和确定染色工艺。

训练项目： 颜色样的简单配色，确定配方、成本和牢度等指标。

训练步骤：

配方计算→染色打样→化验室修色→混纺织物配色

一、配方计算

点击总界面的配方计算，出现下面界面，并按步骤进行（图 8－155～图 8－160）。

某个染料单色色谱最高浓度要高于配方中此染料的浓度量，否则可能配方计算不成功。

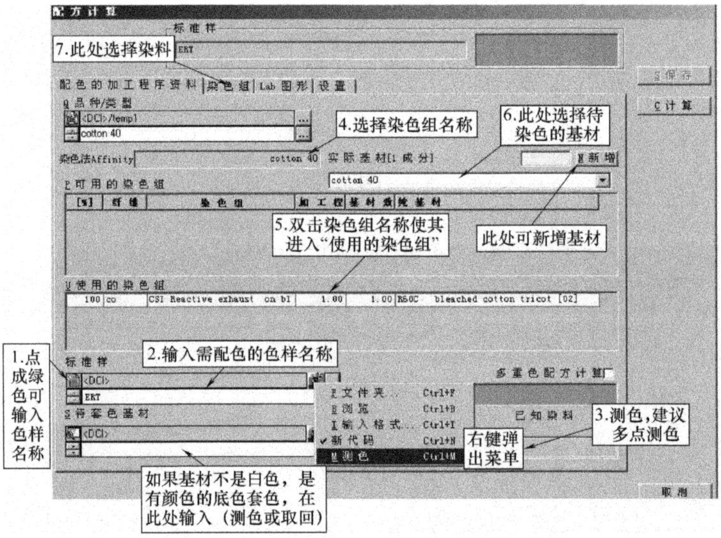

图 8－155

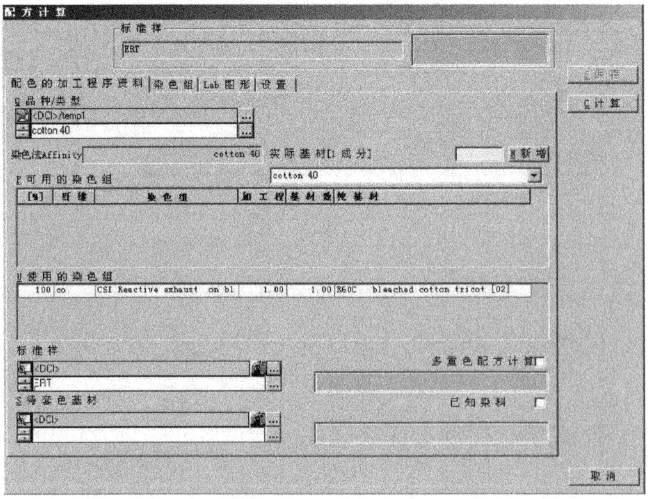

图 8－156

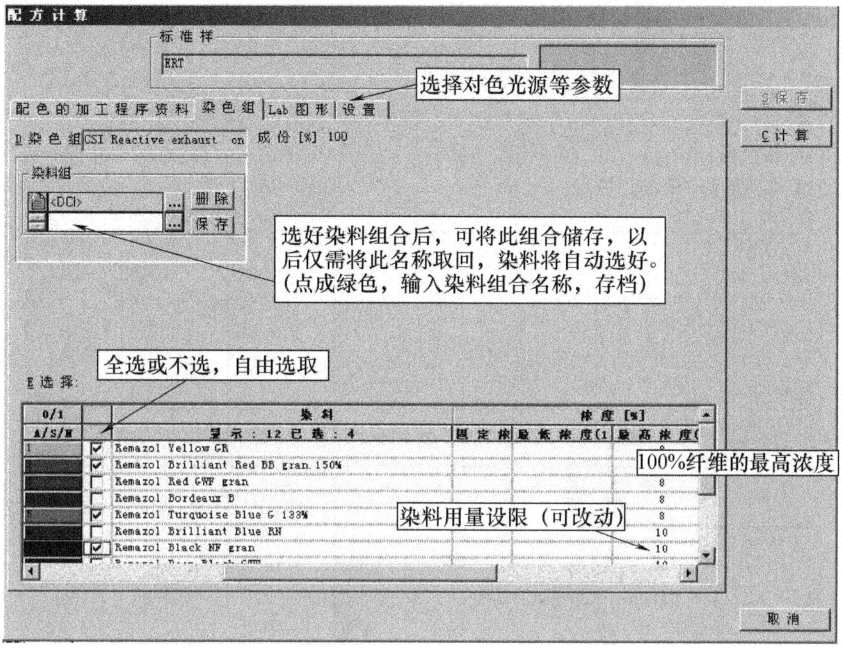
配方计算
标准样
ERT
选择对色光源等参数
保存
计算
配色的加工程序资料　染色组　Lab 图形　设置
D 染色组 CSI Reactive exhaust on　成份 [%] 100
染料组
<DCI>
删除
保存
选好染料组合后，可将此组合储存，以后仅需将此名称取回，染料将自动选好。（点成绿色，输入染料组合名称，存档）
全选或不选，自由选取
E 选择:
0/1
A/S/N
染料
显示：12 已选：4
浓度 [%]
100%纤维的最高浓度
Remazol Yellow GR
Remazol Brilliant Red BB gran 150%
Remazol Red GWF gran
Remazol Bordeaux B
Remazol Turquoise Blue G 133%
Remazol Brilliant Blue RN
Remazol Black NF gran
染料用量设限（可改动）
取消

图 8－157

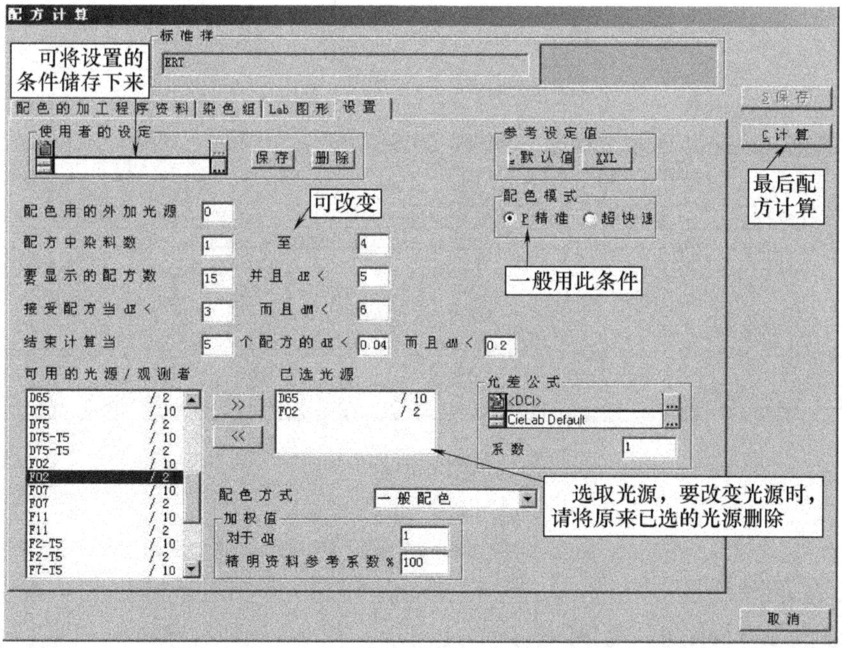
配方计算
标准样
可将设置的条件储存下来
ERT
保存
配色的加工程序资料　染色组　Lab 图形　设置
计算
使用者的设定
保存　删除
参考设定值
默认值　XXL
最后配方计算
配色用的外加光源　0
可改变
配色模式
P 精准　超快速
配方中染料数　1　至　4
要显示的配方数　15　并且 dE < 5
一般用此条件
接受配方当 dE < 3　而且 dM < 6
结束计算当　5　个配方的 dE < 0.04　而且 dM < 0.2
可用的光源 / 观测者
已选光源
D65 / 10
F02 / 2
允差公式
<DCI>
CieLab Default
系数　1
配色方式　一般配色
选取光源，要改变光源时，请将原来已选的光源删除
加权值
对于 dH　1
精明资料参考系数 %　100
取消

图 8－158

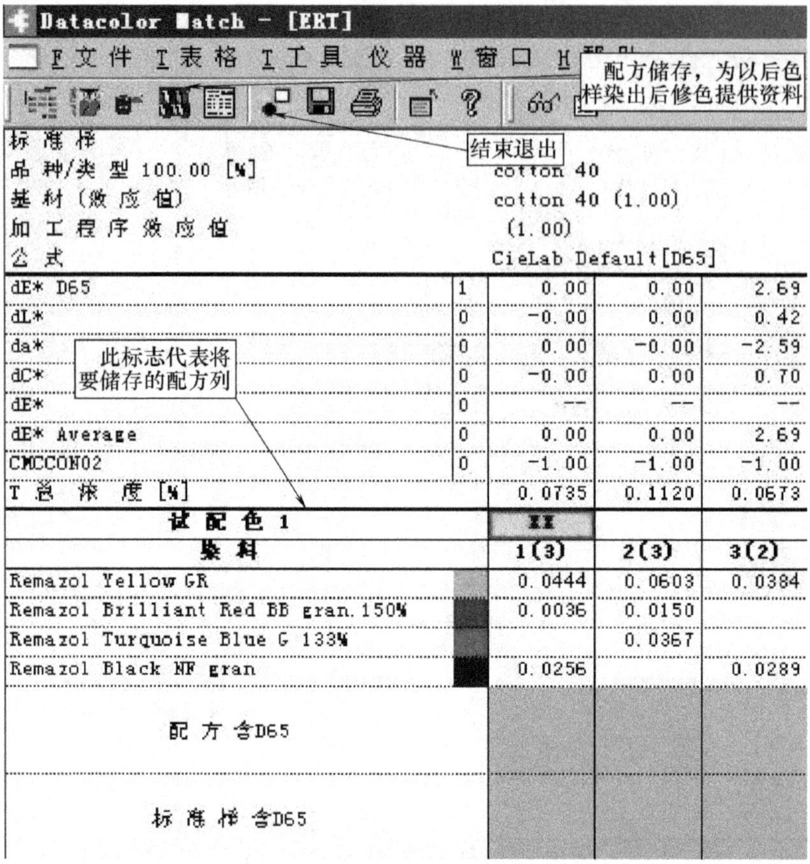

图 8 - 159

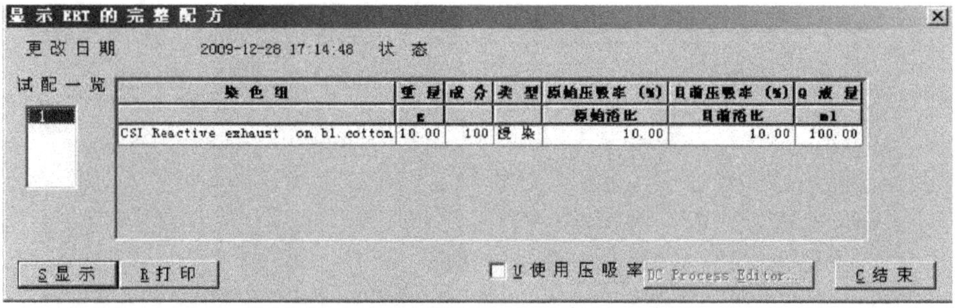

图 8 - 160

二、化验室修色

化验室修色步骤如图 8 - 161～图 8 - 164 所示。

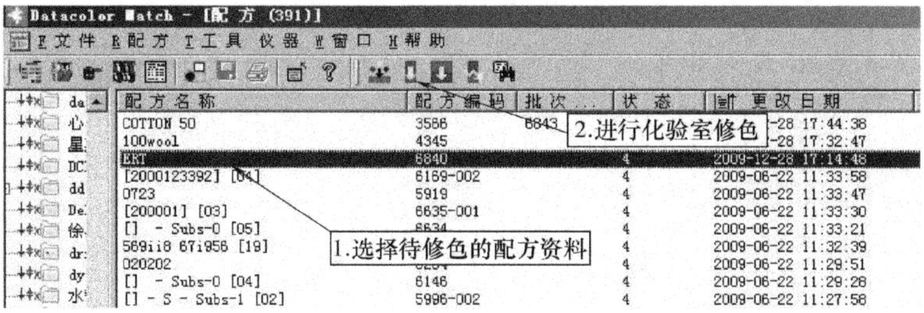

图 8－161

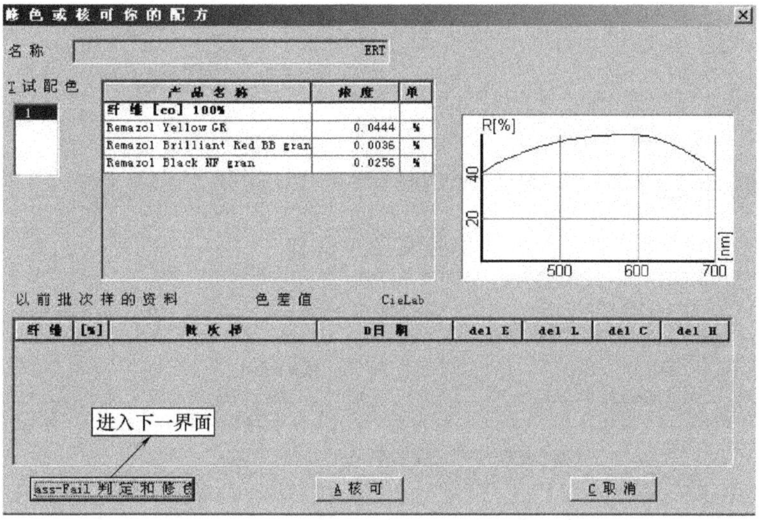

图 8－162

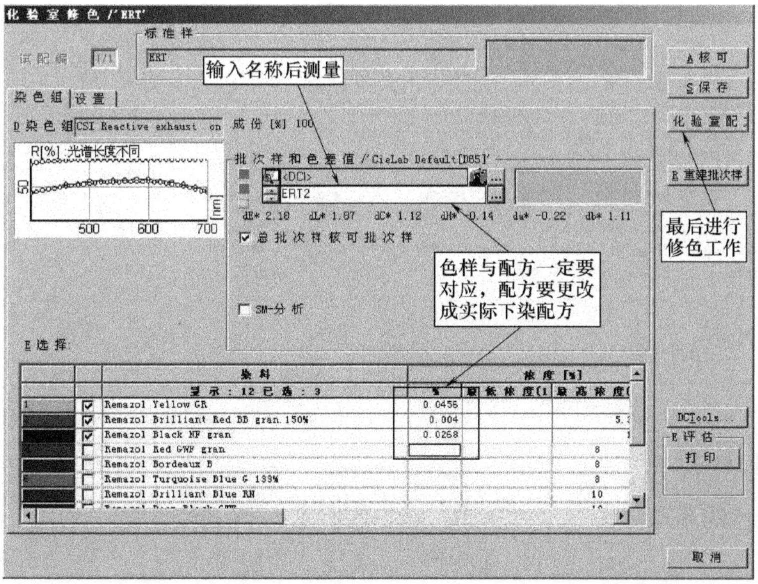

图 8－163

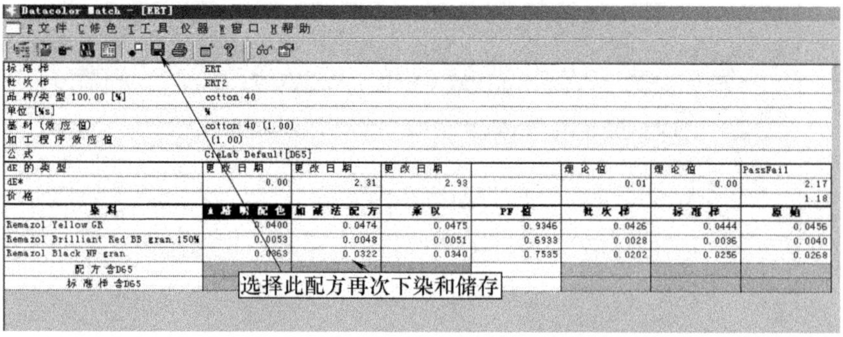

图 8-164

图 8-165 为化验室打样配方打印界面。

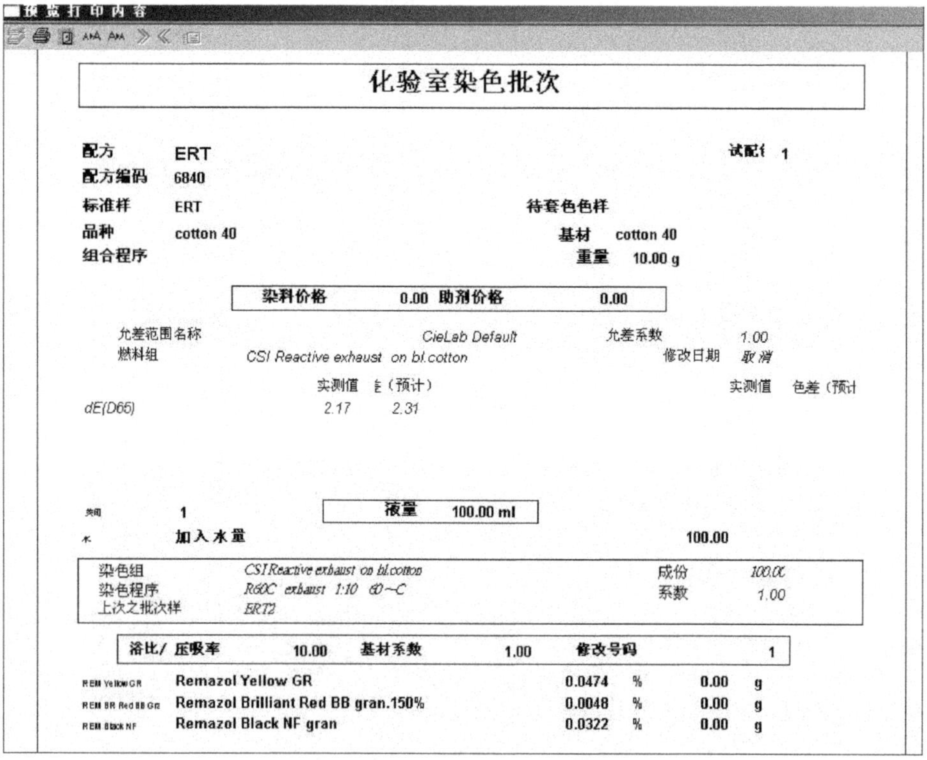

图 8-165

三、混纺织物配色

混纺织物配色的步骤如图 8-166～图 8-168 所示。

图 8-169 显示了棉组分的配方，同时也有涤组分的配方。

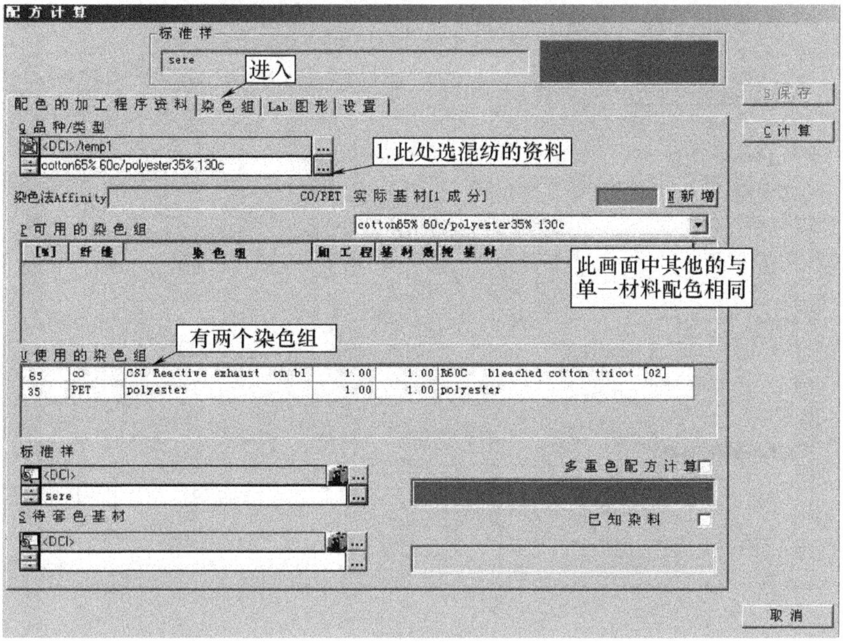
配方计算
标准样
sere
进入
配色的加工程序资料 | 染色组 | Lab 图形 | 设置
1.此处选混纺的资料
cotton65% 60c/polyester35% 130c
此画面中其他的与单一材料配色相同
有两个染色组
65 co CSI Reactive exhaust on bl 1.00 1.00 R60C bleached cotton tricot [02]
35 PET polyester 1.00 1.00 polyester
多重色配方计算
已知染料
取消

图 8-166

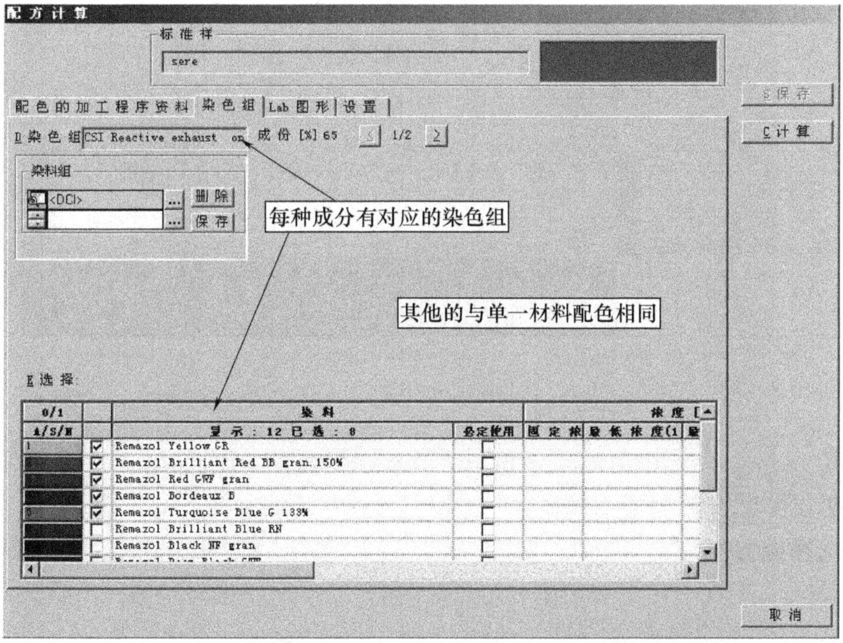
配方计算
标准样
sere
配色的加工程序资料 | 染色组 | Lab 图形 | 设置
染色组 CSI Reactive exhaust on 成份 [%] 65 1/2
每种成分有对应的染色组
其他的与单一材料配色相同
Remazol Yellow GR
Remazol Brilliant Red BB gran.150%
Remazol Red GWF gran
Remazol Bordeaux B
Remazol Turquoise Blue G 133%
Remazol Brilliant Blue RN
Remazol Black NF gran
取消

图 8-167

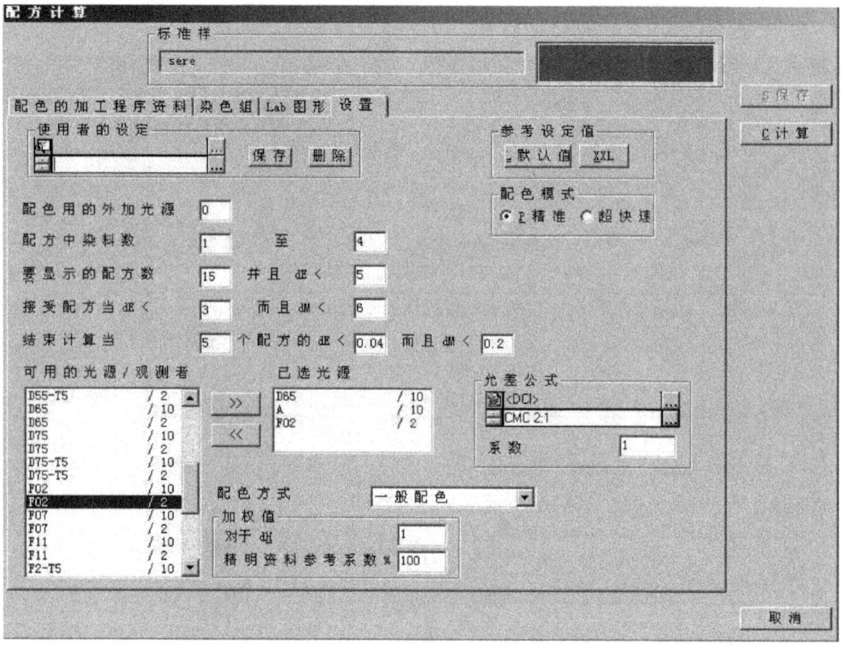

图 8 - 168

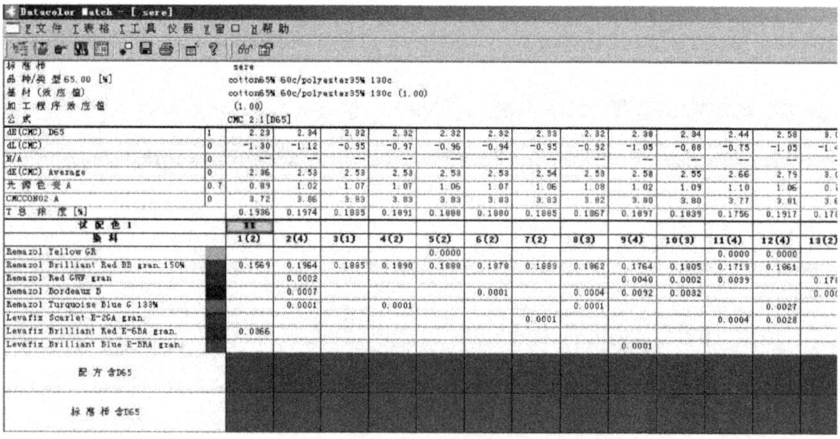

图 8 - 169

训练讨论：

1. 计算机预测配方的过程是什么？
2. 如何选择配方？

参考文献

[1] 董振礼. 测色与计算机配色［M］. 北京：中国纺织出版社，2007.

[2] 沈志平. 染整技术（第二册）［M］. 北京：中国纺织出版社，2009.

[3] 金远同. 测色配色 CAD 应用手册［M］. 北京：中国纺织出版社，2001.

[4] 宋秀芬. 印染 CAD/CAM［M］. 北京：中国纺织出版社，2009.

[5] 张红鸣，徐捷. 实用着色与配色技术［M］. 北京：化学工业出版社，2003.

[6] 贺良震，季媛. 染整助剂应用［M］. 上海：东华大学出版社，2008.

[7] 邢凤兰，徐群，贾丽华. 印染助剂［M］. 北京：化学工业出版社，2008.

[8] 刘国良. 染整助剂应用与测试［M］. 北京：中国纺织出版社，2005.

[9] Datacolor 测配色系统应用手册.